기계유체역학 대학 과정

장기석 저

일진사

머 리 말 ···

유체역학은 고전 물리학의 한 분야로서 오래 전부터 발달되어 왔으나 기계 공학, 토목 공학, 항공 조선 공학 등의 기초 학문으로 활발히 연구되기 시작한 것은 근대에 이르러서이다. 고도의 정밀함과 깊은 지식이 요구되는 오늘날에는 유체에 관한 보다 많은 이해와 응용이 절실하며, 공업 선진국으로 발돋움하는 우리의 현실을 미루어 보아도 그 중요성은 매우 높다.

이 책은 다년간 강단에서 학생들을 지도한 경험을 바탕으로 유체역학에 관한 지식이 거의 없는 초보자라도 체계적이고 쉽게 이해할 수 있도록 기초이론의 이해와 습득에 중점을 두고 집필하였다. 특히 세계적 추세에 발맞추어 내용과 문제의 단위는 국제표준단위인 SI 단위계를 사용하였다.

또, 독자들의 이해를 돕기 위하여 많은 예제와 연습문제를 수록하였고 이에 대한 상세한 풀이도 곁들임으로써 기존 교재들과는 달리 연습문제를 기피하는 것을 방지하고, 문제풀이에 대한 충분한 연습이 가능하도록 하였다.

한편, 시간에 쫓겨 설명이 다소 미비하거나 표현이 세련되지 못한 부분에 대해서는 미리 사과의 말씀을 드리며, 이밖에 뜻하지 않은 오류는 독자들의 기탄없는 교시와 지도를 받아 수정·보완할 것을 약속드린다.

이 책이 유체역학을 공부하는 독자들에게 다소나마 도움이 된다면 더 없는 보람으로 느낄 것이다.

끝으로 이 책을 집필할 수 있도록 도움을 아끼지 않으신 도서출판 **일진사** 대표님과 직원 여러분께 깊은 감사를 드린다.

(저자 e-mail : jangiljc@naver.com)

저자 씀

차 례

제1장   유체의 기본 성질과 정의

유체역학(流體力學, fluid mechanics)에서는 정지 또는 움직이는 유체에 관한 현상(現象) 등을 연구하며, 유체의 여러 가지 성질과 흐름의 양상에 따른 영향 등을 고려하고 추가하여 유체 상호간 또는 유체와 경계면 사이의 힘의 상호작용을 알아보는 것이다. 이러한 과정들은 여러 기본법칙의 수학적 응용으로써 관찰된 사실이나 예측되는 유체 거동을 설명하는 것이며, 물리학이나 수학, 역학에 관한 기초 지식을 발판으로 삼아 유체 성질의 이해와 공학적인 문제를 수식적으로 해결하는 능력을 배양해야 할 것이다.

1-1   유체의 정의

유체에 대한 명확한 정의를 간단히 말할 수는 없으나 대개 "유체란 전단응력(剪斷應力, shear stress)을 받으면 연속적으로 변형이 일어나는 물질"이라고 말할 수 있으며, 따라서 운동하고 있는 유체는 전단응력을 갖는다.

유체에서 전단응력이 고려되는 것은 점성(粘性, viscosity)이라는 유체의 성질 때문이며 실제유체(real fluid)는 모두 점성을 가지고 있으며, 점성을 갖는 유체에 대한 수학적인 해석은 어려우므로 점성을 갖지 않는 가상의 유체를 이상유체(理想流體, ideal fluid)라 하며, 유체역학을 처음으로 접하게 되면 이상유체에 관한 이론적 해석을 우선적으로 이해하여야 한다.

전단응력은 모든 실제유체의 상대적 운동에 따라 존재하게 되며, 유체 간에 또는 유체와 경계면 사이에 논의된다. 상대운동이 크면 클수록 주어진 유체에 대한 전단응력도 클 것이며, 또한 주어진 상대운동에 대하여 점성이 크면 클수록 전단응력도 클 것이다. 이 전단응력이 흐름에 저항하는 직접 또는 간접적인 원인이 된다.

예를 들면, 직접적인 원인의 경우는 파이프 내의 압력강하이고, 간접적 원인의 경우는 골프공이 받는 항력(抗力, drag force)이다. 기체가 고속으로 움직일 때는 항력의 원인을 점성효과보다는 압축성의 효과가 더 크게 미치는 것으로 보기도 한다.

비회전인 이상유체의 흐름을 퍼텐셜 흐름(potential flow)이라 하며, 벡터, 복소수 등의 수학적 방법으로 해석한다.

공학상 여러 가지 경우에 대하여 실제유체는 이상유체와 같이 볼 수 있으며, 유체역학에서는 이러한 이상유체의 취급은 열역학에서 가역과정(可逆過程, reversible process)과 비교해 볼 수 있다. 즉, 실제로는 존재하지 않는 이상유체를 실제의 점성유체와 비교하는 것은 실제로는 비(非)가역 과정의 것을 가역 과정의 것으로 취급하는 것과 같다.

이 책에서도 정지유체에 관해서는 점성, 비점성을 구별하지 않으며 유체동력학에서는 두 가지 유체로 나누어 기초법칙을 다루기로 한다.

또한, 비압축성 이상유체에 관한 것과 고속흐름의 압축성 이상기체의 흐름에 관한 것 이외에 모두 실제유체에 관한 것이다.

1-2 유체역학의 경험과 역사적 배경

고대로부터 인류는 정수력학(靜水力學)적 원리의 응용으로 물속에서 수영을 했으며, 뗏목을 이용하게 되었다. 통나무배, 창, 화살 등을 이용하게 된 것은 움직이는 유체 또는 유체 속에서 움직이는 물체에 대한 동력학(動力學)적 개념을 응용한 결과로 볼 수 있다.

우리의 생활 속에서도 유체역학적 현상들이 빈번하게 발생된다. 예를 들어 수도꼭지를 갑자기 잠그면 수격작용(water hammer)이 일어나게 되며, 발전소의 터빈은 수격작용에 의한 피해를 방지하기 위하여 수학적으로 계산된 탱크를 설치해야 한다. 욕실의 배수구로 물이 빠져나갈 때나 하천 교량의 하류, 배 뒤편의 유체의 유동은 모두 와류(渦流, eddy current) 현상이며 뜨거운 물이나 증기로 실내의 온도를 높이는 일이나 자동차의 라디에이터로 엔진을 식히는 일 등은 유체의 열교환(heat exchange)과 경계층(boundary layer) 문제에 관한 현상들이다.

오일의 온도가 높으면 잘 흐르고, 온도가 낮으면 잘 흐르지 않는 성질은 점성(viscosity)의 결과이다. 엔진 등에 기름을 주입하여 오일이 잘 흐르게 하려면 점성이 큰 유체를 사용하고, 반대로 잘 흐르지 않게 하려면 점성이 작은 유체를 사용한다.

이처럼 우리는 일상생활 속에서 다양한 유체의 현상들을 경험할 수 있게 되며, 이를 해석하고 응용하여 우리 생활에 적용하게 되는 것이다.

유체역학의 응용은 기원전 수천년 전부터 이루어지기 시작하였다. 기원전 3, 4세기에 아리스토텔레스(Aristoteles)는 진공에서의 물체의 운동을 연구하였고, 로먼(Roman)은 개수로(開水路)를 축조하였고, 아르키메데스(Archimedes)는 부력(浮力)의 원리를 발견하였다.

AD 15세기경부터 유체역학에 대한 연구가 활발히 재개되었는데, 다빈치(da Vinci)는 물에 대한 연구에서 실험적 뒷받침이 있는 이론만 인정하자고 주장하였고, 갈릴레이

(Galilei)는 유체의 역학적 연구에 공헌하였으며, 토리첼리(Torricelli)는 정상류 연속방정식의 개념을 정립하였으며, 마리오트(Mariotte)는 제트와 기류의 힘 측정에 관한 실험을 완성하였으며, 뉴턴(Newton)은 운동법칙과 점성법칙 및 구의 항력에 대한 이론을 정립하였다.

또한 베르누이(Bernoulli), 오일러(Euler), 달랑베르(d'Alembert), 라그랑주(Lagrange), 라플라스(Laplace) 등은 수학적 이상유체역학에 공헌하였다. 18세기에 이르러 Poleni는 위어(weir)의 흐름에 대한 방정식을 유도하였으며, Pitot는 유속 측정법을 발전시켰고, Chézy는 개수로 유동을 공식화하였다. orifice에 관한 실험을 한 Borda와 단면적의 크기가 변하는 흐름에 관한 연구를 한 Venturi 등도 실험적 연구로 공헌한 학자들이다.

19세기에도 많은 학자들이 실험과 이론적 해석에 공헌하였는데, 특히 응용유체역학에 괄목할 만한 발전을 이룩한 사람들은 Navier, Cauchy, Poisson, Saint Verant, Stokes, Airy, Reynolds, Kelvin, Rayleigy, Lamb, Helmholtz, Kirchhoff, Joukowsky 등이다.

1904년 독일의 프란틀(Prandtl)은 경계층의 개념을 도입하여 점성효과에 대한 해석을 가능케 하였으며, 이 경계층이론은 항공, 수력, 기계역학, 대류 열전달 등 거의 모든 유체역학 분야에 적용되어 프란틀을 현대 유체역학의 아버지라 부르기도 한다.

1-3 압축성 유체와 비압축성 유체

유체의 유동에서 유체에 미치는 압축의 정도가 작아서 밀도가 일정한 유체를 비압축성 유체(incompressible fluid)라 하고, 유체에 미치는 압축의 정도가 커서 밀도가 변하는 유체를 압축성 유체(compressible fluid)라 하며, 그 예는 다음과 같다.

① 압축성 유체
- 기체
- 음속보다 빠른 비행기 주위의 공기의 유동
- 수압 철판 속의 수격작용
- 디젤 기관에서 연료 공급관의 충격파

② 비압축성 유체
- 액체
- 건물, 굴뚝 등 물체의 주위를 흐르는 기류
- 달리는 물체 주위의 기류
- 저속으로 비행하는 항공기 주위의 기류
- 물속에 잠행하는 잠수함 주위의 수류

1-4 연속체(連續體)로서의 유체

유체는 많은 분자들로 구성되어 있으며, 유체의 운동을 해석할 때 하나하나의 분자운동을 통계학적으로 해석할 수 있으나, 공학적인 목적을 위해서는 유체 입자들의 평균 성질만을 취급하기 때문에 미시적인 방법보다는 거시적인 면에서 취급한다.

유체의 흐름 문제를 해석적인 방법으로 해결할 때는 분자로 구성되어 있는 유체를 하나하나의 가상적인 연속체(continuum)로 취급한다. 유체를 거시적인 관점에서 연속체로 취급할 때는 유체의 운동을 특정지어주는 물체의 특성 길이가 분자의 평균자유행로(mean free path)에 비해 충분히 크다는 가정을 세운다.

1-5 단위와 차원

자연현상에서의 여러 물리적 법칙은 수학적인 방법으로 쉽게 표시될 수 있다. 그러나 물리학에서 사용하는 방정식은 수학에서 사용하는 방법과는 달리 단지 물리적 양(physical quantity)만을 취급하고 있다. 이러한 물리적 양은 차원(dimension)으로 표시할 수 있으며, 차원은 길이(length), 질량(mass), 시간(time), 속도(velocity) 등과 같이 일정한 물리적인 양을 표시하는 값을 말한다. 그리고 이러한 차원들은 일정한 단위(unit)로 측정된다.

한 개의 물리적 양은 단지 한 개의 차원을 갖지만, 이 한 개의 차원은 여러 개의 다른 단위로 표시할 수 있다. 차원을 나타내는 단위들은 서로 환산이 가능하지만 차원 상호간의 환산은 불가능하다. 따라서 자연현상에 있어서 물리적 양은 서로 같은 차원을 나타내는 양만을 비교할 수 있다. 즉, 서로 다른 차원의 양은 가감할 수 없으며, 또한 물리적 관계를 표시하는 방정식의 양변은 반드시 같은 차원을 가져야 한다.

(1) 차원(dimension)

길이, 질량, 시간, 속도, 압력, 점성계수 등 여러 가지의 자연현상을 표시하는 양을 물리량이라 한다. 그 중에서 모든 물리량을 나타내는 기본이 되는 양으로, 예를 들어 길이, 시간, 힘, 또는 질량 등을 기본량(basic quantity)이라 하고, 이 기본량들을 구체적으로 정한 절차에 따라 유도해 낸 양을 유도량(derived quantity)이라 한다.

- 기본 차원
  - 절대단위계(MLT 계) : 질량 M, 길이 L, 시간 T
  - 공학단위계(FLT 계, 중력단위계) : 힘 F, 길이 L, 시간 T

(2) 단위(unit)와 단위계(unit system)

물리량을 측정하려면 일정한 기본 크기를 정해 놓고 이 크기와 비교하여 몇 배가 되는가로 표시하게 되는데, 이 기본 크기를 단위(unit)라 한다.

① 절대단위계(absolute unit system) : $[MLT]$계로서 기본 크기를 결정한 단위계를 말한다.

표 1-1 물리량의 차원

물리량	절대단위계	공학단위계	물 리 량	절대단위계	공학단위계
길 이	L	L	비중량	$ML^{-2}T^{-2}$	FL^{-3}
질 량	M	$FL^{-1}T^2$	각속도	T^{-1}	T^{-1}
시 간	T	T	각가속도	T^{-2}	T^{-2}
힘	F	MLT^{-2}	회전력	ML^2T^{-2}	FL
면 적	L^2	L^2	표면장력	MT^{-2}	FL^{-1}
체 적	L^3	L^3	동 력	ML^2T^{-3}	FLT^{-1}
속 도	LT^{-1}	LT^{-1}	절대점성계수	$ML^{-1}T^{-1}$	$FL^{-2}T$
가속도	LT^{-2}	LT^{-2}	동점성계수	L^2T^{-1}	L^2T^{-1}
탄성계수	$ML^{-1}T^{-2}$	FT^{-2}	압 력	$ML^{-1}T^{-2}$	FL^{-2}
밀 도	ML^{-3}	$FL^{-4}T^2$	에너지	ML^2T^{-2}	FL

(가) CGS 단위계 : 질량, 길이, 시간의 기본단위를 g, cm, s로 하여 물리량의 단위를 유도하는 단위계이다.

(나) MKS 단위계 : 질량, 길이, 시간의 기본단위를 kg, m, s로 하여 물리량의 단위를 유도하는 단위계이다.

② 중력단위계(공학단위계, technical unit system) : $[FLT]$계로서 기본 크기를 결정한 단위계를 말한다.

표 1-2 차원과 단위

물 리 량	중력단위		절대단위	
길 이	L	m, ft	L	m, cm, ft
힘	F	kgf, lb	MLT^{-2}	kg·m/s^2
시 간	T	s	T	s
질 량	$FL^{-1}T^2$	kgf·s^2/m	M	kg, slug
밀 도	$FL^{-4}T^{-2}$	kgf·s^2/m^4	ML^{-3}	kg/m^3
속 도	LT^{-1}	m/s	LT^{-1}	m/s, ft/s
압 력	FL^{-2}	kgf/m^2	$ML^{-1}T^{-2}$	kg/m·s^2

③ 국제단위계(SI단위계, system international unit) : 7개의 기본단위(base unit)와 2개의 보조단위(supplementary unit)를 이용하여 모든 실용적인 단위를 조립하여 사용하도록 국제적으로 규정한 단위계를 말한다.

표 1-3 SI기 본단위와 보조단위

양	SI 단위의 명칭	기호	정 의
길 이 (length)	미터 (meter)	m	1 미터는 진공에서 빛이 1/299,792,458초 동안 진행한 거리이다.
질 량 (mass)	킬로그램 (kilogram)	kg	1 킬로그램(중량도, 힘도 아니다)은 질량의 단위로서, 그것은 국제 킬로그램 원기의 질량과 같다.
시 간 (time)	초 (second)	s	1 초는 세슘 133의 원자 바닥 상태의 2개의 초미세 준위 간의 전이에 대응하는 복사의 9,192,631,770 주기의 지속시간이다.
전 류 (electric current)	암페어 (ampare)	A	1 암페어는 진공 중에 1 미터의 간격으로 평행하게 놓여진, 무한하게 작은 원형 단면을 가지는 무한하게 긴 2개의 직선 모양 도체의 각각에 전류가 흐를 때, 이들 도체의 길이 1 미터마다 $2×10^{-7}$N의 힘을 미치는 불변의 전류이다.
열역학 온도 (thermodynamic temperature)	켈빈 (kelvin)	K	1 켈빈은 물 3중점의 열역학적 온도의 1/273.16 이다.
물질의 양 (amount of substance)	몰 (mole)	mol	① 1몰은 탄소 12의 0.012 킬로그램에 있는 원자의 개수와 같은 수의 구성 요소를 포함한 어떤 계의 물질량이다. ② 몰을 사용할 때에는 구성 요소를 반드시 명시해야 하며, 이 구성 요소는 원자, 분자, 이온, 전자, 기타 입자 또는 이 입자들의 특정한 집합체가 될 수 있다.
광 도 (luminous intensity)	칸델라 (candela)	cd	1 칸델라는 주파수 540×1012 헤르츠인 단색광을 방출하는 광원의 복사도가 어떤 주어진 방향으로 매 스테라디안당 1/683 와트일 때, 이 방향에 대한 광도이다.
평면각 (plane angle)	라디안 (radian)	rad	1 라디안은 원둘레에서 반지름의 길이와 같은 길이의 호(弧)를 절취한 2개의 반지름 사이에 포함되는 평면각이다.
입체각 (solid angle)	스테라디안 (steradian)	sr	1 스테라디안은 구(球)의 중심을 정점으로 하고, 그 구의 반지름을 한 변으로 하는 정사각형의 면적과 같은 면적을 구의 표면 상에서 절취하는 입체각이다.

표 1-4 SI 접두어

인 자	접두어	기 호	인 자	접두어	기 호
10^{24}	yotta	Y	10^{-1}	deci	d
10^{21}	zetta	Z	10^{-2}	centi	c
10^{18}	exa	E	10^{-3}	milli	m
10^{15}	peta	P	10^{-6}	micro	μ
10^{12}	tera	T	10^{-9}	nano	n
10^{9}	giga	G	10^{-12}	pico	p
10^{6}	mega	M	10^{-15}	femto	f
10^{3}	kilo	k	10^{-18}	atto	a
10^{2}	hecto	h	10^{-21}	zepto	z
10^{1}	deca	da	10^{-24}	yocto	y

표 1-5 고유 명칭을 가진 SI 조립단위

양	SI 조립단위의 명칭	기호	SI 기본단위 또는 SI 보조단위에 의한 표시법, 또는 다른 SI 조립단위에 의한 표시법
주파수	헤르츠(hertz)	Hz	$1\,\text{Hz} = 1\,\text{s}^{-1}$
힘	뉴턴(newton)	N	$1\,\text{N} = 1\,\text{kg} \cdot \text{m/s}^{2}$
압력, 응력	파스칼(pascal)	Pa	$1\,\text{Pa} = 1\,\text{N/m}^{2}$
에너지, 일, 열량	줄(joule)	J	$1\,\text{J} = 1\,\text{N} \cdot \text{m}$
공률	와트(watt)	W	$1\,\text{W} = 1\,\text{J/s}$

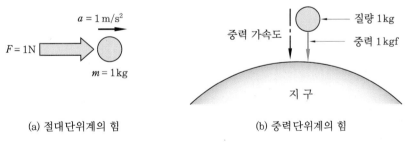

(a) 절대단위계의 힘   (b) 중력단위계의 힘

그림 1-1 단위계의 힘

(3) 주요 물리량의 단위

① 힘(force) : 질량 × 가속도

$$F = m \cdot a$$

$$1\,\text{kg} \times 1\,\text{m/s}^{2} = 1\,\text{kg} \cdot \text{m/s}^{2} = 1\,\text{N}$$

$$1\,\text{kgf} = 1\,\text{kg} \times 9.80665\,\text{m/s}^{2} = 9.80665\,\text{kg} \cdot \text{m/s}^{2} = 9.80665\,\text{N}$$

* 무게 또는 중량은 힘의 한 예이고 무게의 단위를 이용한다.

② 압력(pressure) 또는 응력(stress) : 단위면적당 작용하는 힘

$$p = \frac{F}{A}$$

$1\,\mathrm{N/m^2} = 1\,\mathrm{kg/m \cdot s^2} = 1\,\mathrm{Pa}$

$1\,\mathrm{kgf/m^2} = 9.8\,\mathrm{kg/m \cdot s^2} = 9.8\,\mathrm{Pa}$

③ 일(work), 에너지, 열량

$$W = F \cdot s$$

$1\,\mathrm{N \cdot m} = 1\,\mathrm{kg \cdot m^2/s^2} = 1\,\mathrm{J}$

$1\,\mathrm{kgf \cdot m} = 9.8\,\mathrm{kg \cdot m^2/s^2} = 9.8\,\mathrm{J}$

④ 일률(工率), 동력(power)

$$P = \frac{W}{t} = F \cdot u$$

$1\,\mathrm{J/s} = 1\,\mathrm{N \cdot m/s} = 1\,\mathrm{W\,(watt)}$

$1\,\mathrm{kgf \cdot m/s} = 9.8\,\mathrm{N \cdot m/s} = 9.8\,\mathrm{W}$

$1\,\mathrm{PS} = 75\,\mathrm{kgf \cdot m/s}$

$1\,\mathrm{kW} = 102\,\mathrm{kgf \cdot m/s}$

⑤ 밀도(density) 또는 비질량(specific mass) : ρ

단위체적의 유체가 갖는 질량으로 정의한다.

$$\rho = \frac{m}{V} (\mathrm{kg/m^3,\ kgf \cdot s^2/m^4,\ N \cdot s^2/m^4})$$

여기서, m : 질량, V : 체적

$1\,\mathrm{atm}$, $4\,℃$의 순수한 물의 밀도는 다음과 같다.

$$\rho_w = 1000\,\mathrm{kg/m^3} = 1000\,\mathrm{N \cdot s^2/m^4} = 102\,\mathrm{kgf \cdot s^2/m^4}$$

⑥ 비중량(specific weight) : γ

단위체적의 유체가 갖는 중량으로 정의한다.

$$\gamma = \frac{W}{V} (\mathrm{N/m^3,\ kgf/m^3})$$

여기서, W : 중량

$1\,\mathrm{atm}$, $4\,℃$의 순수한 물의 비중량은 다음과 같다.

$$\gamma_w = 9800\,\mathrm{N/m^3} = 1000\,\mathrm{kgf/m^3}$$

비중량과 밀도 사이의 관계는 다음과 같다.

$$W = m \cdot g \ (g : 중력 가속도)$$

$$\therefore \ \gamma = \frac{W}{V} = \frac{m \cdot g}{V} = \rho \cdot g \ 또는 \ \rho = \frac{\gamma}{g}$$

⑦ 비체적(specific volume) : v

단위질량의 유체가 갖는 체적(SI 단위계), 또는 단위중량의 유체가 갖는 체적(중력 단위계)으로 정의한다.

$$v = \frac{1}{\rho} \, (\text{m}^3/\text{kg}) \text{ 또는 } v = \frac{1}{\gamma} \, (\text{m}^3/\text{kgf})$$

⑧ 비중(specific gravity) : S

같은 체적을 갖는 물의 질량 또는 무게에 대한 그 물질의 질량 또는 무게의 비로 정의하며, 즉 섭씨 4도 때의 물의 비중량 또는 밀도에 대한 구하고자 하는 유체의 비중량 또는 밀도로서 단위는 없다.

$$S = \frac{\rho}{\rho_w} = \frac{\gamma}{\gamma_w}$$

$$\rho = \rho_w \cdot S, \ \gamma = \gamma_w \cdot S$$

예제 1. 체적이 $5 \, \text{m}^3$인 유체의 무게가 $3500 \, \text{kgf}$이었다. 이 유체의 비중량(γ), 밀도(ρ), 비중(S)을 각각 구하시오.

해설 ① 비중량 : $\gamma = \dfrac{W}{V} = \dfrac{3500}{5} = 700 \, \text{kgf/m}^3$

② 밀도 : $\rho = \dfrac{\gamma}{g} = \dfrac{700}{9.8} = 71.43 \, \text{kgf} \cdot \text{s}^2/\text{m}^4$

③ 비중 : $S = \dfrac{\gamma}{\gamma_w} = \dfrac{700}{1000} = 0.7$

[SI 단위]

$$\gamma = \frac{W}{V} = \frac{3500 \times 9.8}{5} = 6860 \, \text{N/m}^3$$

$$\rho = \frac{\gamma}{g} = \frac{6860}{9.8} = 700 \, \text{kg/m}^3$$

$$S = \frac{\gamma}{\gamma_w} = \frac{6860}{9800} = 0.7$$

1-6 유체의 점성(viscosity) : 뉴턴(Newton)의 점성법칙

이상유체가 아닌 모든 실제유체는 점성(粘性, viscosity)이라는 성질을 가지며, 점성은 유체 흐름에 저항하는 값의 크기로 측정된다. 유체가 전단력을 받을 때 전단력에 저항하는 전단응력, 즉 단위면적당의 힘의 크기로서 점성의 정도를 나타낸다. 그런데 기체의 점성은 온도의 증가와 더불어 증가하는 경향이 있고, 액체의 경우는 반대로 온도가 상승하면 점성은 감소한다(그림 1-2 참조). 이러한 현상은 기체의 주된 점성 원인이 분자 상호간의 운동인데 비하여, 액체는 분자 간의 응집력이 점성을 크게 좌우하기 때문이다.

뉴턴의 점성법칙에 의하면 "유체의 전단응력은 흐름 방향에 수직인 방향으로 속도변화율에 비례한다." 여기서 속도변화율을 속도구배(速度句配, velocity gradient)라 하고, 그림 1-3에서 보는 바와 같이 고정평판의 경계면으로부터의 거리를 y라 하고, 속도 벡터의 끝을 연결한 곡선을 속도형상(velocity profile)이라 하며, 임의의 값에 대한 속도구배는 다음과 같이 정의된다.

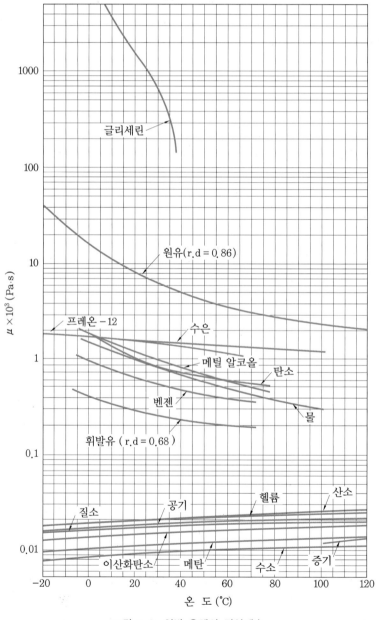

그림 1-2 일반 유체의 점성계수

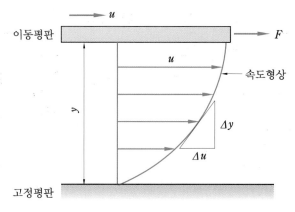

그림 1-3 속도형상과 속도구배

$$\frac{du}{dy} = \lim_{\Delta y \to 0} \left(\frac{\Delta u}{\Delta y} \right)$$

뉴턴의 점성법칙은

$$\tau \propto \frac{du}{dy}, \ \text{또는} \ \tau = \mu \frac{du}{dy} \tag{1-1}$$

로 표시되며, 비례상수에 해당하는 μ를 점성계수, 또는 절대점성계수(absolute viscosity)라 한다. 또 유체유동의 방정식에서는 점성계수 μ보다는 이것을 밀도 ρ로 나눈 값, 즉

$$\nu = \frac{\mu}{\rho} \tag{1-2}$$

를 자주 사용하며, ν를 동점성계수(kinematic viscosity)라 한다. 점성계수 μ와 동점성계수 ν의 차원과 단위는 다음과 같다.

(1) 점성계수의 차원과 단위

① 중력단위계 $[FLT$ 계$]$: $\mu = \dfrac{\tau}{\dfrac{du}{dy}} = \dfrac{[FL^{-2}]}{\left[\dfrac{LT^{-1}}{L}\right]} = [FL^{-2}T]$

단위 : $\mathrm{kgf \cdot s/m^2}$, $\mathrm{N \cdot s/m^2}$, $\mathrm{dyn \cdot s/m^2}$

② 절대단위계 $[MLT$ 계$]$: $\mu = [FL^{-2}T] = [MLT^{-2}]L^{-2}T = [ML^{-1}T^{-1}]$

단위 : $\mathrm{kg/m \cdot s}$, $\mathrm{g/cm \cdot s}$

특히, $1\,\mathrm{g/cm \cdot s} = 1\,\mathrm{dyn \cdot s/cm^2} = 1\,\mathrm{P}$(Poise, 푸아즈)

(2) 동점성계수의 차원과 단위

$$\nu = \frac{\mu}{\rho} = \frac{[ML^{-1}T^{-1}]}{[ML^{-3}]} = [L^2T^{-1}]$$

단위 : $\mathrm{m^2/s}$, $\mathrm{cm^2/s}$

특히, $1\,\mathrm{cm^2/s} = 1\,\mathrm{St}$(Stokes, 스토크스)

표 1-6 물과 공기의 점성계수 (1 atm)

온 도 (℃)	점성계수 (P)		동점성계수 (St)	
	물	공 기	물	공 기
0	0.017887	171.0×10^{-6}	0.017887	0.1322
10	0.013061	176.0	0.013065	0.1410
20	0.010046	180.9	0.010064	0.1501
30	0.008019	185.7	0.008054	0.1594
40	0.006533	190.4	0.006584	0.1689
50	0.005479	195.1	0.005546	0.1786
60	0.004701	199.8	0.004781	0.1885
70	0.004062	204.4	0.004154	0.1986
80	0.003556	208.9	0.003659	0.2089
90	0.003146	213.3	0.003259	0.2194
100	0.002821	217.6	0.002941	0.2300

뉴턴의 점성법칙을 정확하게 만족시키는 유체를 뉴턴 유체(Newtonian fluid)라 하며, 그렇지 않은 유체를 비(非)뉴턴 유체(non-Newtonian fluid)라 한다.

그러나 비뉴턴 유체에 관한 해석은 뉴턴 유체에 비하여 훨씬 까다로우며 물과 공기 같은 실제유체라 할지라도 뉴턴의 점성법칙을 적용하여 문제를 해결하는 경우가 많으며, 실제로 층류(層流, laminar flow) 흐름에 대하여도 믿을만한 결과를 얻을 수 있다는 것이 입증되었다.

비뉴턴 유체의 점성효과에 대하여 오늘날 많은 경우에 그 해석이 요구되고 있으나, 아직은 완전하지 못하므로 그 방면의 연구가 활발히 진행되고 있다.

전단응력이 속도구배만의 함수이고 시간에는 독립적인 유체일 때 뉴턴 유체도 이 경우에 해당되며, 다음과 같은 관계를 갖는다.

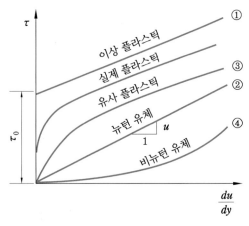

그림 1-4 전단응력과 속도구배의 관계

① $\tau = \tau_0 + \mu \dfrac{du}{dy}$ 에서 $\tau > \tau_0$ 인 경우 치약, 기름 베이트와 같은 이상 플라스틱으로 Bingham 유체라 한다.

② $\tau = \mu \left(\dfrac{du}{dy} \right)^n$ 에서 $n = 1$ 일 때 물, 공기, 저분자 액체 등과 같은 뉴턴 유체이다.

③ $\tau = \mu \left(\dfrac{du}{dy} \right)^n$ 에서 $n < 1$ 일 때 고분자 및 펄프 용액과 같은 유사 플라스틱으로 Pseudo plastic 유체라 한다.

④ $\tau = \mu \left(\dfrac{du}{dy} \right)^n$ 에서 $n > 1$ 일 때 수지, 아스팔트와 같은 비뉴턴 유체로 Dilatent 유체라 한다.

예제 2. 10 mm의 간격을 가진 평행한 두 평판 사이에 점성계수 $\mu = 15$P인 기름이 차 있다. 아래 평판을 고정하고 위 평판을 5 m/s의 속도로 이동시킬 때 평판에 발생하는 전단응력(N/m^2)을 구하시오.

해설 $\tau = \mu \dfrac{u}{h} = 15 \times \dfrac{1}{10} \times \dfrac{5}{0.01} = 750 \, \text{N/m}^2$

$* \; 1\,\text{P} = 1\,\text{dyn} \cdot \text{s/cm}^2 = \dfrac{1}{10} \, \text{N} \cdot \text{s/m}^2$

예제 3. 어떤 유체의 점성계수 $\mu = 2.4 \, \text{N} \cdot \text{s/m}^2$, 비중 $S = 1.2$이다. 이 유체의 동점성계수(m^2/s)를 구하시오.

해설 $\nu = \dfrac{\mu}{\rho} = \dfrac{\mu}{102 \times S} = \dfrac{2.4}{102 \times 1.2} = 0.002 \, \text{m}^2/\text{s}$

예제 4. $1 \, \text{kgf} \cdot \text{s/m}^2$은 몇 P인지 계산하시오.

해설 $1\,\text{kgf} \cdot \text{s/m}^2 = \dfrac{9.8 \times 10^5 \, \text{dyn} \cdot \text{s}}{10^4 \, \text{cm}^2}$

$= 98 \, \text{dyn} \cdot \text{s/cm}^2 = 98 \, \text{P}$

1-7 완전기체(完全氣體, perfect gas)

보일−샤를(Boyle−Charles)의 법칙

$$pv = RT \tag{1-3}$$

를 만족시키는 기체를 완전기체 또는 이상기체라 한다. 여기서, p 는 절대압력, v 는 비체적, R 는 기체상수(gas constant)라 하며 T 는 절대온도이다.

  기체상수 R는 기체가 완전기체일 때만 일정한 값이며, 압력과 온도의 통상적인 공학 범위에서는 일반기체를 완전기체로 보고 계산하여도 무방하다. 액화점 부근에서와 극히 고온이나 저압에서와 같이 일반기체는 완전기체의 상태방정식을 만족시키지 못한다.
  "동일 압력과 온도하에서 모든 기체는 단위체적당 같은 수의 분자를 가진다."는 아보가드로(Avogadro)의 법칙을 적용하면 일반기체상수(universal gas constant)를 계산할 수 있다.
  동일 압력 p와 동일 온도 T에서 두 기체의 기체상수를 R_1, R_2, 비중량을 γ_1, γ_2라 하면,

$$\frac{R_1}{R_2} = \frac{\dfrac{gp}{\gamma_1 T}}{\dfrac{gp}{\gamma_2 T}} = \frac{\gamma_2}{\gamma_1} = \frac{m_2}{m_1} \tag{1-4}$$

가 되고, m_1과 m_2를 각각의 기체의 분자량이라 하면,

$$m_1 R_1 = m_2 R_2$$

가 되어, "모든 기체의 기체상수와 분자량의 곱은 일정하다."는 결과를 얻게 된다. 이 일정값 mR를 일반기체상수라 하며, 여러 기체의 기체상수와 일반기체상수의 값은 다음 표와 같다.

표 1-7 여러 가지 기체의 R과 mR값

구 분	기체상수[R (J/kg·K)]	일반기체상수[mR (J/kg·mol·K)]
이산화탄소	187.8	8264
산 소	259.9	8318
공 기	286.8	8313
질 소	296.5	8302
메 탄	518.1	8302
헬 륨	2076.8	8307
수 소	4126.6	8318

  일반기체상수의 값이 일정치 않은 것은 실제기체를 완전기체로 가정했기 때문이며, 특히 2원자 이상인 기체는 "mR = 일정"과 잘 일치하지 않는다. 일반기체상수의 표준값은 $mR = 8313\,\mathrm{N \cdot m/kg \cdot mol \cdot K}$이다.

예제 5. 100℃, 101.3 kPa의 대기압하에서 이산화탄소의 밀도, 비중량, 비체적을 계산하시오.

해설 탄소의 원자량 $= 12$, 산소의 원자량 $= 16$, 이산화탄소의 분자량 $= 44$

$$\therefore R = \frac{mR}{44} = \frac{8313}{44} = 189.0 \, \text{N} \cdot \text{m/kg} \cdot \text{K}$$

$pv = \dfrac{p}{\rho} = RT$ 에서,

$$\rho = \frac{p}{RT} = \frac{101.3 \times 10^3}{189.0 \times 373}$$
$$= 1.437 \, \text{kg/m}^3$$
$$\gamma = \rho g = 1.437 \times 9.8 = 14.08 \, \text{N/m}^2$$
$$v = \frac{1}{\rho} = \frac{1}{1.437} = 0.696 \, \text{m}^3/\text{kg}$$

1-8 유체의 탄성(彈性)과 압축성(壓縮性)

모든 유체는 압력이 작용하면 압축되며, 탄성 에너지는 이 과정에서 저장된다. 완전한 에너지 변환을 가정한다면 이와 같이 압축된 유체의 체적은 작용한 압력이 제거될 때 본래의 체적으로 팽창될 것이며, 이와 같이 유체는 탄성매질(媒質)이고 이 성질을 강과 같은 고체 탄성체에서와 같이 탄성계수를 정의함으로 해석할 수 있다.

그러나 액체는 강성(剛性, rigidity)을 가지지 않으므로 탄성계수는 체적에 기준을 두고 정의하여야 하며, 이 계수를 체적탄성계수(bulk modulus of elasticity)라 한다.

액체의 탄성 압축의 역학은 완전강체(비탄성체)인 그림 1-5 (a)와 같이 실린더 기구에 체적 V_1의 탄성유체가 포함되어 있다고 가정할 때, 힘 F를 가하면 유체의 압력 p는 증가하고 체적은 감소하게 된다.

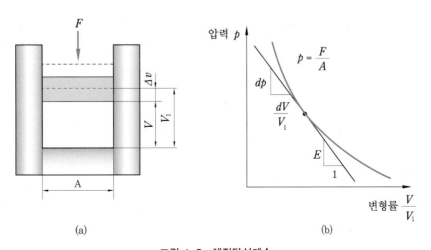

(a) (b)

그림 1-5 체적탄성계수

그림 1-5 (b)는 압력 p 와 체적변형률 $\dfrac{dV}{V_1}$ 의 관계를 표시한 그림이며 곡선상의 임의의 점에서 곡선의 기울기가 두 점(압력과 체적)에서의 체적탄성계수로 정의되며, 체적탄성계수 K 는 다음과 같이 표시된다.

$$K = -\frac{dp}{\dfrac{dV}{V_1}} \tag{1-5}$$

그림에서 보는 바와 같이 높은 압력일수록 접선의 경사가 급해지며, 압축될수록 압축이 어려워짐을 알 수 있다. 이것은 분자간의 거리를 감소시키는 것이다. 유체의 탄성계수는 명백히 일정하지 않으며, 압력의 증가에 따라 증가한다.

그림의 곡선에서 액체에 대하여는 보통 $\dfrac{dV}{V_1}=1$ 부근의 곡선 부분에 대한 기울기를 공학적 탄성계수로 사용한다. 기체의 경우 압축과 팽창을 열역학 법칙에 따라 등온(等溫)과정과 등엔트로피 과정으로 구분하여 생각한다.

비체적 v 와 체적 V, 밀도 ρ, 비중량 γ 사이에 다음 식이 성립한다.

$$-\frac{dV}{V} = -\frac{dv}{v} = +\frac{d\rho}{\rho} = +\frac{d\gamma}{\gamma}$$

즉 비중량 γ, 또는 밀도 ρ 의 상대적 증가는 체적 V, 또는 비체적 v 의 상대적 감소를 의미하므로, 체적탄성계수 K 는 다음과 같이 표시된다.

$$K = -\frac{dp}{\dfrac{dV}{V_1}} = +\frac{dp}{\dfrac{d\rho}{\rho}} = +\frac{dp}{\dfrac{d\gamma}{\gamma}}$$

체적탄성계수 K 값이 클수록 유체는 압축하기 어렵다는 것을 의미하며, 기체의 탄성계수는,

① 등온과정일 때 $pv = $ 일정 $\left(\dfrac{p}{\rho} = $ 일정 $\right)$ 이므로,

$$K = -\frac{dp}{\dfrac{dV}{V_1}} = \frac{dp}{\dfrac{d\rho}{\rho}} = p$$

② 등엔트로피 과정일 때 $pv^k = $ 일정 $\left(\dfrac{p}{\rho^k} = $ 일정 $\right)$ 이므로,

$$K = -\frac{dp}{\dfrac{dV}{V_1}} = \frac{dp}{\dfrac{d\rho}{\rho}} = kp$$

여기서, k : 비열비

가 된다. 또한 체적탄성계수의 역수, 즉 $\beta = \dfrac{1}{K}$ 을 압축률이라 한다.

유체 내에서 교환에 의해 생긴 압력파의 전파속도는

$$a = \sqrt{\frac{dp}{d\rho}} = \sqrt{\frac{K}{\rho}}$$

대기 중에서 단열 가역과정으로 가정하면 음속은 다음 식과 같다.

$$a = \sqrt{\frac{kp}{\rho}}$$
$$= \sqrt{kRT} \qquad [R(\text{N}\cdot\text{m}/\text{kgf}\cdot\text{K})]$$
$$= \sqrt{kgRT} \qquad [R(\text{kgf}\cdot\text{m}/\text{kgf}\cdot\text{K})]$$

예제 6. 온도 20℃, 압력 101.3 kPa에서 공기를 마찰이 없고 열교환이 없는 등엔트로피 과정으로 압축하여 체적을 50 %로 감소시켰을 때 압력과 온도를 구하시오.

해설 공기의 기체상수 $R = 286.8\,\text{J}/\text{kgf}\cdot\text{K}$이므로 $pv = \dfrac{p}{\rho} = RT$에서

$$\rho_1 = \frac{p}{RT} = \frac{101.3 \times 10^3}{286.8 \times 293} = 1.20\,\text{kgf}/\text{m}^3$$

체적이 50 % 감소되었을 때 밀도는 2배로 증가하므로,

$$\rho_2 = 2\rho_1 = 2 \times 1.2 = 2.4\,\text{kgf}/\text{m}^3$$

등엔트로피 과정이므로 $pv^k = \dfrac{p}{\rho^k} =$ 일정하므로,

$$\frac{p_1}{\rho_1^{\,k}} = \frac{p_2}{\rho_2^{\,k}} = \frac{p_2}{(2\rho_1)^k} \text{ 에서}$$
$$\therefore \ p_2 = 2^k \cdot p_1 = 2^{1.4} \times 101.3$$
$$= 267.3\,\text{kPa}$$

상태방정식으로부터

$$T_2 = \frac{\rho_1\, p_2\, T_1}{\rho_2 p_1} = \frac{1.2 \times 267.3 \times 10^3 \times 293}{2.4 \times 101.3 \times 10^3}$$
$$= 386.57\,\text{K} = 113.57\,℃$$

1-9 표면장력(表面張力, surface tension)

컵에 물을 채울 때 물이 넘치기 직전에 수면은 컵 상단의 수평면보다 약 3 mm 정도 높다거나, 잔잔한 물 위에 물보다 비중이 큰 금속바늘이 뜨는 경우, 바닥에 떨어진 물방울이 볼록한 형태를 유지하는 경우 등은 물의 표면에 장력이 작용하기 때문이다. 표면장력은 액체 표면에 나타나는 현상이며, 액체와 기체 또는 액체와 액체 간에도 일어난다.

 액체 분자 간에는 인력에 의하여 발생하는 응집력(cohesive force)을 가지고 있어서 액체의 표면을 최소화하려는 장력이 작용하며 이 장력이 바로 표면장력이다. 단위는 단위면적당 에너지, 또는 단위길이당의 힘으로 표시하며, 분자 간의 응집력에 의해 발생하므로 온도의 증가에 따라 다소 감소하게 된다.

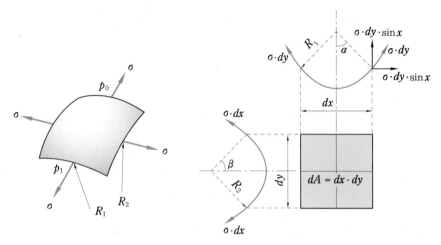

그림 1-6 표면장력

 그림 1-6에서 보는 바와 같이 곡률반지름 R_1, R_2를 갖는 2차곡면의 미소면적 요소 $dx \cdot dy$를 생각해 보면, 압력차 $p_1 - p_0 \neq 0$일 때 요소의 정적평형이 유지되기 위해서는 표면장력을 고려해야 한다.

 미소면적 요소에 수직인 방향으로의 힘의 평형으로부터,

$$(p_1 - p_0) \cdot dx \cdot dy = 2\sigma \cdot dy \cdot \sin\alpha + 2\sigma \cdot dx \cdot \sin\beta$$

$\sin\alpha \fallingdotseq \alpha$, $\sin\beta \fallingdotseq \beta$라면,

$$\sin\alpha = \frac{\frac{dx}{2}}{R_1}, \quad \sin\beta = \frac{\frac{dy}{2}}{R_2}$$

가 되며, 이것을 위의 식에 대입 정리하면,

$$p_1 - p_0 = \sigma\left(\frac{1}{R_1} + \frac{1}{R_2}\right)$$

이 되며, 액면이 원주면인 경우와 구면인 경우에 대하여 $p_1 - p_0$는 각각 다음과 같다.

원주면(圓柱面) : $R_1 = R$, $R_2 = \infty$ 이므로 $p_1 - p_0 = \dfrac{\sigma}{R}$

구면(球面) : $R_1 = R_2 = R$이므로 $p_1 - p_0 = \dfrac{2\sigma}{R}$

반지름이 작을수록 표면장력에 의한 내부 압력의 크기가 상승됨을 알 수 있으며, 편의상 $p_1 - p_0$를 내부 초과압력이라 부르며 단순히 Δp로 표기한다.

또, 표면장력 σ의 차원은 $[FL^{-1}]$이고, 단위는 (N/m), (kgf/m)이다.

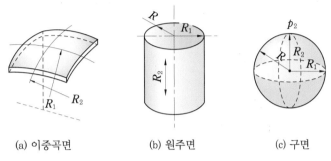

(a) 이중곡면   (b) 원주면   (c) 구면

그림 1-7 표면장력의 실례

표 1-8 액체의 표면장력 H (N/m)

물 질	표면유체	0℃	10℃	20℃	40℃	70℃	100℃
물	공 기	0.075558	0.074186	0.072716	0.069482	0.064386	0.0588
	포화증기	0.073206	0.071932	0.07056	0.067424	0.062524	0.057134
수 은	진 공	0.47334	0.47236	0.47138	0.46746	0.46256	0.4557
에틸알코올	공 기	0.02401	0.023128	0.022246	0.02058	0.018228	—
	알코올 증기		0.023618	0.022736	0.020972	0.018326	0.015484

예제 7. 그림과 같은 지름 d인 작은 물방울의 내부 초과 압력 Δp와 표면장력 σ의 관계식을 구하시오.

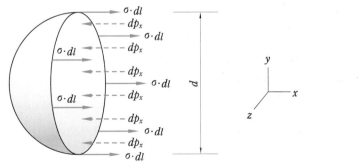

해설 표면장력은 물방울의 내부압력을 외부압력보다 높게 하는 원인이 된다. 그림의 반구(半球)에서 x방향에 수직이고 중심을 통하는 원형 단면을 고려하면 왼쪽으로 작용하는 초과압력에 의한 힘(dp_x)의 총합은 오른쪽으로 작용하는 표면장력에 의한 힘$(\sigma \cdot dl)$의 총합과 같다. 즉,

$$\int dp_x = \int \sigma \cdot dl, \ p \cdot \frac{\pi}{4}d^2 = \sigma \cdot \pi d$$

$$\therefore \ p = \frac{4\sigma}{d} = \frac{2\sigma}{R}$$

로서 $\Delta p = p_1 = p_0 = \sigma\left(\dfrac{1}{R_1} + \dfrac{1}{R_2}\right)$일 때와 같은 결과를 얻는다.

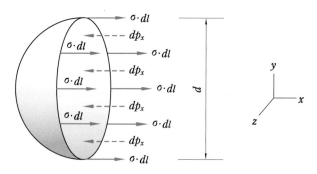

예제 8. 지름이 40 mm인 비눗방울의 내부 초과압력이 35 kN/m²이다. 비눗방울의 표면장력을 구하시오.

[해설] $\sigma = \dfrac{pd}{4} = \dfrac{35000 \times 0.04}{4} = 350\,\text{N/m}$

1-10 모세관현상(毛細管現象, capilarity)

액체 속에 관지름이 작은 관을 세우면 관 속의 액면이 관 밖의 액면보다 높거나 낮게 되는데, 이러한 현상을 모세관현상(capilarity)이라 하며, 이것은 액체의 응집력과 부착력에 의한 것으로서 부착력이 응집력보다 크면 관속의 액면은 상승하고 반대로 부착력이 응집력보다 작으면 하강한다.

모세관현상에 의한 상승 높이는 액체와 관의 종류에 따라 결정되는 접촉각(接觸角, β)에 의해 구해진다. 그림 1-8에서 대기와 접하고 있는 액면의 상승 높이 h는 평형식으로부터 다음과 같이 구해진다.

$$(\text{표면장력에 의한 수직분력}: \sigma \cdot \pi d \cdot \cos\beta) = (\text{상승된 액체 무게}: \gamma h \frac{\pi d^2}{4})$$

$$h = \frac{4\sigma \cdot \cos\beta}{\gamma d} \tag{1-6}$$

이 식에서 상승 높이 h는 지름 d가 크면 무시될 수 있으며, 실제로 작은 압력을 측정하는 액주계(液柱計, manometer)에서는 모세관현상에 의한 액주의 보정(補正) 대신에 가능한 한 d를 크게 하여 문제를 해결한다.

　유체 속에서 기포가 갑자기 성장 또는 소멸되는 현상에도 표면장력이 관련되지만 이 것은 공동현상(空洞現像, cavitation)의 문제로 별도로 취급하고 있다.

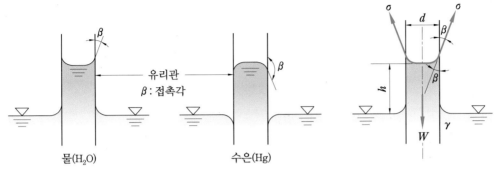

물(H_2O)　　　　　수은(Hg)

그림 1-8 모세관현상

표 1-9 유체의 접촉각

고 체	액 체	표면 유체	온 도	접촉각
유리	수은 수은 물	공기 물 오레인 산	실온 실온 실온	139° 41° 80°
철(Fe)	올리브유 물	공기 공기	실온 실온	27°33′ 5°10′
운모	수은 물	공기 아밀 알코올	실온 실온	126° 0°
구리(Cu)	물	공기	실온	6°41′
납(Pb)	물	공기	실온	2°36′

예제 9. 지름 2 mm의 유리관이 접속각 10°인 유체가 담긴 그릇 속에 세워져 있다. 유리 와 액체면 사이의 표면장력이 60 dyn/cm, 유체 밀도가 800 kg/m³일 때 액면으로부터 의 모세관 액체의 높이를 구하시오.

해설 $1 \, \mathrm{dyn/cm} = 10^{-3} \, \mathrm{N/m}$ 이므로,

$$h = \frac{4\sigma \cdot \cos\beta}{\gamma d} = \frac{4\sigma \cdot \cos\beta}{\rho g \cdot d}$$

$$= \frac{4 \times (60 \times 10^{-3}) \times \cos 10°}{800 \times 9.8 \times 2 \times 10^{-3}} = 0.015 \, \mathrm{m}$$

$$= 15 \, \mathrm{mm}$$

1-11   증기압(蒸氣壓, vapor pressure)

유체의 물리적 성질인 증기압은 가끔 문제 해석에 있어서 매우 중요한 부분을 차지한다. 모든 액체는 기체로 증발하려는 경향이 있으며, 이것은 액상(液相)에서 기상(氣相)으로의 상태변화를 의미한다. 이러한 증발현상은 자연적 열진동의 결과로 분자들이 연속적으로 자유액면을 이탈하기 때문에 발생한다.

튀어 오른 분자들은 기체 상태로 되어 그들 자신의 분압을 가지게 되며, 이 압력을 액체의 증기분압(蒸氣分壓)이라 한다. 액체는 온도 상승에 따라 분자운동이 활발해지고 증기압도 온도와 더불어 증가된다.

비등(boiling)은 액체에 가해지는 외부 절대압력이 액체의 증기압과 같거나 작을 때 일어난다. 이것은 액체의 비등조건이 온도와 함께 가해진 압력에 달려 있다는 것을 의미한다.

표 1-10 온도 변화에 따른 물의 증기압

온 도(℃)	증기압 (mmHg)	온 도(℃)	증기압 (mmHg)
0	4.579	100	1.000
10	9.209	110	1.414
20	17.535	120	1.690
30	31.824	130	2.666
40	55.324	140	3.567
50	92.51	150	4.698
60	49.38	160	6.100
70	33.7	170	7.818
80	55.1	180	9.896
90	525.76	190	12.387

표 1-11 일반 유체의 증기압

유 체	온 도(℃)	증기압(Pa)
벤젠	20	10.0
사염화탄소	20	13.1
에틸알코올	20	5.86
가솔린	20	55.2
글리세린	20	0.000014
물	20	2.34

∽ 연습문제 ∽

1. 공학 단위계에서는 힘(무게)의 단위는 kgf, 길이의 단위는 m, 시간의 단위는 s를 사용한다. 이때 질량 m의 단위를 구하시오.

2. 비중이 0.88인 알코올의 밀도($N \cdot s^2/m^4$)를 구하시오.

3. 어떤 유체의 밀도가 1358.6 $N \cdot s^2/m^4$일 때 비중을 구하시오.

4. 체적이 3 m^3이고, 무게가 24000 N인 기름의 비중을 구하시오.

5. 비중량이 12 N/m^3이고 동점성계수가 0.1501×10^{-4} m^2/s인 건조한 공기의 점성계수(P)를 구하시오.

6. 온도가 20℃, 압력이 760 mmHg인 공기의 밀도($N \cdot s^2/m^4$)를 구하시오.(단, 공기의 기체상수는 286.8 $N \cdot m/kg \cdot K$이다.)

7. 비중이 0.8인 어떤 기름의 비체적(m^3/kgf)을 구하시오.

8. 온도가 100℃이고, 절대압력이 101.3 kN/m^2인 산소의 비중을 구하시오.

9. 체적이 4 m^3인 기름의 무게가 28000 N이었다. 이 기름의 비중을 구하시오.

10. 어떤 완전기체의 절대압력이 19.6 N/cm^2이고, 온도는 45℃, 비체적이 0.481 m^3/kgf이다. 이 기체의 기체상수를 구하시오.

11. 무게가 40 kN이고, 체적이 8 m^3인 유체의 비중을 구하시오.

12. 질량이 20 kg인 물체의 무게를 저울로 달아보니 19 kgf이었다. 이 곳의 중력가속도를 구하시오.

13. 비중량이 850 kgf/m^3인 기름 18l의 중량(kgf)을 구하시오.

14. 물의 체적을 2 % 감소시키기 위해 가해야 할 압력을 구하시오.(단, 물의 체적탄성계수는 2000 MN/m^2이다.)

15. 온도 20℃, 절대압력 200 kN/m^2의 질소 15 m^3를 등온적으로 2 m^3로 압축할 때의 압력을 구하시오.

16. 온도가 4.5℃인 CO_2 가스 23 N이 체적이 0.283 m^3인 용기에 가득 차있다. 가스의 압력을 구하시오.

17. 다음 그림과 같이 평행한 두 평판 사이에 점성계수가 13.15 P인 기름이 들어 있다. 아래쪽 평판을 고정시키고 위쪽 평판을 4 m/s로 움직일 때 속도분포는 그림과 같이 직선이다. 이때 두 평판 사이에서 발생하는 전단응력(N/m^2)을 구하시오.

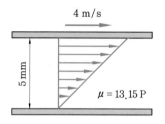

18. 어떤 기계유의 점성계수가 1.5×10^{-2} kgf·s/m^2, 비중량이 850 kgf/m^3일 때 동점성계수(St)를 구하시오.

19. 다음 그림과 같이 0.1 m인 틈 속에 두께를 무시해도 좋을 정도의 얇은 판이 있다. 이 판 위에는 점성계수가 μ인 유체가 있고, 아래쪽에는 점성계수가 2μ인 유체가 있을 때 이 판을 수평으로 0.5 m/s의 속도로 움직이는 데 40 N의 힘이 필요하다면, 단위면적당 점성계수는 몇 N·s/m^2인지 구하시오.

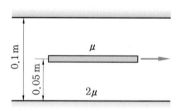

20. 안지름 1 mm의 유리관을 알코올 속에 세웠더니 알코올이 10.5 mm 올라갔다. 알코올의 비중을 0.81, 유리와의 접촉각을 0°로 할 때 알코올의 표면장력(dyn/cm)을 구하시오. (단, SI 단위로 한다.)

21. 뉴턴 유체란 무엇인지 설명하시오.

22. 대기 중의 온도가 20℃일 때 대기 중의 음속을 구하시오.(단, 공기를 완전가스로 취급하여 $k = 1.4$, $R = 286.8$ N·m/kgf·K이다.)

23. 간격이 3 mm인 평행한 두 평판 사이에 점성계수가 15.14 P인 피마자 기름이 차있다. 한쪽 판이 다른 판에 대해서 6 m/s의 속도로 미끄러질 때 면적 1 m^2당 받는 힘을 구하시오.

24. 다음 그림과 같이 지름 d인 모세관을 물 속에 α만큼 기울여서 세웠을 때 상승높이 h (mm)를 구하시오.(단, $d = 5$ mm, $\theta = 10°$, $\alpha = 15°$, 표면장력은 0.084 N/m이다.)

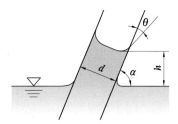

25. 다음 그림과 같이 폭 0.06 m의 틈 속 가운데 매우 넓고 얇은 판이 있다. 이 얇은 판 위에는 점성계수가 μ인 유체가 있고, 아랫면에는 점성계수가 2μ인 유체가 있다. 이 얇은 판이 0.3 m/s의 속도로 움직일 때 1 m^{2}당 필요한 힘이 30 N이다. 이때 점성계수 μ는 몇 N·s/m^{2}인지 구하시오.

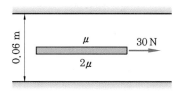

26. 절대압력이 300 kN/m^{2}이고, 온도가 33℃인 공기의 밀도(N·S^2/m^4)를 구하시오.(단, 공기의 기체상수는 286.8 N·m/kgf·K이다.)

27. 안지름이 6 mm인 액주계에 의하여 어떤 용기의 압력을 측정한 결과 수주 545 mm를 얻었다. 액주계의 모세관현상을 고려할 때 실제 압력을 구하시오.(단, 액주계의 접촉각 $\beta = 9°$이며, 물의 표면장력 $\sigma = 0.742 \times 10^{-3}$ N/cm이다.)

28. 실린더 속에 액체가 흐르고 있다. 내벽에서 수직거리 y에서의 속도가 $u = 5y - y^2$ (m/s)로 표시된다. 이때 벽면에서의 마찰 전단응력을 구하시오.(단, 유체의 점성계수 $\mu = 0.0382$ N·s/m^2, 실린더의 안지름은 10 cm이다.)

29. 지름이 80 mm이고, 길이가 120 mm인 축이 저널 베어링(journal bearing)으로 지지되어 있고 200 rpm으로 회전하고 있을 때 베어링의 틈새가 0.015 mm, 점성계수 $\mu = 0.05$ N·s/m^{2}이다. 이때 마찰에 의한 손실동력을 구하시오.

30. 지름이 d_1인 비눗방울을 불려서 지름이 d_2까지 크게 하는 데 필요한 일을 구하시오.

31. 회전 반지름이 30 cm인 플라이 휠(fly wheel)이 600 rpm으로 회전할 때 그 속도는 축과 슬리브 사이에서 유체의 점성에 의해 1 rpm/s로 감소된다. 이때 슬리브의 길이는 5 cm, 축 지름은 2 cm, 틈새는 0.05 mm이다. 이때 유체의 점성계수(N·s/m²)를 구하시오.(단, 플라이 휠의 무게는 500 N이다.)

32. 다음 그림과 같이 반지름이 10 cm, 길이가 40 cm인 원통을 길이가 같고, 반지름이 11 cm인 고정된 원통 속을 40 rpm의 속도로 회전시키는 데 0.016 kgf·m(0.157 N·m)의 토크가 필요하였다. 이때 두 원통 사이에 채워진 기름의 점성계수(N·s/m²)를 구하시오.

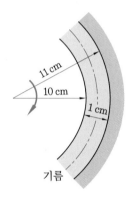

33. 다음 그림에서 윤활유의 동점성계수가 2.8×10^{-5} m²/s이고, 비중이 0.92이다. 피스톤의 평균속도가 6 m/s일 때 마찰에 의한 손실동력을 구하시오.

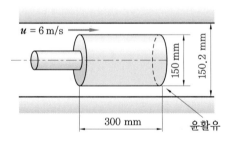

연습문제 풀이

1. $F = ma$ 에서

$$m = \frac{F}{a} = \frac{(\text{kgf})}{(\text{m/s}^2)} = (\text{kgf} \cdot \text{s}^2/\text{m})$$

2. $\rho = \dfrac{\gamma}{g} = \dfrac{9800S}{g} = \dfrac{9800 \times 0.88}{9.8}$

$\qquad = 880 \, \text{N} \cdot \text{s}^2/\text{m}^4$

3. $S = \dfrac{\rho}{1000} = \dfrac{1358.6}{1000} \fallingdotseq 1.36$

4. $S = \dfrac{\gamma}{9800} = \dfrac{8000}{9800} = 0.816$

5. $\nu = \dfrac{\mu}{\rho}$ 에서

$\qquad \therefore \mu = \nu \cdot \rho = \nu \cdot \dfrac{\gamma}{g} = 0.1501 \times 10^{-4} \times \dfrac{12}{9.8}$

$\qquad\quad = 1.84 \times 10^{-5} \, \text{N} \cdot \text{s/m}^2$

$\qquad\quad = 1.84 \times 10^{-4} \, \text{dyn} \cdot \text{s/cm}^2$

$\qquad\quad = 1.84 \times 10^{-4} \, \text{P}$

6. $\rho = \dfrac{p}{RT} = \dfrac{101.3 \times 10^3}{286.8 \times 293} = 1.2 \, \text{kgf/m}^3$

$\qquad = 1.2 \, \text{N} \cdot \text{s}^2/\text{m}^4$

7. $\rho = \rho_w \cdot S = 1000 \times 0.8 = 800 \, \text{kg/m}^3$

$\qquad v = \dfrac{1}{\rho} = \dfrac{1}{800} = 1.25 \times 10^{-3} \, \text{m}^3/\text{kgf}$

8. 산소의 분자량 $M = 32$이므로

$\qquad R = \dfrac{8313}{M} = \dfrac{8313}{32} = 259.8 \, \text{N} \cdot \text{m} / \text{kg} \cdot \text{K}$

상태 방정식 $p \cdot v = RT$에서

$\qquad \rho = \dfrac{p}{RT} = \dfrac{101.3 \times 10^3}{286.8 \times (273 + 100)}$

$\qquad\quad = 1.045 \, \text{kg/m}^3$

$\qquad S = \dfrac{\rho}{\rho_w} = \dfrac{1.045}{1000} = 1.045 \times 10^{-3}$

9. 비중량 $\gamma = \dfrac{W}{V} = \dfrac{28000}{4} = 7000 \, \text{N/m}^3$

$\qquad$ 밀도 $\rho = \dfrac{\gamma}{g} = \dfrac{7000}{9.8} \fallingdotseq 714 \, \text{N} \cdot \text{s}^2/\text{m}^4$

$\qquad\quad = 714 \, \text{kg/m}^3$

$\qquad \therefore$ 비중 $S = \dfrac{\rho}{\rho_w} = \dfrac{714}{1000} = 0.714$

$\qquad \dfrac{\gamma}{\gamma_w} = \dfrac{7000}{9800} = 0.714$

10. $R = \dfrac{pv}{T} = \dfrac{19.6 \times 10^4 \times 0.481}{273 + 45}$

$\qquad = 296.5 \, \text{J/kg} \cdot \text{K}$

11. $\gamma = \dfrac{W}{V} = \dfrac{40000}{8} = 5000 \, \text{N/m}^2$

$\qquad \therefore S = \dfrac{\gamma}{\gamma_w} = \dfrac{5000}{9800} = 0.5$

12. $F = ma$ 에서 $19 \times 9.8 = 20 \times a$

$\qquad \therefore a = \dfrac{19 \times 9.8}{20} = 9.31 \, \text{m/s}^2$

$\qquad *1 \, \text{kg} = 1 \, \text{N} \cdot \text{s}^2/\text{m}$

13. $W = \gamma V = 850 \times 0.018$

$\qquad = 15.3 \, \text{kgf}$

14. $K = -\dfrac{dp}{\dfrac{dV}{V}}$

$\qquad \therefore dp = -K \cdot \dfrac{dV}{V} = -2000 \times \left(\dfrac{-2}{100} \right)$

$\qquad\quad = 40 \, \text{MN/m}^2$

15. 등온 변화이므로 $T = $ 일정에서

$\qquad p_1 V_1 = p_2 V_2$이므로

$\qquad p_2 = p_1 \cdot \dfrac{V_1}{V_2} = 200 \times \dfrac{15}{2}$

$\qquad\quad = 1500 \, \text{kN/m}^2$

$\qquad\quad = 1.5 \, \text{MN/m}^2$

16. $R = \dfrac{8313}{44} = 188.93 \ \text{N} \cdot \text{m/kg} \cdot \text{K}$

$pV = GRT$ 에서

$\quad p = \dfrac{G}{V}RT = \dfrac{23}{0.283} \times 188.93 \times (273 + 4.5)$

$\quad\quad \coloneqq 4.26 \ \text{MN/m}^2$

17. 속도구배는

$\dfrac{du}{dy} = \dfrac{4}{0.005} = 800 \, (1/\text{s})$

$\quad \therefore \ \tau = \mu \cdot \dfrac{du}{dy} = 13.15 \times 800$

$\quad\quad = 10520 \ \text{dyn/cm}^2$

$\quad\quad = 1052 \ \text{N/m}^2$

$\quad\quad = 1.052 \ \text{kN/m}^2$

18. $\nu = \dfrac{\mu}{\rho} = \dfrac{g \cdot \mu}{\gamma} = \dfrac{9.81 \times 1.5 \times 10^{-2}}{850}$

$\quad\quad = 1.73 \times 10^{-4} \ \text{m}^2/\text{s} = 1.73 \ \text{cm}^2/\text{s}$

$\quad\quad = 1.73 \ \text{St}$

19. 뉴턴의 점성 법칙에 의해서

$\tau = \dfrac{F}{A} = \mu \cdot \dfrac{du}{dy} + 2\mu \cdot \dfrac{du}{dy}$

$F = A\left(\mu \cdot \dfrac{du}{dy} + 2\mu \dfrac{du}{dy} \right) = A \cdot 3\mu \cdot \dfrac{du}{dy}$

$\quad \therefore \ \mu = \dfrac{1}{3} \cdot \dfrac{F}{A} \cdot \dfrac{dy}{du} = \dfrac{1}{3} \times \dfrac{40}{1} \times \dfrac{0.05}{0.5}$

$\quad\quad \coloneqq 1.33 \ \text{N} \cdot \text{s/m}^2$

20. $h = \dfrac{4\sigma \cos\beta}{\gamma d}$ 에서

$\quad \beta = 0°, \ d = 1 \, \text{mm} = 10^{-3} \ \text{m}$

$\quad h = 10.5 \, \text{mm} = 10.5 \times 10^{-3} \ \text{m}$

$\quad \gamma = \gamma_w S = 9800 \times 0.81 = 7938 \ \text{N/m}^3 \text{이므로}$

$\quad \therefore \ \sigma = \dfrac{\gamma h d}{4 \cos\beta} = \dfrac{7938 \times 10.5 \times 10^{-3} \times 10^{-3}}{4 \times 1}$

$\quad\quad = 0.0208 \ \text{N/m}$

$\quad\quad = 0.0208 \times \dfrac{10^5}{10^2} \ \text{dyn/cm}$

$\quad\quad = 20.8 \ \text{dyn/cm}$

21. 뉴턴의 점성법칙을 만족하는 유체를 뉴턴 유체라고 한다. 유체유동 시에 전단응력과 속도구배의 관계가 원점을 지나는 직선적인 관

계를 가지며, 이때 비례상수에 해당하는 것이 점성계수이다. 따라서, 뉴턴 유체의 점성계수는 속도구배에 관계없이 일정한 값을 갖는다.

22. 대기 중에서 단열 가열 과정으로 가정할 때 음속은

$a = \sqrt{kRT} = \sqrt{1.4 \times 286.8 \times 293} = 343 \ \text{m/s}$

23. $\tau = \mu \dfrac{u}{h} = 15.14 \times \dfrac{600}{0.3} = 30280 \ \text{dyn/cm}^2$

$\quad\quad = 3028 \ \text{N/m}^2$

24. 모세관이 기울어졌더라도 액체의 상승 높이 h 는 마찬가지이다.

$\quad \therefore \ h = \dfrac{4\sigma \cos\theta}{\gamma d}$

$\quad\quad = \dfrac{4 \times 0.084 \times 10^{-3} \times \cos 10°}{9800 \times 5 \times 10^{-3}}$

$\quad\quad \coloneqq 6.75 \times 10^{-3} \text{m} = 6.75 \, \text{mm}$

25. 윗면이 받는 전단응력 $\tau_\mu = \mu \dfrac{0.3}{0.03} = 10\mu$

아랫면이 받는 전단응력 $\tau_{2\mu} = 2\mu \dfrac{0.3}{0.03} = 20\mu$

$F = (\tau_\mu + \tau_{2\mu}) \cdot 1$ 에서 $30 = 10\mu + 20\mu = 30\mu$

$\quad \therefore \ \mu = 1 \ \text{N} \cdot \text{s/m}^2$

26. 절대압력 $p = 300000 \ \text{N/m}^2$

절대온도 $T = 33 + 273 = 306 \ \text{K}$

기체상수 $R = 286.8 \ \text{N} \cdot \text{m/kg} \cdot \text{K}$

상태 방정식 $pv_s = RT$ 에서

$\quad \therefore \ \rho = \dfrac{p}{RT} = \dfrac{300000}{286.8 \times 306}$

$\quad\quad \coloneqq 3.42 \ \text{N/m}^3$

27. $h = \dfrac{4\sigma \cos\theta}{\gamma d} = \dfrac{4 \times 0.742 \times 10^{-1} \times \cos 9°}{9800 \times 6 \times 10^{-3}}$

$\quad\quad = 4.98 \, \text{mm}$

$\quad \therefore \ p = 545 - 4.98 = 540.02 \ \text{mmAq}$

28. $u = 5y - y^2$ 에서 $\dfrac{du}{dy} = [5 - 2y]_{y=0} = 5 \, \text{s}^{-1}$

$\quad \therefore \ \tau_0 = \mu \left(\dfrac{du}{dy} \right)_{y=0} = 0.0382 \times 5$

$\quad\quad = 0.191 \ \text{N/m}^2$

29. $u = \dfrac{\pi d N}{60} = \dfrac{3.14 \times 0.08 \times 200}{60}$

$\quad = 0.838 \text{ m/s}$

$\quad \tau = \mu \dfrac{du}{dy} = 0.05 \times \dfrac{0.838}{0.015 \times 10^{-3}}$

$\quad\quad = 2793 \text{ N/m}^2$

$\quad F = \tau A = \tau \cdot \pi d \cdot l = 2793 \times 3.14 \times 0.08 \times 0.12$

$\quad\quad = 84.2 \text{ N}$

따라서, 손실동력은

$\quad P = Fu = 84.2 \times 0.838$

$\quad\quad = 7.04 \text{ kgf} \cdot \text{m/f (SI 단위 : 69 W)}$

$\quad\quad = 70.56 \text{ N} \cdot \text{m/s} = 70.56 \text{ W} = 0.096 \text{ PS}$

30. 비눗방울의 체적 V를 크게 하는 데 필요한 일 W는

$$W = \int_{V_1}^{V_2} p\, dV \left(\text{단, } V = \frac{4}{3}\pi r^3 \right)$$

비눗방울 속의 초과 압력 $p = \dfrac{4\sigma}{d} = \dfrac{2\sigma}{r}$

$\therefore\ W = \displaystyle\int_{V_1}^{V_2} p\, dV = \int_{V_1}^{V_2} \dfrac{4\sigma}{d}\, dV$

$\quad = \displaystyle\int_{\frac{d_1}{2}}^{\frac{d_2}{2}} \dfrac{2\sigma}{r} 4\pi r^2\, dr = 4\sigma\pi \left[r^2\right]_{\frac{d_2}{2}}^{\frac{d_1}{2}}$

$\quad = \sigma\pi(d_2^{\,2} - d_1^{\,2})$

31. 원주속도 : $u = r\omega$

플라이 휠의 회전력은

$$T_f = I\dfrac{d\omega^*}{dt} = m k^2 \dfrac{d\omega}{dt}$$

(* 회전모멘트 = 관성모멘트×각가속도이므로

$T = I\alpha = I\dfrac{d\omega}{dt}$)

이때 발생하는 전단력에 의한 회전력 T_τ는

$$T_\tau = \tau A r = \mu \dfrac{u}{t} \cdot (2\pi r l) \cdot r$$

이때 $T_f = T_\tau$이므로

$$m k^2 \dfrac{d\omega}{dt} = \mu \dfrac{r\omega}{t} (2\pi r l) \cdot r$$

$\therefore\ \mu = \dfrac{m k^2 t}{2\pi r^3 \omega l} \cdot \dfrac{d\omega}{dt}$

윗식에서 $m = \dfrac{W}{g} = \dfrac{500}{9.8} \text{ kg}$

$\quad k = 0.3 \text{ m},\ t = 0.05 \times 10^{-3} \text{ m}$

$\omega = \dfrac{2\pi N}{60} = \dfrac{2\pi \times 600}{60} = 20\pi \text{ (rad/s)}$

$l = 0.05 \text{ m},\ r = 0.01 \text{ m}$

$\dfrac{d\omega}{dt} = \dfrac{2\pi}{60} \text{ (rad/s}^2)$를 대입하면

$\therefore\ \mu = \dfrac{\dfrac{500}{9.8} \times 0.3^2 \times 0.05 \times 10^{-3}}{2\pi \times 0.01^3 \times 20\pi \times 0.05} \times \left(\dfrac{2\pi}{60}\right)$

$\quad\quad = 1.218 \text{ N} \cdot \text{s/m}^2$

32. $u = r\omega = 0.1 \times \dfrac{40 \times 2\pi}{60} = 0.419 \text{ m/s}$

$\therefore\ T = Fr = (A \cdot \tau) r$

$\quad = (2\pi r l) \cdot \left(\mu \dfrac{u}{\Delta r}\right) r$

$\mu = \dfrac{T(\Delta r)}{2\pi r^2 l u} = \dfrac{0.016}{2\pi \times 0.1^2 \times 0.4 \times 0.419}$

$\quad = 1.52 \text{ kgf} \cdot \text{s/m}^2$

$\therefore\ \mu = 1.52 \times 9.8 = 14.9 \text{ N} \cdot \text{s/m}^2$

33. 동점성계수의 정의 $\nu = \dfrac{\mu}{\rho}$에서

$\mu = \rho\nu$

$\quad = (0.92 \times 1000 \text{N} \cdot \text{s}^2/\text{m}^4) \times (2.8 \times 10^{-5} \text{ m}^2/\text{s})$

$\quad = 0.02576 \text{ N} \cdot \text{s/m}^2$

뉴턴의 점성법칙에서

$\tau = \dfrac{F}{A} = \mu \dfrac{u}{h}$이므로

$F = \mu A \dfrac{u}{h}$

$\quad = 0.02576\left\{\pi\left(\dfrac{150 + 150.2}{2} \times 10^{-3}\right) \times 0.3\right\}$

$\quad \times \dfrac{6}{0.1 \times 10^{-3}} = 218.65 \text{ N}$

$\therefore\ $손실동력 $P = Fu = 218.65 \times 6$

$\quad\quad = 1312 \text{ N} \cdot \text{m/s} = 1312 \text{ J/s}$

$\quad\quad = 1312 \text{ W} = 1.78 \text{ PS}$

제2장   유체정역학

유체정역학(流體靜力學, fluid statics)은 유체의 요소 사이에 상대운동(相對運動)이 없는 유체들을 다루는 학문이며, 여기에서는 정지유체, 등가속도 직선운동을 하는 유체, 등속원운동을 하고 있는 유체 등을 취급한다.

상대운동이 없는 유체에서는 점성이 고려되지 않으므로, 마찰력이나 전단응력은 물론 존재하지 않는다.

유체가 면(面)에 미치는 압력에 의한 힘은 면에 수직인 방향으로만 작용하며, 면에 접하는 방향으로는 힘이 전달되지 않는다. 이와 같은 것들은 유체동력학에서보다 유체정역학 해석을 용이하게 하고 이론적인 해석만으로 충분하며 실험적 배경은 필요로 하지 않는다.

2-1 압력(壓力, pressure)

압력(壓力, pressure)은 "유체에 의하여 단위면적당 가해지는 힘"으로 표시한다. 압력의 크기가 균일하지 못할 경우라도 단위면적보다 작은 미소면적에 작용하는 힘의 크기를 단위면적당의 힘의 크기로 환산하여 압력의 크기를 표시한다.

압력분포가 균일할 경우, 면적 A에 작용하는 힘의 크기를 F라 하면 압력 p는

$$p = \frac{F}{A}$$

압력분포가 불균일할 경우, 위의 식은 평균압력이 되며 각 점에서의 압력 p는

$$p = \lim_{\Delta A \to 0} \frac{\Delta F}{\Delta A} = \frac{dF}{dA}$$

가 된다.

2-2 정지유체 속에서의 압력에 관한 성질

정지유체 속에서 압력에 관한 성질은 다음과 같다.

① 압력은 모든 면에 수직으로 작용한다.

② 임의의 한 점에 작용하는 압력은 모든 방향에서 그 크기가 같다.

③ 동일 수평면에 있는 모든 점의 압력의 크기는 같다.

또한, 밀폐된 용기 속에 있는 유체에 가한 압력은 모든 방향으로 같은 크기로 전달된다 (파스칼(Pascal)의 원리).

(1) 임의의 한 점에 작용하는 압력의 크기

그림 2-1 (c)의 자유물체도로부터 힘의 평형방정식을 세우면,

$$\sum F_x = 0 \ ; \ p_x \cdot dy - p_s \cdot ds \cdot \sin\theta = 0$$

$$p_x \cdot dy - p_s \cdot dy = 0$$

$$\therefore \ p_x = p_s$$

$$\sum F_y = 0 \ ; \ p_y \cdot dx - p_s \cdot ds \cdot \cos\theta - \frac{\gamma}{2} \cdot dx \cdot dy = 0$$

$$p_x \cdot dy \fallingdotseq 0 (미소값)$$

$$\therefore \ p_y = p_s$$

따라서, 한 점에 작용하는 임의의 3방향의 압력은 모두 같다.

$$\therefore \ p_x = p_y = p_s$$

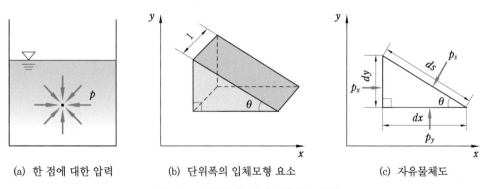

(a) 한 점에 대한 압력   (b) 단위폭의 입체모형 요소   (c) 자유물체도

그림 2-1 임의의 한 점에 작용하는 압력

(2) 수평방향의 압력 변화

그림 2-2와 같이 유체 속에서 모형의 자유물체도를 생각하면 수평방향의 평형조건으로부터,

$$\sum F_x = 0, \ p_1 \cdot dA - p_2 \cdot dA = 0$$

$$\therefore \ p_1 = p_2$$

이 된다. 즉, 동일 수평면 상의 임의의 두 점에서의 압력의 크기는 같다.

그림 2-2 수평방향의 압력 변화

(3) 수직방향의 압력 변화

그림 2-3의 자유물체도에서 체적 요소의 상하 단면적은 A 이고 수평기준으로부터 y 의 거리에 있는 점에서의 압력을 p 라 하면 $y + \Delta y$ 의 거리에 있는 점에서의 압력은 다음과 같다.

$$p + \frac{dp}{dy} \cdot \Delta y$$

수평방향의 평형조건으로부터

$$\sum F_y = 0$$

$$p \cdot A - \left(p + \frac{dp}{dy} \cdot \Delta y \right) \cdot A - \gamma A - \Delta y = 0$$

$$\therefore \ \frac{dp}{dy} = -\gamma$$

를 얻을 수 있으며, 비압축성 유체와 압축성 유체로 나누어 생각할 수 있다.

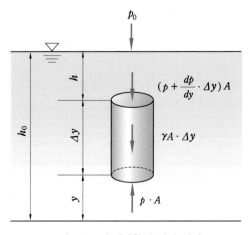

그림 2-3 수직방향의 압력 변화

① 비압축성 유체인 경우 : $\frac{dp}{dy} = -\gamma$ 에서 비압축성 유체인 경우, 즉 액체인 경우는 비중량 γ 를 상수로 보고 적분하면,

$$p = -\gamma y + C$$

이고, 경계 조건 $y = h_0$ 일 때 $p = 0$, $y = h_0 - h$ 를 대입하여 정리하면,

$$p = \gamma h$$

가 된다. 만약 유체 표면의 압력, 즉 대기압을 고려하면 표면에서 수직방향으로 거리 h에서의 압력은 다음과 같이 된다.

$$p = \gamma h + p_0$$

② 압축성 유체인 경우 : $\dfrac{dp}{dy} = -\gamma$에서 압축성 유체의 경우에 비중량 γ가 변수로서 p 또는 y의 어떤 함수로 주어질 때 가능하다.

기체의 경우, 즉 대기(大氣)의 고도와 압력 관계를 생각해 보자. 해수면 위, 즉 $y = 0$에서 대기압은 p_0, 비중량은 γ_0이다.

⑺ 대기를 등온상태로 가정할 때

보일(Boyle)의 법칙 $\dfrac{\gamma}{p} = \dfrac{\gamma_0}{p_0}$를 적용하면,

$$\frac{dp}{dy} = -\gamma \text{에서 } dp = -\gamma dy$$

적분하면,

$$\int_{p_0}^{p} dp = -\int_{0}^{y} \gamma dy$$

$\gamma = \gamma_0 \cdot \dfrac{p}{p_0}$를 대입하여 정리하면 다음과 같다.

$$\int_{p_0}^{p} \frac{dp}{p} = -\frac{\gamma_0}{p_0} \int_{0}^{y} dy \rightarrow \ln\left(\frac{p}{p_0}\right) = -\frac{\gamma_0}{p_0} \cdot y$$

$$\therefore \ p = p_0 + \exp\left(-\frac{\gamma_0}{p_0} \cdot y\right)$$

⑻ 대기를 단열상태로 가정할 때

$$\frac{dp}{dy} = -\gamma \text{에서 } dy = -\frac{dp}{\gamma}$$

단열변화이므로, $\dfrac{p}{\gamma^k} = \dfrac{p_0}{\gamma_0{}^k}$를 대입하여 적분하면,

$$\int_{0}^{y} dy = -\frac{p_0^{\frac{1}{k}}}{\gamma_0} \int_{p_0}^{p} p^{\frac{-1}{k}} \cdot dp$$

$$\therefore \ y = \frac{k-1}{k} \cdot \frac{p_0}{\gamma_0} \left\{ \left(\frac{p}{p_0}\right)^{\frac{k-1}{k}} - 1 \right\}$$

$$p = p_0 \left\{ 1 - \frac{k-1}{k} \cdot \frac{\gamma_0}{p_0} \cdot y \right\}^{\frac{k}{k-1}}$$

를 얻게 된다.

예제 1. 해면에서 60 m 깊이에 있는 점의 압력은 해면상보다 몇 kN/m^2가 높은지 구하시오.(단, 해수의 비중은 1.025이다.)

해설 $p = \gamma h = (9800 \times 1.025) \times 60 \ N/m^2$
$\qquad = 602700 \ N/m^2 = 602.7 \ kN/m^2 = 602.7 \ kPa$

예제 2. 밑면이 2 m×2 m인 탱크에 비중이 0.8인 기름과 물이 그림과 같이 들어 있다. 면 AB에 작용하는 압력(kPa)을 구하시오.

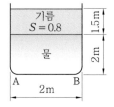

해설 면 AB에 작용하는 압력은
$p_{AB} = \gamma_0 h_0 + \gamma_w \cdot h_w = (9800 \times 0.8) \times 1.5 + 9800 \times 2$
$\qquad = 31360 \ N/m^2 = 31.36 \ kN/m^2 = 31.36 \ kPa$

2-3 절대압력과 계기압력

① 절대압력(絶對壓力, absolute pressure) : 절대진공, 즉 완전진공을 기준으로 하여 측정한 압력을 말하며, 절대압력의 측정기구로는 아네로이드(aneroid) 압력계와 수은 기압계가 있다. 절대압력은 압력 단위 뒤에 abs를 붙여 사용한다.

② 계기압력(計器壓力, guage pressure) : 국소대기압(局所大氣壓, local atmosphere pressure)을 기준으로 하여 측정한 압력을 말하며, 특별히 절대압이라고 말하지 않는 한 압력이라고 하면 이 계기압력을 의미하며, 국소대기압보다 큰 압력을 양의 압력, 즉 정압(正壓), 국소대기압 이하의 압력을 음의 압력, 즉 부압(負壓) 또는 진공압력이라 한다.

계기압력을 측정하는 기구로는 부르동(Bourdon) 압력계와 액주계 등이 있다.

③ 절대압력과 계기압력과의 관계 : 그림 2-4는 대기압보다 큰 계기압력과 대기압보다 작은 진공압력을 절대압력과 비교한 것이며, 이들 사이의 관계를 식으로 표시하면 다

음과 같다.

절대압력(p_{abs})＝국소대기압(p_0)±계기압력(p_g)

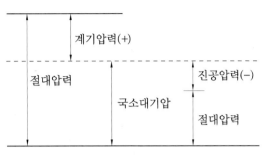

그림 2-4 절대압력과 계기압력의 관계

2-4 압력의 단위와 차원

압력의 단위로는 kgf/cm^2, N/m^2＝Pa(pascal), dyn/cm^2, mmHg, mmAq, bar, lb/in^2＝ psi(pound per square inch) 등이 있으며, 차원은 $[FL^{-2}]$ 또는 $[ML^{-1}\ T^{-2}]$이다.

① 표준대기압 (標準大氣壓, standard atmosphere pressure)

$$1\text{atm} = 760\,\text{mmHg}(= 760\,\text{torr}) = 1.03323\,\text{kgf/cm}^2 = 10.3323\,\text{mAq}$$
$$= 1.01325\,\text{bar} = 29.92\quad \text{inHg} = 14.7\,\text{lb/in}^2$$

② 공학기압 (工學氣壓, technical pressure)

$$1\,\text{at} = 1\,\text{kgf/cm}^2 = 10\,\text{mAq} = 735.6\quad \text{mmHg} = 0.98\,\text{bar} = 14.2\,\text{lb/in}^2$$

【참고】 $1\,\text{N/m}^2 = 1\,\text{Pa}$

$1\,\text{bar} = 10^5\,\text{N/m}^2 = 1000\,\text{mmbar}$

$1\,\text{kgf/cm}^2 = 10\,\text{mAq}$[Aq : aqua(물)의 약자]

$1\,\text{mmHg} = 1\,\text{torr}$

예제 3. 대기압 750 mmHg인 곳에서 계기압력계로 측정한 압력 $1\,\text{kgf/cm}^2$를 절대압력으로 나타내시오.

해설 절대압력 ＝ 대기압 ＋ 계기압력이므로,

① N/m^{2}abs : $\left(\dfrac{750}{760} \times 1.03323 + 1\right) \times 9.8 \times 10^4 = 197924.21\,\text{N/m}^2$ abs

② bar abs : $\dfrac{750}{760} \times 1.01325 + 1 \times 9.8 \times 10^4 \times 10^{-5} \fallingdotseq 1.98\,\text{bar}$ abs

③ mAq abs : $\left(\dfrac{750}{735.5} + 1\right) \times 10^4 \times 10^{-3} \fallingdotseq 20.2\,\text{mAq}$ abs

④ mmHg abs : $750 + 760 \times \dfrac{1}{1.03323} + 1485.56$ mmHg abs

---

예제 4. 공기와 기름이 들어있는 밀폐된 탱크에 그림과 같이 부르동관 압력계를 설치하여 계기압력을 측정하였더니 40 kN/m²이었다. 압력계의 위치가 기름 표면보다 1 m 아래에 있다고 할 때 공기의 절대압력을 구하시오.(단, 대기압은 1.03기압이고, 기름의 비중은 0.9이다.)

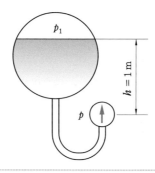

해설 탱크 속의 공기 압력을 p_1, 압력계 내의 기름 압력을 p라고 하면

$$p = p_1 + \gamma h$$

여기서, γ는 기름의 비중량으로서 $0.9 \times 9800 = 8820$ N/m³, h는 1 m이고 p는 대기압과 40000 N/m²의 합이므로

$$p_0 + 40000 = p_1 + \gamma h$$

$$\therefore \ p_1 = p_0 + 40000 - \gamma h = (1.03 \times 9.8 \times 10^4) + 40000 - 8820 \times 1 = 132120 \text{ N/m}^2 \text{ abs}$$

2-5 압력의 측정

절대압력계로는 주로 대기압과 진공압력을 측정하고 계기압력계는 비교적 수백 기압까지 높은 압력을 측정하는 데 사용된다.

따라서, $p = \gamma h$의 관계를 이용하는 액주계(液柱計)로는 비교적 작은 압력이나 10 Pa 이내의 압력차를 측정하는 데 적절하며, 더욱 정밀한 압력 측정에는 미압계를 이용한다.

(1) 탄성 압력계

탄성체에 압력을 가하면 변형되는 성질을 이용하여 압력을 측정하는 방법으로 공업용으로 널리 사용되고 있다.

① 부르동(Burdon) 관 압력계 : 고압 측정용(2.5～1000 kgf/cm²)으로 가장 많이 사용한다.

② 벨로스(bellows) 압력계 : 2 kgf/cm² 이하의 저압 측정용으로 사용한다.

③ 다이어프램(diaphragm) 압력계 : 대기압과의 차이가 미소한 압력 측정용으로 사용한다.

(2) 액주식 압력계

유체의 압력은 정지하고 있는 액체의 무게와 평형을 이루게 하여 측정하는 장치를 말하며, 장치가 단순하면서도 정밀한 압력의 측정이 가능하다.

① 수은 기압계(mercury barometer) 또는 토리첼리 압력계 : 대기압 측정용으로 사용한다.

   ㉮ A점에서의 압력 : $p_A = p_v + \rho g h$

   ㉯ B점에서의 압력 : $p_B = p_0$ (대기압)

     ∴ $p_0 = \rho g h$

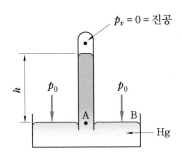

그림 2-5 토리첼리 압력계

② 피에조미터(piezometer) : 탱크나 관 속의 작은 유체압력의 측정용으로 사용한다.

   ㉮ A점에서의 계기압력 : $P_{A(g)} = \gamma h$

   ㉯ A점에서의 절대압력 : $P_{A(abs)} = p_0 + \gamma h$

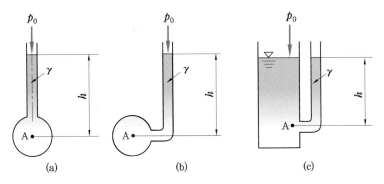

그림 2-6 피에조미터(piezometer)

③ U 자관 액주계(U – type manometer)

   ㉮ 그림 2-7 (a)의 경우 : $p_B = p_C$, $p_A + \gamma_1 h_1 = \gamma_2 h_2$

     ∴ $p_A = \gamma_2 h_2 - \gamma_1 h_1$

   ㉯ 그림 2-7 (b)의 경우 : $p_B = p_C$, $p_A + \gamma h = 0$

     ∴ $p_A = -\gamma h$ (진공)

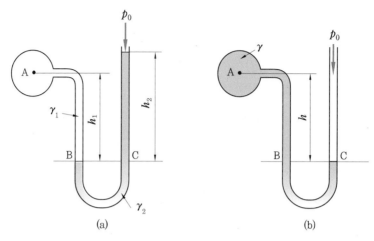

그림 2-7 U자관 액주계

④ 시차액주계(differential manometer)

㉮ 그림 2-8 (a) U자관의 경우 : $p_C = p_D$, $p_A + \gamma_1 h_1 = p_B + \gamma_3 h_3 + \gamma_2 h_2$

∴ $p_A - p_B = \gamma_3 h_3 + \gamma_2 h_2 - \gamma_1 h_1$

㉯ 그림 2-8 (b) 역U자관의 경우 : $p_C = p_D$, $p_A - \gamma_1 h_1 = p_B - \gamma_3 h_3 - \gamma_2 h_2$

∴ $p_A - p_B = \gamma_1 h_1 - \gamma_2 h_2 - \gamma_3 h_3$

㉰ 그림 2-8 (c) 축소관의 경우 : $p_C = p_D$, $p_A + \gamma(k + h) = p_B + \gamma k + \gamma_s h$

∴ $p_A - p_B = (\gamma_s - \gamma)h$

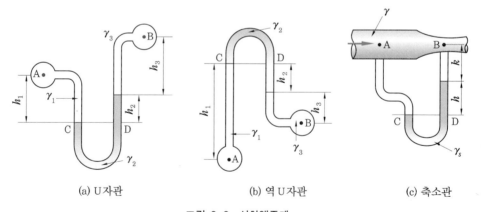

(a) U자관   (b) 역U자관   (c) 축소관

그림 2-8 시차액주계

⑤ 미압계(micro manometer)

그림 2-9에서 A와 B에서의 압력이 같아 평형상태에 있을 때는 일점쇄선의 위치이
던 것이 A, B의 압력차에 의해서 C와 D의 위치에서 평형을 이루게 되었다면

$p_C = p_D$에서

$$p_A + \gamma_1(y_1 + \Delta y) + \gamma_2 \left(y_2 + \frac{h}{2} - \Delta y\right)$$

$$= p_B + \gamma_1(y_1 - \Delta y) + \gamma_2\left(y_2 - \frac{h}{2} + \Delta y\right) + \gamma_3 h$$

$$\therefore p_A - p_B = \gamma_3 h + \gamma_2(2\Delta y - h) - 2\Delta y \gamma_1$$

$\Delta y A = h\dfrac{a}{2}$ 이므로 $2\Delta y = h\dfrac{a}{A}$

$$\therefore p_A - p_B = \gamma_3 h + \gamma_2 h \frac{a}{A} - \gamma_2 h - \gamma_1 h \frac{a}{A}$$

$$= h\left\{\gamma_3 - \gamma_2\left(1 - \frac{a}{A}\right) - \gamma_1\frac{a}{A}\right\}$$

만약 $A \gg a$ 이면 $\dfrac{a}{A}$ 항은 미소하므로 무시하면 윗식은 다음과 같다.

$$\therefore p_A - p_B = h(\gamma_3 - \gamma_2)$$

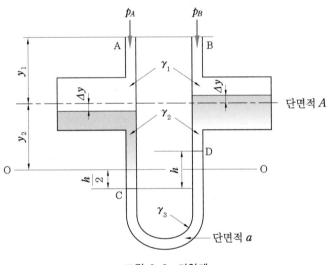

그림 2-9 미압계

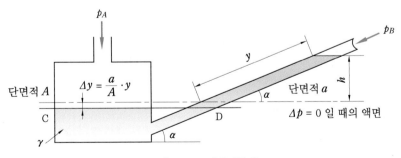

그림 2-10 경사미압계

그림 2-10은 경사미압계(inclined-tube manometer)로서 아주 작은 계기압력의 압력차를 측정, 또는 기체 사이의 작은 압력차를 측정하는 기구이다.

그림에서 압력차가 없을 때는($\Delta p = 0$일 때는) 액면은 일점쇄선의 위치에서 평형을 이루지만, A에 B보다 높은 압력을 연결했을 때 경사 유리관을 따라서 y만큼, 수직으로 h 만큼 관 속의 액면은 상승하고, 단면이 큰 A의 액면은 조금 내려간다.

따라서, $p_C = p_D$에서

$$p_A = p_B + \gamma\left(y\sin\alpha + \frac{a}{A}y\right) \quad \therefore \ p_A - p_B = \gamma y\left(\sin\alpha + \frac{a}{A}\right)$$

만일 $A \gg a$이면 $\dfrac{a}{A}$항은 미소하므로 무시한다.

$$\therefore \ p_A - p_B = \gamma y \sin\alpha$$

따라서, y의 길이만 측정되면 압력차를 알 수 있으며, 경사각 α가 너무 작으면 자체 오차를 증가시키므로 30° 이하의 작은 경사는 피해야 한다.

예제 5. 다음 그림과 같은 시차액주계에서 $p_x - p_y$(kPa)를 구하시오.(단, $\gamma_1 = 1000$ kgf/m^3, $\gamma_2 = 880$ kgf/m^3, $\gamma_3 = 13600$ kgf/m^{3}이다.)

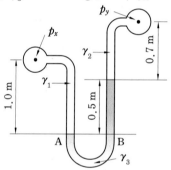

해설 $p_A = p_B$에서, $p_x + 1.0 \times 1000 \times 9.8 = p_y + 0.7 \times 880 \times 9.8 + 0.5 \times 13600 \times 9.8$

$\therefore \ p_x - p_y = 0.7 \times 880 \times 9.8 + 0.5 \times 13600 \times 9.8 - 1.0 \times 1000 \times 9.8$

$\fallingdotseq 62877 \ \text{N/m}^2 = 62.877 \ \text{kPa}$

예제 6. 다음 그림에서 A, B점 사이의 압력차를 구하시오.

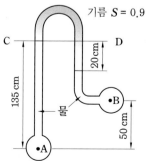

해설 $p_C = p_D$에서

$$p_A - p_B = \gamma \times 1.35 - \gamma \times 0.9 \times 0.2 - \gamma \times 0.65 = \gamma\{(1.35 - 0.65) - 0.9 \times 0.2\}$$
$$= 1000\{(1.35 - 0.65) - 0.9 \times 0.2\} = 520 \text{ kg/m}^2$$
$$= 0.052 \text{ kg/cm}^2$$
$$\therefore\ p_A - p_B = 520 \times 9.8 = 5096 \text{ Pa}$$

예제 7. 그림에서 $p_A - p_B\,(\text{N/m}^2)$를 구하시오.(단, 수은의 비중은 13.6이다.)

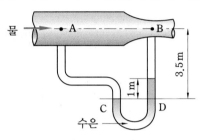

해설 $p_C = p_D$에서

$$p_A + \gamma_w \times 3.5 = p_B + \gamma_w \times 2.5 + \gamma_{\text{Hg}} \times 1$$
$$\therefore\ p_A - p_B = \gamma_{\text{Hg}} - \gamma_w = (13.6 - 1) \times 9800 \text{ N/m}^2$$
$$= 123480 \text{ N/m}^2 = 123.48 \text{ kPa}$$

예제 8. 그림에서 $p_A - p_B$는 몇 kPa인지 구하시오.

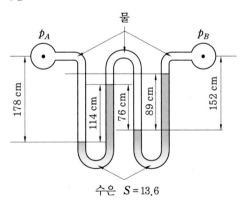

해설 왼쪽 U자관 : $p_A + 9800 \times 1.78 = p_x + 9800 \times 0.13 + (9800 \times 13.6) \times 1.14$

오른쪽 U자관 : $p_B + 9800 \times 0.89 = p_x + 9800 \times 0.63 + (9800 \times 13.6) \times 0.89$

두 식을 p_x로 정리하여 대입하면

$$p_A - p_B = (9800 \times 13.6) \times (1.14 + 0.89) + 9800 \times (0.63 + 0.13 - 0.89 - 1.78)$$
$$= 9800 \times 27.608 + 9800 \times (-1.91)$$
$$= 9800 \times 25.698 = 251840 \text{ N/m}^2 = 251.84 \text{ kPa}$$

예제 9. 그림과 같은 미압계에서 $\gamma_1 = 1.225 \text{ kgf/m}^3$인 공기, γ_2는 물, γ_3는 비중이 1.2인 액체이다. 또 U 자관에서 단면적이 넓은 부분과 단면적이 좁은 부분의 단면적비는 $\frac{a}{A} = 0.01$이고, h는 5 mm이다. 이때 압력차 $p_C - p_D (\text{mmAq})$를 구하시오.

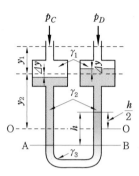

[해설] 점 A, B의 압력은 같으므로

$$p_C + \gamma_1 (y_1 + \Delta y) + \gamma_2 \left(y_2 - \Delta y + \frac{h}{2} \right) = p_D + \gamma_1 (y_1 - \Delta y) + \gamma_2 \left(y_2 + \Delta y - \frac{h}{2} \right) + \gamma_3 h$$

$$p_C - p_D = \gamma_1 (-2\Delta y) + \gamma_2 (2\Delta y - h) + \gamma_3 h$$

또 $A \cdot \Delta y = a \cdot \dfrac{h}{2}$이므로 $\Delta y = \dfrac{a}{A} \cdot \dfrac{h}{2}$

$$\therefore p_C - p_D = \gamma_1 \left(-\frac{a}{A} h \right) + \gamma_2 \left(\frac{a}{A} h - h \right) + \gamma_3 h$$

$$= h \left\{ \gamma_3 + \gamma_2 \left(\frac{a}{A} - 1 \right) - \gamma_1 \frac{a}{A} \right\}$$

$$= 5 \times 10^{-3} \left\{ 1.2 \times 1000 + 1000 (0.01 - 1) - 1.225 \times 0.01 \right\}$$

$$= 1.0499 \text{ kgf/m}^2 = 1.0499 \times 10^{-4} \text{ kgf/cm}^2$$

$$= 1.0499 \times 10^{-3} \text{ mAq} = 1.0499 \text{ mmAq}$$

예제 10. 그림과 같이 비중이 1.59인 CCl_4(사염화탄소)가 담겨진 용기에 경사 액주계를 30° 각도로 설치하고 여기에 0.0686 bar의 압력을 가하였을 때 l을 구하시오.(단, 공기의 무게는 무시할 수 있다.)

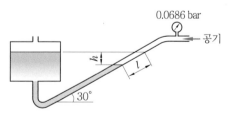

[해설] $p = \gamma h$에서 $p = \gamma l \sin\theta$ 이므로

$$l = \frac{p}{\gamma \sin\theta} = \frac{0.0686 \times 10^5}{1.59 \times 9800 \times 0.5} = 0.881 \text{ m}$$

2-6 유체 속에 잠겨 있는 면에 작용하는 힘

전압력(全壓力)은 면에 작용하는 압력에 의한 전체의 힘을 말한다. 힘은 벡터양으로 크기, 방향, 작용점이 주어져야 한다. 유체정압은 면에 수직인 방향으로만 작용하므로 전압력의 방향은 면에 수직이다.

(1) 수평면에 작용하는 힘

그림 2-11과 같이 수평으로 잠겨있는 물체의 면에 작용하는 압력은 모든 점에서 같으며, 수평면으로 놓인 평면적의 한쪽이 받는 전압력의 크기는

$$F = \int_A p\,dA = \int_A \gamma h\,dA = \gamma h A$$

$F = \gamma h A$에서 hA는 평면의 연직상방에 있는 액체의 체적과 같으므로, 수평면이 받는 전압력의 크기는 평면상방에 있는 액체의 무게와 같으며, 작용점의 위치는 유체의 무게중심을 통과하고 면에 수직이므로 면의 중심점과 일치한다.

① 힘의 크기 : $F = \gamma h A$　　$(\gamma V = W)$
② 힘의 방향 : 면에 수직한 방향
③ 힘의 작용점 : 면의 중심

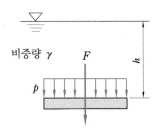

그림 2-11 수평면에 작용하는 힘

(2) 수직면에 작용하는 힘

$$F = \int p\,dA = \frac{p_1 + p_2}{2} A$$

$$= \gamma \frac{h_1 + h_2}{2} A = \gamma \bar{h} A$$

① 힘의 크기 : $F = \gamma \bar{h} A$
② 힘의 방향 : 면에 수직한 방향
③ 힘의 작용점 : Varignon의 정리에 의한다.

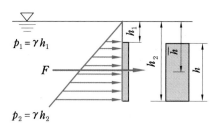

그림 2-12 수직면에 작용하는 힘

【참고】 **Varignon의 정리** : 그림 2-12에서 전체 힘 F가 작용하는 점의 위치는 다음과 같이 구할 수 있고, 전체 힘 F의 Ox축에 대한 모멘트의 방정식을 세우면 다음과 같다.

$$Fy_p = \int_A y\,dF, \quad \gamma A\,\overline{y}\sin\theta\,y_p = \int_A \gamma y^2 \sin\theta\,dA$$

$$\therefore y_p = \frac{1}{A\,\overline{y}} \int_A y^2\,dA$$

여기서, $\displaystyle\int_A y^2\,dA = I_{Ox}$: Ox축에 대한 단면 2 차 모멘트

도형의 도심을 지나는 축의 관성모멘트를 I_G라 하면, 평행축의 정리에 의하여 다음과 같다.

$$I_{Ox} = I_G + A\,\overline{y}^2$$

$$\therefore y_p = \overline{y} + \frac{I_G}{A\,\overline{y}} = \overline{y} + \frac{K_G^{\,2}}{\overline{y}}$$

여기서, $K_G = \sqrt{\dfrac{I}{A}}$: 도심축에 관한 회전반지름

(3) 경사면에 작용하는 힘

경사진 평면의 한쪽에 작용하는 전압력은 균일압력이 아니므로, 미소면적에 대한 힘의 적분으로 구한다.

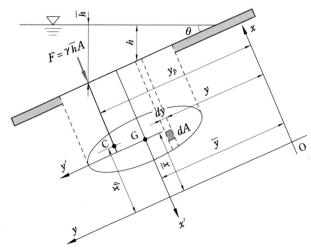

그림 2-13 경사면에 작용하는 힘

① 힘의 크기 : 그림 2-13에서 보는 바와 같이 수평으로 잡은 미소단면적 dA 에서의 압력은 수면으로부터 경사면을 따라 거리 y 인 곳의 압력으로서 dA 에서의 전압력은 $dF = \gamma(y \cdot \sin\theta) \cdot dA$ 이다. 따라서, 전압력 F 는

$$F = \int_A dF = \int_A \gamma \cdot y \cdot \sin\theta \, dA$$
$$= \gamma \cdot \sin\theta \int_A y \cdot dA = \gamma \cdot \sin\theta \cdot \bar{y} \cdot A$$
$$= \gamma \bar{h} A$$

이다. $\gamma \bar{h}$ 는 평면 중심에서의 압력과 같으므로 경사진 평면에 작용하는 전압력의 크기는 "면적×평면 중심에서의 압력"이 된다.

② 힘의 작용점 : 압력의 크기가 깊이에 따라 다르므로 도심(圖心)$(\bar{x}, \bar{y})$과 힘의 작용점 (x_p, y_p)는 일치하지 않는다.

　　그림 2-13에서 액면과 평면이 만나는 선을 x축, 평면을 품고 x축에 수직인 선을 y축으로 잡으면,

$$x_p \cdot F = \int_A x \cdot p \, dA, \quad y_p \cdot F = \int_A y \cdot p \, dA$$

이며, 미소면적요소를 x 에 평행하게 길게 잡은 것은 x축 방향으로는 압력변화가 없고 y축 방향으로만 압력변화가 있기 때문이다.

　　미소면적요소 dA 의 중간점을 x좌표로 하고 위의 두 식을 정리하면,

$$x_p = \frac{1}{\gamma(\bar{y} \cdot \sin\theta)A} \int_A x \cdot (\gamma \cdot y \cdot \sin\theta) dA = \frac{1}{\bar{y}A} \int_A x \cdot y \cdot dA$$
$$= \frac{I_{xy}}{\bar{y}A} = \frac{I_{x'y'}}{\bar{y}A} + \bar{x}$$
$$y_p = \frac{1}{\gamma(\bar{y} \cdot \sin\theta)A} \int_A y \cdot (\gamma \cdot y \cdot \sin\theta) dA = \frac{1}{\bar{y}A} \int_A y^2 dA$$
$$= \frac{I_x}{\bar{y}A} = \frac{I_G}{\bar{y}A} + \bar{y}$$

【참고】 관성(慣性)모멘트(moment of inertia) I_x 와 관성상승(相乘)모멘트(product of inertia) I_{xy}, x축에 관한 관성모멘트를 I_x 라 하고, 단면적의 x, y축에 관한 관성상승모멘트를 I_{xy} 라 한다. 그림 2-14에서 원점을 중심점에 평행 이동시켜 중심을 통과하는 축에 관한 모멘트로 표시한 것이 $I_{x'y'}$ 와 I_G이다. 중심을 통과하는 좌표축을 x', y'로 잡고 $x = x' + \bar{x}$, $y = y' + \bar{y}$ 의 관계를 적용하면,

$$I_{xy} = \int_A xy \, dA = \int_A (x' + \bar{x})(y' + \bar{y}) \, dA$$
$$= \int_A x'y' dA + \bar{x} \int_A y' dA + \bar{y} \int_A x' dA + \bar{x}\bar{y} \int_A dA$$

$$= I_{x'y'} + \overline{x} \cdot \overline{y} \cdot A$$

$$I_x = \int_A y^2 dA = \int_A (y' + \overline{y})^2 dA$$

$$= \int_A y'^2 dA + 2\overline{y} \int_A y' dA + \overline{y}^2 \int_A dA$$

$$= I_{x'} + \overline{y}^2 \cdot A$$

$$= I_G + \overline{y}^2 \cdot A$$

여기서, x', y' 축에 관한 1차모멘트 $\int_A y' dA$ 와 $\int_A x' dA$ 는 x', y' 축이 중심을 통과하는 축이기 때문에 0이 된다.

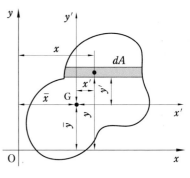

그림 2-14 관성모멘트의 평행축 정리

표 2-1 도형의 단면의 성질

구 분	형 상	A	$\overline{x}$	$\overline{y}$	I_G
직사각형		bh	$\dfrac{b}{2}$	$\dfrac{h}{2}$	$\dfrac{bh^3}{12}$
삼각형		$\dfrac{bh}{2}$		$\dfrac{h}{3}$	$\dfrac{bh^3}{3b}$
원		πr^2	0	0	$\dfrac{\pi r^4}{4} = \dfrac{\pi d^4}{64}$
반원		$\dfrac{\pi r^2}{2}$		$\dfrac{4r}{3\pi}$	$\dfrac{\pi r^4}{8}\left(1 - \dfrac{64}{9\pi^2}\right)$
사분원		$\dfrac{\pi r^2}{4}$	$\dfrac{4r}{3\pi}$	$\dfrac{4r}{3\pi}$	$\dfrac{\pi r^4}{16}\left(1 - \dfrac{64}{9\pi^2}\right)$
타원		πab	0	0	$\dfrac{\pi a^3 b}{4}$

예제 11. 그림과 같이 수문이 수압을 받고 있다. 수문의 상단이 힌지되어 있을 때 수문을 열기 위하여 하단에 주어야 할 힘(N)을 구하시오.(단, 수문의 폭은 1 m이다.)

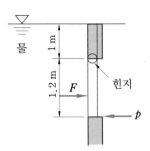

해설 ① 수문에 작용하는 전압력

$$F = \gamma \bar{h} A = 9800 \times 1.6 \times 1.2 \times 1 = 18816\,\text{N}$$

② 작용점의 위치

$$y_p = \bar{y} + \frac{I_G}{A\bar{y}} = 1.6 + \frac{\dfrac{1 \times 1.2^3}{12}}{1.2 \times 1 \times 1.6} = 1.675\,\text{m}$$

③ 힌지점에 관한 모멘트

$$F \times (y_p - 1) = p \times 1.2$$

$$\therefore\ p = \frac{18816 \times (1.675 - 1)}{1.2} = 10584\,\text{N}$$

예제 12. 그림에서 1×4 m의 구형 평판에 수면과 45° 기울어져 물에 잠겨 있다. 한쪽 면에 작용하는 전압력의 크기와 작용점의 위치를 각각 구하시오.

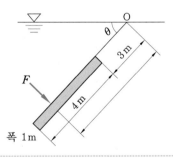

해설 ① 전압력 $F = \gamma A \bar{y} \sin\theta = 9800 \times 4 \times 1 \times (3+2) \times \sin 45° = 138593\,\text{N} \fallingdotseq 138.6\,\text{kN}$

② 작용점의 위치

$$y_p = \bar{y} + \frac{I_G}{A\bar{y}} = 5 + \frac{\dfrac{1 \times 4^3}{12}}{4 \times 1 \times 5} = 5.267\,\text{m}$$

(4) 곡면(曲面)에 작용하는 힘

그림 2-15와 같이 곡면의 한 면이 정적인 힘(F)을 받을 때는 수평분력(F_H)과 수직분력(F_V)으로 표시할 수 있다. 즉,

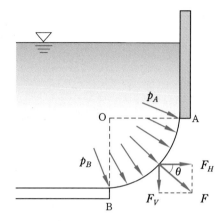

그림 2-15 곡면에 작용하는 힘

$$F_H = F \cdot \cos\theta, \qquad F_V = F \cdot \sin\theta$$

$$\therefore F = \sqrt{F_H^2 + F_V^2}, \ \theta = \tan^{-1}\frac{F_H}{F_V}$$

그림에서 곡면이 받는 전압력의 성분들은 자유물체도의 평형조건을 적용하면 구할 수 있으며, 정적(靜的) 평형상태를 생각할 때는 유체가 외부로부터 받는 힘을 생각하므로 유체가 벽면에 미치는 힘은 그 반대방향으로 작용되는 것이다. 즉,

$$F_H = -F_H{}', \qquad F_V = -F_V{}'$$

자유물체도(自由物體圖)에서,

$$\sum F_x = F_{OB} + F_H{}' = 0, \qquad F_{OB} = -F_H{}' = F_H$$

$$\sum F_y = F_{OA} + F_V{}' + W_{OAB} = 0, \qquad F_{OA} + W_{OAB} = -F_V{}' = F_V$$

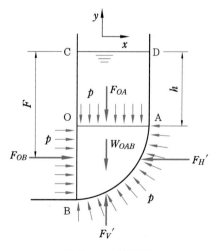

그림 2-16 자유물체도

$$F_H = F_{OB} = \gamma \overline{h} A$$

$$F_V = F_{OA} + W_{OAB} = \gamma hA + \gamma V_{OAB}$$

이 식에서 알 수 있듯이 수평분력은 곡면의 수평방향 투영면적에 작용하는 전압력과 같고, 수직분력은 곡면의 연직상방에 있는 유체의 무게와 같다. 또, 수평분력의 작용점은 투영면의 도심의 위치에 작용하며, 수직분력의 작용점은 유체의 무게중심을 통과하는 수직선상에 작용하게 된다.

예제 13. 그림과 같은 곡면 AB에 작용하는 수평분력과 수직분력을 구하시오.

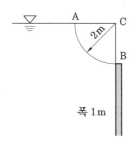

해설 ① 수평분력

$$F_H = \gamma \overline{h} A = 9800 \times 1 \times 1 \times 2 = 19600 \text{ N} = 19.6 \text{ kN}$$

② 수직분력

$$F_V = \gamma V = 9800 \times \frac{1}{4} \times \pi \times 2^2 \times 1 = 30772 \text{N} = 30.77 \text{ kN}$$

예제 14. 그림과 같은 4분원통의 수문이 있다. 수문의 자중을 무시할 때, 수문을 고정하기 위한 O축 주위의 모멘트(N·m)를 구하시오.

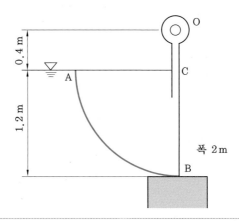

해설 ① 곡면 AB가 받는 전압력의 수평분력 F_H는 수직면 CB가 받는 전압력과 같으므로,

$$F_H = F_{CB} = \gamma \overline{h} A = 9800 \times 0.6 \times (1.2 \times 2) = 14112 \text{N}$$

② 곡면 AB가 받는 전압력의 수직분력 F_V는 곡면 AB의 연직상방에 있는 유체의 무게와 같으므로,

$$F_V = W_{ABC} = \gamma V = 9800 \times \left(\frac{\pi}{4} \times 1.2^2 \times 2 \right) = 22167 \text{ N}$$

③ 수평분력 F_H의 작용점과 수면 사이의 거리 y_p는

$$y_p = \bar{y} + \frac{I_G}{\bar{y} A} = 0.6 + \frac{\dfrac{(2 \times 1.2^3)}{12}}{0.6 \times (1.2 \times 2)} = 0.8 \text{ cm}$$

④ 수직분력 F_V의 작용선은 곡면 AB 위쪽의 유체의 무게중심을 통과하므로 OB 직선과 작용선과의 거리 x_p는

$$x_p = \frac{4r}{3\pi} = \frac{4 \times 1.2}{3\pi} = 0.509 \text{ m}$$

⑤ 수평과 수직분력의 O축 둘레의 모멘트 M은,

$$\begin{aligned} M &= F_H \times (y_p + 0.4) - F_V \times x_p \\ &= 14112 \times (0.8 + 0.4) - 22167 \times 0.509 = 5651.4 \text{ N·m} \end{aligned}$$

2-7 부력(浮力) 및 부양체(浮揚體)의 안정성

(1) 부력(浮力, buoyant force)

물체가 정지유체 속에 부분적으로 또는 완전히 잠겨 있을 때는 유체에 접촉하고 있는 모든 부분은 유체의 압력을 받고 있다. 이 압력은 깊이 잠겨 있는 부분일수록 크고, 유체 압력에 의한 힘은 항상 수직상방으로 작용하는데 이 힘을 부력이라고 한다.

잠긴 물체의 부력은 그 물체의 하부와 상부에 작용하는 힘의 수직성분들의 차이다. 그림 2-17에서 아랫면 ABC의 수직력은 표면 ABCEFA 내의 액체의 무게와 같고, 윗면 ADC에 작용하는 수직력은 액체 ADCEFA의 액체 무게와 같다. 이 두 힘의 차가 곧 물체에 의하여 배제된 유체, 즉 ABCDA의 무게에 의한 힘, 즉 부력이다.

$$F_B = \gamma V$$

여기서, F_B : 부력, γ : 액체의 비중량, V : 배제된 유체의 체적

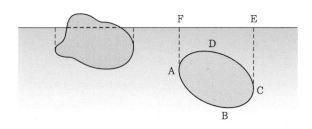

그림 2-17

그림 2-18에서 물체의 요소에 가해진 수직력은 다음과 같다.

$$dF_B = (p_2 - p_1)\,dA$$
$$= \gamma h\,dA = \gamma\,dV$$

이때 γ가 일정할 경우, 전 물체에 대하여 적분하면 다음과 같다.

$$F_B = \gamma \int_V dV = \gamma V$$

또, 부심(center of buoyance)은 다음과 같다.

$$\gamma \int_V x\,dV = \gamma V x_p$$
$$\therefore \ x_p = \int_V x\,\frac{dV}{V}$$

물체가 두 종류의 정지유체에 걸쳐서 떠있을 경우에는 그림 2-19에서 다음 식을 얻는다.

$$dF_B = (p_2 - p_1)\,dA$$
$$= (\gamma_2 h_2 + \gamma_1 h_1)\,dA$$
$$\therefore \ F_B = \int dF_B = \gamma_2 V_2 + \gamma_1 V_1$$

또한 부력의 작용선은 모멘트를 취하여 다음과 같다.

$$F_B x_p = \gamma_1 \int x\,dV_1 + \gamma_2 \int x\,dV_2$$
$$\therefore \ x_p = \frac{\gamma_1 x_{1p} V_1 + \gamma_2 x_{2p} V_2}{\gamma_1 V_1 + \gamma_2 V_2}$$

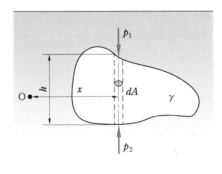

그림 2-18

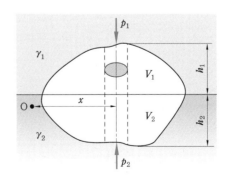

그림 2-19

불규칙한 물체를 두 개의 다른 유체 속에서 무게를 달면 그 물체의 무게, 체적 및 비중량을 구할 수 있다.

$$W = F_1 + \gamma_1 V, \qquad W = F_2 + \gamma_2 V$$

$$\therefore \ V = \frac{F_1 - F_2}{\gamma_1 - \gamma_2}, \qquad W = \frac{F_1 \gamma_2 - F_2 \gamma_1}{\gamma_2 - \gamma_1}$$

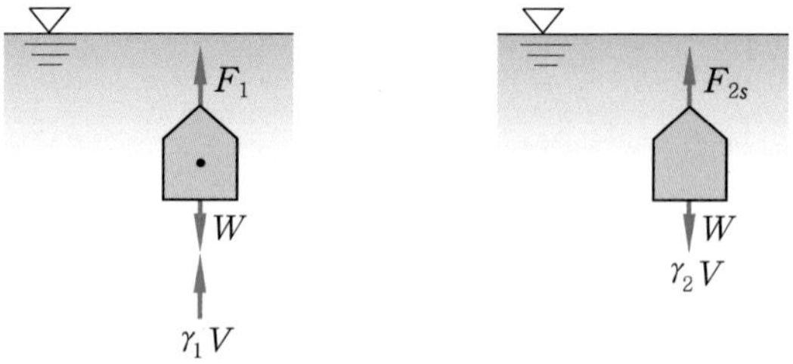

그림 2-20

(2) 부양체의 안정성

잠겨 있거나 떠있는 물체의 안정성은 부심과 물체 무게중심의 상대적 위치에 좌우된다. 공기 중의 기구나 바닷물 속의 잠수함처럼 유체 속에 잠겨 있는 경우는 부심(浮心)이 무게중심보다 위에 위치하므로 안정하며, 유체 위에 떠있는 선박의 경우는 비록 부심이 무게중심보다 아래에 위치하더라도 경사진 쪽으로 부심이 이동하여 안정될 수 있다.

그림 2-21에서 선박이 기울지 않았을 때의 중력(重力)의 작용선인 중립축과 선박이 기울었을 때의 부력의 작용선과의 교점을 경심(傾心, metacenter)이라 하며, 유체 위에 떠있는 경우 경심이 무게중심보다 위에 있다면 안정하게 된다.

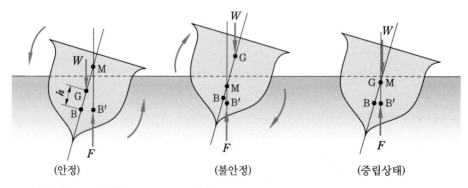

여기서, M : 경심(metacenter, 傾心)
　　　　G : 무게중심
　　　　B : 배제된 유체의 중심인 부심(浮心)

그림 2-21 경심과 무게중심

그림 2-22에서 선박에 대하여 거리 h(경심의 높이)를 구해 보면, θ 의 경사로 인하여 배수용적의 변화는 체적 AOA′가 BOB′로 옮겨진 것으로 볼 수 있으며, 유체에 관한 O축 둘레의 모멘트는,

$$r\theta \int_{\frac{-l}{2}}^{\frac{l}{2}} (-lx^2)dx = r\theta \cdot I_0$$

이며, I_0 는 부양면의 길이방향 대칭축에 대한 단면 2차 모멘트이다.

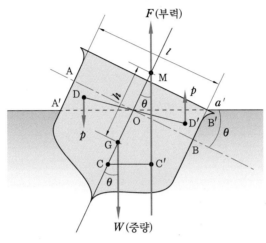

그림 2-22 경심의 위치

선박이 기울지 않았을 때 부력의 작용선은 중심을 통과할 것이며, 이때 작용선은 중심과 일치한다. 선박의 경사로 인하여 부심(浮心)이 C에서 C′로 이동되었다면 부력(F)과 이동거리(CC′)와의 곱으로 구한 모멘트는 앞에서 구한 모멘트와 같다. 즉,

$$\overline{CC'} \times F = r\theta \cdot l$$

$\overline{CC'} = \overline{CM} \cdot \theta$, $F = \gamma V$, $\overline{CG} = a$ 라 하면,

$$(h+a)\theta \times \gamma V = r\theta \cdot I_0 \quad \therefore h = \frac{I_0}{V} - a$$

가 된다.

$$\overline{MG}(=h) = \frac{\gamma \cdot I_0}{W} - \overline{CG} = \frac{I_0}{V} - a$$

결과적으로, $\overline{MG} > 0$: 안정 평형

$\overline{MG} = 0$: 중립 평형

$\overline{MG} < 0$: 불안정 평형

$\overline{GB} > 0$: 중심(重心)이 부심(浮心) 위에 위치

$\overline{\mathrm{GB}} < 0$: 중심이 부심 아래에 위치

로 요약할 수 있다.

예제 15. 잠긴 체적의 중량이 1000 t인 전마선이 있다. 이 배의 부심과 중심의 위치는 수면으로부터 2 m, 0.5 m 깊이에 있다. 이 배가 롤링(rolling : y축에 대한 롤링)할 때와 피칭(pitching : x축에 대한 피칭)할 때의 경심 높이를 구하시오.

해설 $\overline{\mathrm{CB}} = 2 - 0.5 = 1.5\,\mathrm{m}$

전마선에 잠긴 체적은

$$V = \frac{W}{\gamma} = \frac{1000 \times 1000\,\mathrm{kg}}{1000\,\mathrm{kg/m^3}} = 1000\,\mathrm{m^3}$$

x축에 관한 관성모멘트 I_x는

$$I_x = \frac{12 \times 24^3}{12} + 4\left(\frac{10 \times 6^3}{36}\right) + 2 \times 30 \times (12 + 2)^2$$
$$= 23400\,\mathrm{m^4}$$

y축에 관한 관성모멘트 I_y는

$$I_y = \frac{24 \times 10^3}{12} + 4 \times \left(\frac{6}{12} \times 5^3\right) = 2250\ \mathrm{m^4}$$

따라서, 롤링에 대하여

$$\overline{\mathrm{MC}} = \frac{I_y}{V} - \overline{\mathrm{CB}} = \frac{2250}{1000} - 1.5 = 0.75\ \mathrm{m} > 0$$

또, 피칭에 대하여

$$\overline{\mathrm{MC}} = \frac{I_x}{V} - \overline{\mathrm{CB}} = \frac{23400}{1000} - 1.5 = 21.9\,\mathrm{m}$$

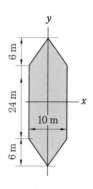

예제 16. 그림과 같이 길이 12 m, 폭 6 m, 높이 2.5 m인 배가 1.5 m 침수되어 있고, 중심의 위치는 배 밑에서 1.8 m 되는 곳에 있다. 10° 기울어졌을 때 복원모멘트 값을 구하시오.

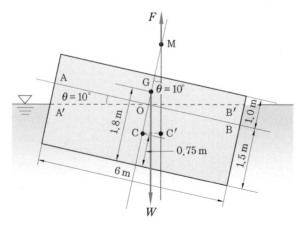

해설 부양면이 O축에 관한 관성모멘트 : I

$$I = \frac{12 \times 6^3}{12} = 216 \text{ m}^4$$

① 배제된 체적 : V

$$V = 12 \times 6 \times 1.5 = 108 \text{ m}^3$$

$$\overline{\text{MC}} = \frac{I}{V} = \frac{216}{108} = 2 \text{ m}$$

$$\overline{\text{GC}} = 1.8 - 0.75 = 1.05 \text{ m}$$

② 경심 높이 : $\overline{\text{MG}}$

$$\overline{\text{MG}} = \overline{\text{MC}} - \overline{\text{GC}} = 2 - 1.05 = 0.95 \text{ m}$$

③ 복원모멘트 : T

$$T = \gamma V \cdot \overline{\text{MG}} \sin \theta = 9800 \times 108 \times 0.95 \times \sin 10°$$
$$= 174600 \text{ N} \cdot \text{m} = 174.6 \text{ kN} \cdot \text{m}$$

2-8 등가속도(等加速度) 운동을 하는 유체

용기와 함께 등가속도 직선운동을 하거나 등속원운동을 하고 있는 유체는 모두 등가속도운동을 하고 있는 경우로, 유체층 사이 또는 유체와 경계면 사이에 상대운동이 없으므로 유체정역학의 원리가 적용된다.

상대운동이 없을 경우 점성과 마찰은 고려되지 않으며, 이러한 운동을 하는 유체를 상대적평형(相對的平衡, relative equilibrium) 상태라 한다.

(1) 수평 등가속도 운동을 하는 유체

그림 2-23과 같이 용기에 담겨진 액체가 용기와 함께 수평 등가속도 a_x로 운동하고 있을 때 액체 표면은 수평상태(운동을 하지 않을 때)에서 수평면과 각 θ 만큼 경사를 이룬 상태에서 상대적평형을 이룬다.

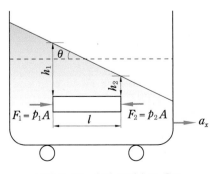

그림 2-23 수평 등가속도 운동

그림에서 체적 요소에 뉴턴의 운동방정식을 적용하면,

$$\sum F_x = 0 \; ; \; p_1 A - p_2 A = \rho (A \cdot l) \cdot a_x$$

$$\frac{p_1 - p_2}{\gamma l} = \frac{h_1 - h_2}{l} = \frac{a_x}{g} \quad \left(\gamma = \rho g, \; \rho = \frac{\gamma}{g} \right)$$

가 되며, 이 식은 자유표면의 경사도를 나타낸다. 즉,

$$\tan\theta = \frac{a_x}{g}$$

이 식은 가속도 a_x의 크기를 알면 자유표면의 경사도를 알 수 있으며, 경사도를 측정할 수 있다면 수평 등가속도 a_x를 알 수 있다.

이러한 방법을 이용하면 가속도계(加速度計)를 만들 수 있으며, 상부가 개방된 용기나 밀폐된 용기 모두에 대하여 적용된다.

(2) 연직 방향으로 등가속도 운동을 하는 유체

그림 2-24와 같이 연직운동을 하는 유체의 자유표면(自由表面)이나 등압면은 정지 상태와 같으나 압력의 크기는 그림과 같이 분포된다.

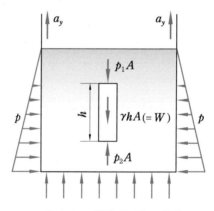

그림 2-24 연직 등가속도 운동

그림에서 미소체적 요소에 대한 운동방정식은

$$\sum F_y = 0 \; ; \; p_2 A - p_1 A - \gamma h A = \rho (hA) \cdot a_y$$

$$p_2 - p_1 - \gamma h = \frac{\gamma}{g} h \cdot a_y$$

$$\therefore \; p_2 - p_1 = \gamma h \left(1 + \frac{a_y}{g} \right)$$

이다. 즉, 수직방향의 압력변화는 중력에 의한 압력과 가속도운동에 의한 압력을 합한 것이다. 만약, 용기가 자유낙하를 하면 $a_y = -g$가 되므로 $p_2 - p_1 = 0 \, (p_1 = p_2)$이 되어

자유낙하 시 유체 내부의 압력 변화는 없다.

예제 17. 그림과 같은 탱크가 수평 방향으로 $3\,\mathrm{m/s^2}$의 가속도로 움직일 때 벽면 AB와 CD가 받는 힘을 구하시오.

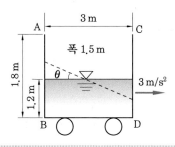

해설 수평면과 경사면이 만드는 각을 θ라 하면

$$\tan\theta = \frac{a_x}{g} = \frac{3}{9.8} = 0.306$$

벽면 AB의 수위는

$$y_{AB} = 1.2 + \left(\frac{3}{2}\right) \times 0.306 = 1.66\,\mathrm{m}$$

벽면 CD의 수위는

$$y_{CD} = 1.2 - 1.5 \times 0.306 = 0.74\,\mathrm{m}$$

따라서, 벽면 AB가 받는 힘 F_{AB}는

$$F_{AB} = \gamma h A = 9800 \times \frac{1.66}{2} \times (1.66 \times 1.5) = 20253.6\,\mathrm{N}$$

벽면 CD가 받는 힘 F_{CD}는

$$F_{CD} = \gamma h A = 9800 \times \frac{0.74}{2} \times (0.74 \times 1.5) = 4024.8\,\mathrm{N}$$

예제 18. 그림과 같이 $30°$ 경사진 면을 따라 상부가 개방된 물통이 움직이고 있다. 수면이 경사면과 평행하게 유지되고 있을 때 물통의 가속도 a를 구하시오.

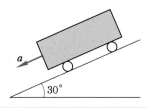

해설 가속도 a와 중력가속도 g의 합성가속도는 수면에 수직이다.
가속도 a의 수평, 수직 방향의 가속도 성분을 a_x, a_y라 하면,

① 수평성분

$$a_x = a \cdot \cos 30° = \frac{\sqrt{3}}{2}a$$

② 수직성분

$$a_y = g - a \cdot \sin 30° = g - \frac{a}{2}$$

$$\therefore \tan 30 = \frac{a_x}{g - a_y} = \frac{\frac{\sqrt{3}}{2}a}{g - \frac{a}{2}} = \frac{1}{\sqrt{3}}$$

$$\therefore a = \frac{g}{2}$$

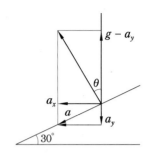

(3) 등속원운동을 하는 유체

그림 2-25에서 보는 바와 같이 등속원운동(等速圓運動)을 하는 물체는 속도의 크기는 일정하지만 방향이 변하기 때문에 접선가속도(接線加速度)는 없어도 법선가속도(法線加速度)는 $r\omega^2$으로 일정한 값을 갖게 된다.

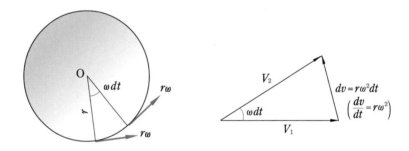

그림 2-25 등속원운동

그림 2-26에서 연직 회전축에 대한 유체의 법선가속도는 구심가속도($-r\omega^2$)로서 미소 체적 요소에 대한 운동방정식을 생각하면 수평방향에 대하여,

$$pA - \left(p + \frac{\partial p}{\partial r}dr\right)A = \rho A\, dr \cdot (-r\omega^2)$$

$$\frac{\partial p}{\partial r} = \rho r \omega^2$$

이 식에서 수평방향의 압력변화는 회전축으로부터의 거리 r의 제곱에 비례함을 알 수 있다.

또, 수직방향에 대하여는 다음 식이 성립한다.

$$\frac{\partial p}{\partial y} = -\rho g$$

따라서, 수직방향의 압력변화는 자유표면으로부터의 깊이에 비례함을 알 수 있다.

등압면을 구하기 위하여 압력변화에 대한 전(全) 미분으로 표시하면,

$$dp = \frac{\partial p}{\partial r} \cdot dr + \frac{\partial p}{\partial y} \cdot dy \left(\frac{\partial p}{\partial r} = \rho r \omega^2,\ \frac{\partial p}{\partial y} = -\rho g\right)$$

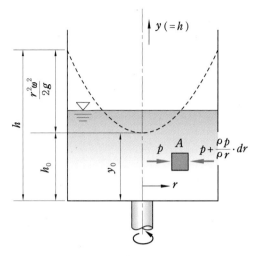

그림 2-26 등속원운동을 하는 유체

이고, 등압면(等壓面)에서는 압력변화가 없으므로(等壓이므로) $dp = 0$에서,

$$dp = (\rho r \omega^2) dr + (-\rho g) dy = 0$$

$$\frac{dy}{dr} = \frac{\rho r \omega^2}{\rho g} = \frac{r \omega^2}{g}$$

이며, 이 식을 r에 대하여 적분하면,

$$y = \frac{r^2 \omega^2}{2g} + C$$

적분상수 C를 구하기 위해 초기 조건 $r = 0$일 때, $y = y_0$를 대입하면 다음과 같은 식을 얻는다.

$$y = \frac{r^2 \omega^2}{2g} + y_0 \quad \left(y = h 라면, \ h = \frac{r^2 \omega^2}{2g} + h_0 \right)$$

즉, 자유표면은 물론 등압면은 회전포물면임을 표시하고 있다.

예제 19. 반지름이 $1\,\mathrm{m}$, 높이가 $10\,\mathrm{m}$인 원통형의 용기 속에 액체가 $5\,\mathrm{m}$ 높이까지 채워져 있다. 이 용기를 중심축에 대하여 $100\,\mathrm{rpm}$의 일정한 속도로 회전시킨다면 용기의 바닥 중심과 끝에서의 압력을 구하시오.

[해설] 일정한 회전운동이므로 액체의 표면은 포물선의 회전체가 된다.

$$\therefore \ h = \frac{p_2 - p_1}{\gamma} = \frac{r^2 \omega^2}{2g} = \frac{1^2 \times \left(\dfrac{2 \times \pi \times 100}{60} \right)^2}{2 \times 9.8}$$

$$= 5.59\,\mathrm{m}$$

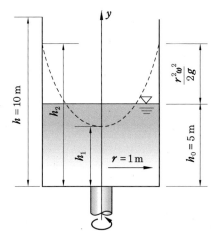

포물선 회전체의 체적은 외접 원통의 체적의 반과 같다. 따라서, 정점을 통과하는 수평면의 상부에 있는 액체의 체적 V는

$$V = \frac{1}{2}\pi^2 rh = \frac{1}{2}\times\pi^2\times r\times\frac{r^2\omega^2}{2g}\text{ 이다.}$$

그러므로 회전체가 정지하게 되면, 액체의 수면은 정점을 통하는 수면 위로

$$\frac{1}{2}h = \frac{1}{2}\cdot\frac{r^2\omega^2}{2g}\text{ 만큼 올라가게 된다.}$$

따라서, $\dfrac{p_1}{\gamma} = 5 - \dfrac{1}{2}h = 5 - \dfrac{1}{2}\times 5.59 = 2.205$

$$\frac{p_2}{\gamma} = 5 + \frac{1}{2}h = 5 + \frac{1}{2}\times 5.59 = 7.795$$

$$\therefore\ p_1 = \gamma\cdot h_1 = 9800\times 2.205 = 21609\text{ N/m}^2$$

$$p_2 = \gamma\cdot h_2 = 9800\times 7.795 = 76391\text{ N/m}^2$$

∽ 연습문제 ∽

1. 압력이 $2.4\,\mathrm{kgf/cm^2}$일 때 수주로의 높이(m)를 구하시오.

2. 대기압이 $750\,\mathrm{mmHg}$일 때 $0.5\,\mathrm{kgf/cm^2}$의 진공압력을 절대압력($\mathrm{kgf/cm^2\,abs}$)으로 나타내시오.

3. 어떤 액체에서 액면으로부터 $15\,\mathrm{m}$ 깊이에서 압력을 측정하였더니 $2.04\,\mathrm{kgf/cm^2}(2.0\,\mathrm{bar})$이었다. 이 액체의 비중량을 구하시오.

4. 다음 그림에서 피스톤에 유압이 작동하고 있다. 압력계의 읽음이 $10\,\mathrm{kgf/cm^2}(9.8\,\mathrm{bar})$이고, 피스톤의 단면적이 $200\,\mathrm{cm^2}$일 때 피스톤에 걸리는 힘을 구하시오.

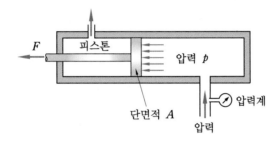

5. 펌프로 물을 양수할 때 흡입관에서 압력은 진공압력계로 $50\,\mathrm{mmHg}$이다. 이 압력은 절대압력으로 얼마인지 구하시오.(단, 대기압은 $750\,\mathrm{mmHg}$이다.)

6. 다음 그림과 같이 단면적 A인 실린더와 피스톤이 있다. 피스톤의 왼쪽과 오른쪽의 공기압력을 각각 계기압력으로 p_1, p_2라고 할 때 피스톤을 왼쪽으로 밀기 위해 가해야 할 최소한의 부르동 힘을 구하시오.(단, 피스톤 로드의 단면적은 a이다.)

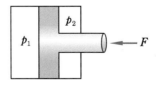

7. 부르동 압력계가 $3\,\mathrm{kgf/cm^2}$이고, 대기압이 $740\,\mathrm{mmHg}$일 때 절대압력을 $\mathrm{kgf/cm^2}$, bar로 표시하시오.

8. 국소대기압이 $710\,\mathrm{mmHg}$인 곳에서의 절대압력이 $50\,\mathrm{kN/m^2\,abs}(0.49\,\mathrm{bar\,abs})$일 때 그 지점의 계기압력을 구하시오.

9. 밀폐된 용기 안에 비중이 0.8인 기름이 들어 있고 위 공간 부분은 공기가 들어 있다. 공기의 압력이 10 kN/m^2일 때 기름 표면으로부터 1.5 m 깊이에 있는 점의 압력은 수주로 몇 m인지 구하시오.(단, 물의 비중은 1, 비중량은 9800 N/m^3이다.)

10. 수압기에서 피스톤의 지름이 각각 10 mm, 100 mm이고 큰 쪽의 피스톤에다 10 kN의 하중을 올려 놓았을 때 작은 쪽에 작용하는 힘을 구하시오.

11. 다음 그림에서 p_0에 표준대기압이 작용하고 있을 때 B점의 압력을 구하시오.

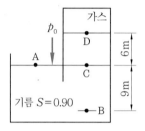

12. 다음 그림에서 공기의 압력 p_A를 구하시오.

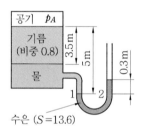

13. 온도가 일정하게 유지된 호수에 지름이 0.5 cm인 공기의 기포가 수면까지 올라올 때 지름이 1 cm로 팽창하였다. 이때 기포 최초의 위치는 수면으로부터 몇 m 아래인지 구하시오.(단, 공기를 이상기체로 가정하고 이때의 기압은 720 mmHg이다.)

14. 수심이 30 m인 물 속에서 지름 1 cm인 기포가 생겼다. 이 기포가 수면까지 떠오를 때의 지름을 구하시오.(단, 기포 속의 공기는 등온변화하고, 대기압은 101325 N/m^2이다.)

15. 다음 그림과 같은 수문이 60° 경사져 있다. 상단이 힌지(hinge)일 때 수문에 작용하는 전압력과 작용점을 구하고, 또 이 상태에서 수문 밑에 힘을 가해서 밀고자 한다. 이때 필요한 힘을 구하시오.

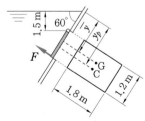

16. 다음 그림에서 수문 AB가 받는 전 압력을 구하시오.(단, 폭은 3 m이다.)

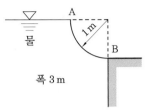

폭 3 m

17. 다음 그림과 같이 폭이 3 m인 수로가 수문에 의하여 막혀져 있다. 한쪽 수심이 2.5 m이고, 다른 쪽의 수심이 1.5 m일 때 이 수문에 작용하는 전압력과 바닥에서의 작용점을 각각 구하시오.

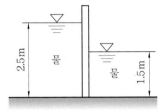

18. 다음 그림과 같이 60°경사진 댐이 있다. 저수지 물의 깊이가 10 m일 때 압력에 의해서 댐에 걸리는 힘의 분력과 그 작용점은 댐의 수면 지점으로부터 몇 m 아래에 있는지 구하시오.(단, 댐의 단위길이당 값에 대하여 구한다.)

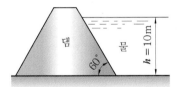

19. 그림과 같이 수직인 평면 OABCO의 한 면에 작용하는 힘을 구하시오.(단, $\gamma = 9500 \text{ N/m}^3$)

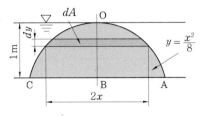

20. 다음 그림과 같이 사다리꼴의 평면이 수면 밑 0.5 m 지점에서 그 단이 놓이도록 잠겨져 있다. 이 사다리꼴 평면에 작용되는 전 압력을 구하시오.

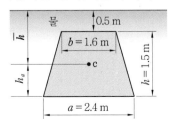

21. 비중량이 10250 N/m³인 해수에 비중이 0.92인 얼음이 떠 있다. 해면상에 나와 있는 부분이 15 m³일 때 얼음 전체의 무게를 구하시오.

22. 어떤 물체가 물 속에서 3 N이고, 비중이 0.83인 기름 속에서는 4 N이었다. 이 물체의 비중량을 구하시오.

23. 어떤 액체에 비중계를 띄운 결과 물에 띄웠을 때보다 60 mm만큼 더 가라앉았다. 이 액체의 비중을 구하시오.(단, 비중계의 무게는 0.196 N이고, 관의 지름은 6 mm이다.)

24. 다음 그림과 같이 수조 밑에 있는 구멍을 원추 모양으로 된 물체의 자중과 부력만의 작용으로 막으려고 한다. 이 물체의 자중을 구하시오.

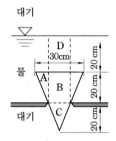

25. 다음 그림과 같이 길이, 폭, 높이가 각각 6 m, 2 m, 2 m인 직육면체 탱크에 물이 1 m의 깊이로 채워져 있다. 이 탱크가 수평방향으로 수평가속도 2.5 m/s²을 받고 있다면 탱크 양단에 걸리는 힘을 구하시오.

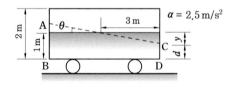

26. 다음 그림과 같은 액주계에서 $S_1 = 1.6$, $S_2 = 13.6$, $h_1 = 100$ mm, $h_2 = 200$ mm일 때 A점의 압력을 구하시오.

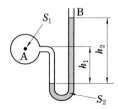

27. 다음 그림과 같이 비중이 0.8인 기름이 흐르고 있는 U 자관을 설치했을 때 h를 구하시오.(단, $p = 50$ kPa이고, 대기압은 735.5 mmHg이다.)

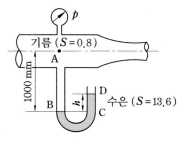

28. 다음 그림에서 A점의 계기압력(mmHg)을 구하시오.(단, 기름의 비중은 0.8이고, 대기압력은 750 mmHg이다.)

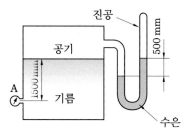

29. 다음 그림과 같이 용기 A와 B에 각각 280 kPa, 140 kPa인 물이 들어 있다. 같은 상태에서 평형을 유지할 때 수은주의 높이 h(m)를 구하시오.(단, 수은의 비중은 13.6이다.)

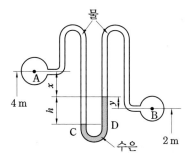

30. 비중이 0.9인 글리세린이 담긴 용기에 경사압력계를 30° 각도로 설치하였을 때 압력차를 구하시오.(단, $\frac{a}{A} = 0.01$이며, $l = 25$ cm이다.)

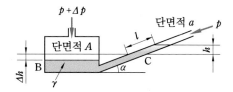

31. 다음 그림과 같이 자동으로 열리는 수문에서 수심 h가 몇 m이면 저절로 열리는지 구하시오.

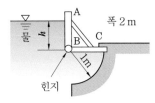

32. 다음 그림과 같이 물속 10 m 깊이에 있는 4분원통면 AB가 받는 힘의 크기(N)를 구하시오.(단, 4분원통의 길이는 5 m이다.)

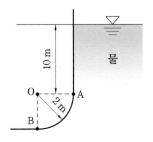

33. 다음 그림과 같이 수은면에 쇳덩어리가 떠 있다. 이 쇳덩어리가 보이지 않을 때까지 물을 부었을 때 쇳덩어리의 수은 속에 있는 부분과 물 속에 있는 부분의 부피의 비를 구하시오.(단, 쇠의 비중은 7.8, 수은의 비중은 13.6이다.)

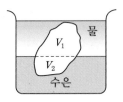

34. 다음 그림에서 원통은 그 중심축을 회전시킴으로써 회전할 수 있다. 이 축에 걸리는 힘과 원통을 회전시키려고 하는 모멘트를 구하시오.(단, 원통의 반지름을 R, 폭을 b라 한다.)

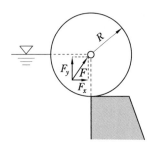

35. 다음 그림과 같은 길이×폭×높이= $l \times b \times h$ 인 직육면체의 부양체가 비중량 γ 인 액체에 떠 있을 때의 안정조건을 구하시오.(단, 이 부양체의 비중은 S 이다.)

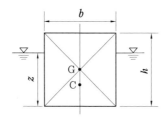

36. 다음 그림과 같이 레버 AB의 끝단 A에 1 kN의 힘을 AB에 수직하게 작용했다. 하단 B는 지름이 10 cm인 피스톤과 연결되어 있고, 실린더 안에 비압축성인 기름이 있다면 평형 상태에서 실린더 안에 발생하는 기름의 압력과 지름 50 cm의 큰 피스톤에 얼마의 힘을 가해야 평형을 이루는지 구하시오.

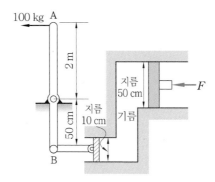

37. 강물과 바닷물을 막기 위해 다음 그림과 같이 폭이 2 m인 직사각형 수문을 세웠다. 강물과 바닷물의 수심이 각각 6 m와 2 m일 때 수문에 걸리는 전힘과 그의 작용점 x 를 구하시오.

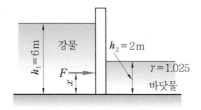

연습문제 풀이

1. $1\,\mathrm{kgf/cm^2} = 10\,\mathrm{mAq}$이므로,

$2.4\,\mathrm{kgf/cm^2} = 24\,\mathrm{mAq}$

2. 대기압 $= 750 \times 13.6 = 1.02\,\mathrm{kgf/cm^2}$

절대압력 $= 1.02 - 0.5 = 0.52\,\mathrm{kgf/cm^2\,abs}$

[SI 단위] $p = 0.52 \times 10^4 \times 9.8 = 5.1 \times 10^4$

$= 0.51\,\mathrm{bar\,abs}$

3. $\gamma = \dfrac{p}{h} = \dfrac{2.04 \times 10^4}{15} = 1360\,\mathrm{kgf/m^3}$

[SI 단위] $\gamma = \dfrac{p}{h} = \dfrac{2.04 \times 9.8 \times 10^4}{15}$

$= 13328\,\mathrm{N/m^3}$

4. $F = pA = 10 \times 200 = 2000\,\mathrm{kgf}$

[SI 단위] $F = pA = 9.8 \times 10^5 \times 200 \times 10^{-4}$

$= 19600\,\mathrm{N} = 19.6\,\mathrm{kN}$

5. $p_\mathrm{abs} = 750 - 50 = 700\,\mathrm{mmHg}$

$p_\mathrm{abs} = 1.0332 \times \dfrac{700}{760} = 0.952\,\mathrm{kgf/cm^2\,abs}$

6. 대기압을 p_0로 하면 피스톤 왼쪽의 절대압력은 $p_1 + p_0$이므로 피스톤을 오른쪽으로 미는 힘은 $(p_1 + p_0)A$이다. 피스톤 오른쪽의 절대압력은 $p_2 + p_0$이므로 피스톤을 왼쪽으로 미는 힘은 $(p_2 + p_0)(A - a)$이다. 또 피스톤 로드의 오른쪽 끝에도 대기압이 작용하므로 $p_0 a$의 힘이 왼쪽으로 작용한다. 따라서 힘의 평형조건을 생각하면

$(p_1 + p_0)A - (p_2 + p_0)(A - a) - p_0 a - F = 0$

$\therefore F = p_1 A - p_2(A - a)$

즉, 이 힘보다 커야 피스톤을 왼쪽으로 움직일 수 있다.

7. 절대압력 = 국소 대기압 + 계기압력이므로

① $3 + \dfrac{740}{760} \times 1.0332 = 4.0064\,\mathrm{kgf/cm^2}$

② $4.0064 \times 9.8 \times 10^4 = 392627.2\,\mathrm{N/m^2}$

$392627.2 \div 10^5 = 3.93\,\mathrm{bar}$

8. $p_\mathrm{abs} = p_0 + p_g$에서 $p_g = p_\mathrm{abs} - p_0$ 이므로

$p_g = 50000 - \dfrac{710}{760} \times 101325$

$= -44659\,\mathrm{N/m^2}$

$= -44.659\,\mathrm{kPa}$ (진공)

9. $p = p_0 + \gamma h$

$= 10000 + 9800 \times 0.8 \times 1.5 = 21760\,\mathrm{N/m^2}$

$\therefore h_w = \dfrac{p}{\gamma_w} = \dfrac{21760}{9800} = 2.22\,\mathrm{mAq}$

10. $p = \dfrac{F_1}{A_1} = \dfrac{F_2}{A_2}$

$F_2 = F_1 \dfrac{A_2}{A_1} = F_1 \left(\dfrac{\dfrac{\pi}{4}d_2^2}{\dfrac{\pi}{4}d_1^2} \right)$

$= F_1 \left(\dfrac{d_2^2}{d_1^2} \right) = 10000 \left(\dfrac{10}{100} \right)^2 = 100\,\mathrm{N}$

11. $p_B = p_0 + \gamma h$

$= 101325 + 9800 \times 0.9 \times 9$

$= 180705\,\mathrm{N/m^2\,abs}$

$= 180.705\,\mathrm{kN/m^2}(=\mathrm{kPa})$

12. 그림에서 $p_1 = p_2$이다.

$p_1 = p_A + \gamma_w h_w + \gamma_0 h_0$

$= p_A + 9800 \times 1.5 + 9800 \times 0.8 \times 3.5$

$p_2 = \gamma_\mathrm{Hg} h_\mathrm{Hg} = 9800 \times 13.6 \times 0.3$

$\therefore p_A = 9800 \times 13.6 \times 0.3 - 9800 \times 1.5$

$- 9800 \times 0.8 \times 3.5$

$= -2156\,\mathrm{N/m^2}$

$= -2.156\,\mathrm{kPa}$(진공)

13. 기포의 지름이 2배가 되었으므로 체적은 8배가 된다. 보일의 법칙($p_1 V_1 = p_2 V_2 =$ 상수)에서 압력은 1/8로 되었다. p_0를 수면의 압력

지름이 0.5 cm인 공기 기포의 수심을 h라 하면 $p_0 + \gamma h = 8p_0$이므로

$$\therefore\ h = \frac{7p_0}{\gamma}$$

$$= \frac{7}{9800} \times \left(720 \times \frac{101325}{760} \times 10^4\right)$$

$$= 68.57\,\text{m}$$

14. 수심 30 m 지점의 압력은

$$p = \gamma h + p_0 = 9800 \times 30 + 101325$$

$$= 395325\ \text{N/m}^2$$

등온변화하므로 $pV = $ 일정에서

$$\frac{p_0}{p} = \frac{V}{V_0} = \left(\frac{d}{d_0}\right)^3 = \frac{101325}{395325}$$

$$\fallingdotseq 0.256$$

$$\therefore\ d = d_0 \times \sqrt[3]{\frac{1}{0.256}}$$

$$= 1 \times \sqrt[3]{\frac{1}{0.256}} \fallingdotseq 1.575\,\text{cm}$$

15. $F = \gamma \bar{h} A$

$$= 9800 \times 2.33 \times \sin 60° \times 1.8 \times 1.2$$

$$= 42175\ \text{N}$$

$$y_p = \bar{y} + \frac{I_G}{\bar{y} A}$$

$$= \left(0.6 + \frac{1.5}{\sin 60°}\right) + \frac{\frac{1.8 \times 1.2^3}{1.2}}{2.332 \times (1.8 \times 1.2)}$$

$$= 2.38\,\text{m}$$

힌지에서의 $\sum M = 0$

$$F' \times 1.2 - F \times 0.651 = 0$$

$$\therefore\ F' = \frac{42175 \times 0.652}{1.2} = 22915\ \text{N}$$

16. $F_H = \gamma \bar{h} A = 9800 \times \frac{1}{2} \times 1 \times 3 = 14700\ \text{N}$

$$F_V = \gamma V = 9800 \times \frac{\pi}{4} \times 1^2 \times 3 = 23079\ \text{N}$$

$$F = \sqrt{F_H^2 + F_V^2} = 27363\ \text{N}$$

$$\left(\theta = \tan^{-1} \frac{23079}{14700} = 57.5°\right)$$

17. $F_1 = \gamma \dfrac{h_1}{2} A_1$

$$= \frac{9800 \times 2.5}{2} \times (2.5 \times 3)$$

$$= 91875\ \text{N}$$

$$y_{p1} - \bar{y} = \frac{I_G}{\bar{y} A} = \frac{\frac{3 \times 2.5^3}{12}}{\frac{2.5}{2} \times (3 \times 2.5)}$$

$$y_{p1} = 2.5 - 1.667 = 0.833\ (\text{바닥에서})$$

$$F_2 = \gamma \frac{h_2}{2} A_2$$

$$= 9800 \times \frac{1.5}{2} \times (1.5 \times 3) = 33075\ \text{N}$$

$$y_{p2} = 1.5 - 1 = 0.5\ (\text{바닥에서})$$

$$F = 91875 - 33075 = 58800\ \text{N}$$

$$F\bar{y} = F_1 \times y_{p1} - F_2 \times y_{p_2}$$

$$= 91875 \times 0.833 - 33075 \times 0.5$$

$$= 76532 - 16537.5 = 59994.5\ \text{N} \cdot \text{m}$$

$$\bar{y} = \frac{F_1 \times y_{p1} - F_2 \times y_{p2}}{F}$$

$$= \frac{59994.5}{58800} = 1.021\ \text{m}$$

18. $F = \gamma \bar{h} A = 9800 \times 5 \times \left(\dfrac{10}{\cos 30°} \times 1\right)$

$$= 565.950\ \text{kN}$$

$$y_p = \bar{y} + \frac{I_G}{\bar{y} A} = 7.70\ \text{m}$$

19. 미소면적 $dA = 2x\,dy$

$$y = \frac{x^2}{8}\text{에서}\ 2x = 2\sqrt{8y} = 4\sqrt{2y}\ \text{이므로}$$

$$\therefore\ F = \int \gamma y \sin\theta\, dA$$

$$= \int_0^1 9500\, y \sin 90° \cdot 4\sqrt{2y} \cdot dy$$

$$= 53740 \int_0^1 y^{\frac{5}{2}}\, dy$$

$$= 53740 \left[\frac{2}{5} y^{\frac{5}{2}}\right]_0^1 = 21496\ \text{N}$$

20. 문제의 그림에서

$$h_a = \frac{h}{3} \times \frac{a + 2b}{a + b}$$

$$\bar{h} = 2.0 - \frac{1.5}{3} \times \frac{2 \times 1.6 + 2.4}{1.6 + 2.4}$$

$$= 1.3\ \text{m}$$

$$F = \gamma \bar{h} A = 9800 \times 1.3 \times \frac{1.5(1.6 + 2.4)}{2}$$

$$= 382200N = 382.2 \text{ kN}$$

21. $F_B = W$이므로 $(V-15)\gamma_{해수} = V\gamma_{얼음}$

$$V(\gamma_{해수} - \gamma_{얼음}) = 15\gamma_{해수}$$

$$V = \frac{15 \times 10250}{10250 - 9016} = \frac{15 \times 10250}{1234}$$

$$= 124.6 \text{m}^3$$

$$\therefore W = \gamma V = (9800 \times 0.92) \times 124.6$$

$$= 1123390 \text{ N} = 1123.4 \text{ kN}$$

22. 이 물체의 공기 중에서의 무게를 W_A, 체적을 V라 하고, 물과 기름의 자유물체도를 각각 그리면 다음 그림과 같다.

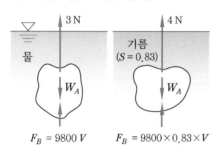

- 물에서
  $$W_A = 3\text{N} + 9800 V$$
- 기름에서
  $$W_A = 4\text{N} + 9800 \times 0.83 \times V$$

위의 두 식을 풀면

$$V = 6.002 \times 10^{-4} \text{m}^3$$

$$W_A = 8.88 \text{N}$$

$$\therefore \gamma = \frac{W_A}{V} = \frac{8.88}{6.002 \times 10^{-4}}$$

$$= 14795 \text{ N/m}^3$$

23. 비중계가 물 속으로 들어간 체적을 V (cm³)이라고 할 때

$$0.196 = V \times 9.8 \times 10^{-3}$$

$$\therefore V = 20 \text{ cm}^3$$

구하고자 하는 액체의 비중을 S라 하고 물보다 더 가라앉은 체적을 V'라고 할 때

$$V' = \frac{\pi}{4} \times 0.6^2 \times 6 = 1.696 \text{ cm}^3$$

$$\fallingdotseq 1.7 \text{ cm}^3$$

또한 $0.196 = (V + V) \times S \times 9.8 \times 10^{-3}$

$$\therefore S = \frac{0.196}{(V + V') \times 9.8 \times 10^{-3}}$$

$$= \frac{20}{20 + 1.7} = 0.922$$

24. $F_B = W + F$

$$W = F_B - F = \frac{\pi}{4} d^2 l \left(1 + \frac{1}{3}\right)\gamma - \frac{\pi}{4} d^2 l \gamma$$

$$= \left(\frac{\pi}{4} d^2 \times \frac{l}{3}\right)\gamma$$

$$= \frac{3.14}{4} \times 15^2 \times \frac{20}{3} \times (9.8 \times 10^{-3})$$

$$= 11.54 \text{ N}$$

25. 그림에서

$$\tan\theta = \frac{a_x}{g} = \frac{2.5}{9.8} = 0.255$$

$$\therefore \theta = 14.3°$$

$$\text{CD} = 1 - y = 1 - 3\tan14.3 = 0.235 \text{ m}$$

$$\therefore \text{AB} = 1 + 0.765 = 1.765 \text{ m}$$

$$F_{AB} = \gamma\bar{h} A = 9800 \times \frac{1.765}{2} \times (1.765 \times 2)$$

$$\fallingdotseq 30529 \text{ N}$$

$$F_{CD} = \gamma\bar{h} A = 9800 \times \frac{0.235}{2} \times (0.235 \times 2)$$

$$= 541 \text{ N}$$

26. $p_A = \gamma_2 h_2 - \gamma_1 h_1$

$$= 9800 \times 13.6 \times 0.2 - 9800 \times 1.6 \times 0.1$$

$$= 25088 \text{ N/m}^2$$

$$= 25.09 \text{ kPa}$$

27. $p_A + \gamma h = \gamma_{\text{Hg}} \times h + p_0$

$$500000 + 9800 \times 0.8 \times 1 = 9800 \times 13.6 \times h$$

$$\therefore h = \frac{50000 + 9800 \times 0.8}{9800 \times 13.6}$$

$$= 0.434 \text{ m}$$

28. $p_{\text{abs}} =$ 공기압력 + 기름압력

$$= 13.6 \times 1000 \times 0.5 + 1000 \times 0.8 \times 1.5$$

$$= 8000 \text{ kg/m}^2 = 0.8 \text{ kg/cm}^2$$

$$= 588 \text{ mmHg}$$

$$p_{\text{gage}} = 750 - 588 = 162 \text{ mmHg}(진공)$$

29. C점과 D점의 압력은 같으므로 물의 비중량을 γ_w, 수은의 비중량을 γ_s라고 하면

$$p_A + \gamma_w (x+h) = p_B - \gamma_w \, y + \gamma_s h$$

$$\therefore \; p_A - p_B = \gamma_s h - \gamma_w y - \gamma_w (x+h)$$

$$= \gamma_s h - \gamma_w y - \gamma_w x - \gamma_w h$$

$$= h(\gamma_s - \gamma_w) - \gamma_w (y+x)$$

$$280 - 140 = h(13.6 \times 9.8 - 9.8) - 9.8(y+x)$$

$$\therefore \; h = \frac{140 + 9.8(x+y)}{13.6 \times 9.8 - 9.8}$$

$$= \frac{140 + 9.8(4-2)}{13.6 \times 9.8 - 9.8} \fallingdotseq 1.29 \text{ m}$$

30. $\Delta h = \dfrac{a}{A} l$, $p + \Delta p = p + \gamma (h + \Delta h)$

$h = l \sin \alpha$, $\Delta h = \dfrac{a}{A} l$ 이므로

$$\Delta p = \gamma l \left(\sin a + \frac{a}{A} \right)$$

$$= 0.9 \times 9800 \times 0.25(0.5 + 0.01)$$

$$= 1124.6 \text{ N/m}^2$$

31. A, B면에 작용하는 힘은

$$F_{AB} = \gamma \bar{h} A = 9800 \times \frac{h}{2} \times (h \times 2)$$

$$= 9800\, h^2$$

B, C면에 작용하는 힘은

$$F_{BC} = p \cdot A = 9800h \times (1 \times 2)$$

$$= 19600\, h$$

$$\sum M_B = F_{AB} \times \frac{1}{3} h - F_{BC} \times \frac{1}{2}$$

$$= \frac{9800}{3} h^3 - 9800h = 0$$

$$\therefore \; h^2 = 3$$

$$\therefore \; h = 1.732 \text{ m}$$

32. 다음 그림에서 수평력은 AC면에 작용하는 전압력과 같고 AB면의 연직상방에 있는 물의 무게와 같다.

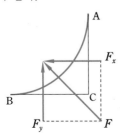

① 수평분력

$$F_x = \gamma F A$$

$$= 9800 \times (10 + 1) \times (2 \times 5)$$

$$= 1078000 \text{ N} = 1078 \text{ kN}$$

② 수직분력

$$F_y = \gamma V$$

$$= 9800 \times \left(10 \times 2 + \frac{\pi \times 2^2}{4} \right) \times 5$$

$$= 1133940 \text{ N} \fallingdotseq 1134 \text{ kN}$$

$$\therefore \; \text{합력} \; F = \sqrt{F_x^{\,2} + F_y^{\,2}}$$

$$= \sqrt{1078^2 + 1134^2} \fallingdotseq 1564.62 \text{ kN}$$

33. 물 속과 수은 속에 있는 쇳덩어리의 부피를 V_1, V_2라 하면

쇠의 무게 = 물에 의한 부력 + 수은에 의한 부력

$$7.8(V_1 + V_2) = V_1 + 13.6\, V_2$$

$$\therefore \; 6.8\, V_1 = 5.8\, V_2$$

$$\therefore \; \frac{V_2}{V_1} = \frac{6.8}{5.8} = \frac{34}{29}$$

34. 원통이 받는 전 압력의 수평분력

$$F_x = \gamma \cdot \frac{R}{2} bR = \frac{\gamma b R^2}{2}$$

• 전압력의 수직분력

$$F_y = \frac{\gamma \pi b R^2}{4}$$

$$\therefore \; F = \sqrt{F_x^{\,2} + F_y^{\,2}}$$

$$= \gamma b R^2 \sqrt{\left(\frac{1}{2} \right)^2 + \left(\frac{\pi}{4} \right)^2}$$

$$\fallingdotseq 0.93\, \gamma b R^2$$

원통을 회전시키려고 하는 모멘트는 작용하지 않는다. 왜냐하면 곡면상의 미소면적에 작용하는 전압력은 모두 원통의 중심을 통과하는 방향이므로 모멘트는 작용하지 않는다.

35. 부력 $F_B = \gamma V$이므로 $\gamma b z l = \gamma_s b h l$

여기서, $z = h \cdot \dfrac{\gamma_s}{\gamma}$

중심 G는 부양체의 바닥에서 $\dfrac{h}{2}$인 곳에, 부심 C는 부양체의 바닥에서 $\dfrac{z}{2}$인 곳에 있으므로

$$\overline{\text{GC}} = \frac{h - z}{2} = \frac{h}{2}\left(1 - \frac{S}{\gamma} \right)$$

따라서, 이 부양체의 미터센터 높이는

$$h_M = \frac{I_b}{V} - \overline{GC} = \frac{\frac{lb_3}{12}}{zbl} - \frac{h-z}{2}$$

$$= \frac{b^2}{12z} - \frac{h}{2}\left(1 - \frac{S}{\gamma}\right)$$

$$= \frac{b^2}{12h} \cdot \frac{\gamma}{S} - \frac{h}{2}\left(1 - \frac{S}{\gamma}\right)$$

부양체의 안정조건은 $h > 0$이므로

$$h_M = \frac{b^2\gamma}{12hS} - \frac{h}{2}\left(1 - \frac{S}{\gamma}\right) > 0$$

$$\frac{b^2}{12h} \cdot \frac{\gamma}{S} > \frac{h}{2}\left(1 - \frac{S}{\gamma}\right)$$

$$\frac{b^2}{h^2} > 6 \cdot \frac{S}{\gamma}\left(1 - \frac{S}{\gamma}\right)$$

$$\therefore \ \frac{b}{h} > \sqrt{6 \cdot \frac{S}{\gamma}\left(1 - \frac{S}{\gamma}\right)}$$

36. 레버의 지점을 중심으로 하여 $M_A = M_B$ 이므로

$$1000 \times 2 = F_B \times 0.5$$

$$\therefore \ F_B = 4000\,\mathrm{N}$$

따라서, 기름에서 발생하는 압력은

$$p = \frac{F_B}{A} = \frac{4000}{\frac{\pi}{4} \times 0.1^2} = 509554\ \mathrm{N/m^2}$$

파스칼의 원리에서

$$\frac{4000}{\frac{\pi}{4} \times 0.1^2} = \frac{F}{\frac{\pi}{4} \times 0.5^2}$$

$$\therefore \ F = 100000\,\mathrm{N} = 100\,\mathrm{kN}$$

37. 강물에 대하여

$$F_1 = \gamma \overline{h} A = 10^3 \times 3 \times (6 \times 2)$$

$$= 3.6 \times 10^4\,\mathrm{kg}$$

$$y_{p1} = \overline{y} + \frac{I_G}{\overline{y} A} = 3 + \frac{\frac{2 \times 6^3}{12}}{3 \times 12} = 4\ \mathrm{m}$$

바닷물에 대하여

$$F_2 = \gamma \overline{h} A = 1025 \times 1 \times (2 \times 2)$$

$$= 4100\ \mathrm{kg}$$

$$y_{p2} = \overline{y} + \frac{I_G}{\overline{y} A} = 1 + \frac{\frac{2 \times 2^3}{12}}{1 \times 4} = 1.33\ \mathrm{m}$$

$$F = F_1 - F_2 = 36000 - 4100 = 31900\ \mathrm{kg}$$

$$F \times x = 36000 \times 2 - 4100 \times 0.66$$

$$= 69294\ \mathrm{kg \cdot m}$$

$$\therefore \ x = 2.17\ \mathrm{m}$$

제3장 유체유동의 개념과 기초이론

앞에서 비점성, 비압축성 유체를 이상유체라 하였다. 유체의 흐름에 대한 역학적 해석이 어려운 것은 점성과 압축성 효과 때문이라 할 수 있다.

이 장에서는 이상유체에 관한 기초방정식으로 연속방정식(連續方程式, continuity equation), 오일러(Euler) 방정식, 베르누이(Bernoulli) 방정식 등을 다루기로 한다. 이들 방정식은 벡터 식으로서 2차원, 3차원 흐름에까지 확장하여 이론을 전개할 수 있지만, 여기에서는 주로 1차원 흐름에 대한 스칼라(Scalar) 식으로 표현하였다.

베르누이의 방정식은 이상유체에 관하여 유도된 것이지만 초급 유체역학 분야에서는 가장 많이 이용되는 식 중의 하나이며, 식 자체가 간단 명료하여 실제 점성유체로까지 적용 범위를 확장하여 사용하므로 이 식에 관한 여러 가지 문제를 다루어 보는 것이 유용할 것이다.

3-1 유체흐름의 형태

(1) 정상류(定常流)와 비(非)정상류

유체의 흐름의 형태는 1차원, 2차원 또는 3차원 흐름, 정상류와 비정상류, 층류와 난류, 압축성과 비압축성 유체의 흐름, 아음속과 초음속 흐름, 개수로 유동과 임계흐름 등 경우에 따라 여러 가지 방법으로 구분된다.

유체흐름의 성질로는 밀도(ρ), 압력(p), 온도(T), 속도(v) 등이 있으며, 유체가 흐르고 있는 과정에서 임의의 한 점에서 유체의 모든 특성(성질)이 시간이 경과하여도 변하지 않는 흐름의 상태를 정상류(定常流, steady flow)라 하고, 어느 한 가지 성질이라도 변하게 되면 비정상류(非正常流, unsteady flow) 흐름이라 한다. 즉,

$$\text{정상류} : \frac{\partial \rho}{\partial t} = 0, \ \frac{\partial p}{\partial t} = 0, \ \frac{\partial T}{\partial t} = 0, \ \frac{\partial v}{\partial t} = 0$$

$$\text{비정상류} : \frac{\partial \rho}{\partial t} \neq 0 \ \text{또는} \ \frac{\partial p}{\partial t} \neq 0, \ \text{또는} \ \frac{\partial T}{\partial t} \neq 0, \ \text{또는} \ \frac{\partial v}{\partial t} \neq 0$$

(2) 등속류와 비등속류

유체가 흐르고 있는 과정에서 임의의 순간에 모든 점에서 속도 벡터(vector)가 동일한 흐름, 즉 시간은 일정하게 유지되고 어떤 유체의 속도가 임의의 방향으로 속도변화가 없는 흐름을 등속류(等速流, uniform flow)라 하며, 균속도유동이라고도 한다. 즉,

$$\frac{\partial v}{\partial s} = 0$$

이다. 또, 유체가 흐르고 있는 과정에서 임의의 순간에 한 점에서 다른 점으로 속도 벡터가 변하는 흐름을 비등속류(ununiform flow)라 하며, 비균속도유동이라고도 한다. 즉,

$$\frac{\partial v}{\partial s} \neq 0$$

(3) 1차원 유동, 2차원 유동, 3차원 유동

유체의 유동 특성이 하나의 공간좌표와 시간의 함수로 표시될 수 있는 유동을 말한다. 원관 등 임의의 단면 폐수로에서 유동특성이 각 단면에서 평균값으로 균일하게 분포되었다고 가정한 경우의 흐름을 1차원 유동(one dimensional flow)이라 하며, 평면 사이의 흐름, 즉 유동특성이 2개의 공간좌표(x, y)와 시간의 함수로 표시될 수 있는 유동을 2차원 유동이라 한다. 예를 들면 단면이 일정하고 길이가 무한히 긴 날개 주위 또는 댐(dam) 위의 흐름과 두 개의 평행한 평판 사이의 점성유동 등이 있다.

또, 모든 물성과 유동특성이 3개의 공간좌표(x, y, z)와 시간의 함수로 표시될 수 있는 유동을 3차원 유동이라 하며, 그 예로서 관류 입구에서의 유동, 유한한 날개를 갖는 날개 끝 부분에서의 유동, 유동특성을 평균값으로 생각하지 않는 원관 내의 점성유동 등이 있다.

(4) 등온흐름과 단열흐름

유체가 온도의 변화없이 흐르는 유동을 등온흐름이라 하고, 유체가 경계면을 지나는 열의 유출입이 없는 흐름을 단열흐름이라 하며, 가역 단열흐름은 가역 등엔트로피 흐름이라고도 한다.

3-2 유선(流線, stream line)

유체의 흐름 속에 어떤 시간에 하나의 곡선을 가상하여 그 곡선상에서 임의의 점에 접선을 그었을 때, 그 점에서의 유속과 방향이 일치하는 선(線), 즉 유동장(流動場)의 모든 점에서 속도 벡터의 방향을 갖는 연속적인 곡선을 유선(流線)이라 한다.

정상류일 때 유선은 시간에 관계없이 공간에 고정되며, 하나의 유체 입자가 지나간 자취인 유적선(流跡線, path line)과 일치한다. 유선의 방정식은 정의에 의해서 다음과 같이 표현할 수 있다.

$$\vec{v} \times d\vec{r} = 0$$

여기서, $d\vec{r}$: 유선 방향의 미소변위 벡터

속도 벡터와 변위 벡터의 직교좌표에 의한 성분 표시는

$$(v_x \vec{i} + v_y \vec{j} + v_z \vec{k}) \times (dx\,\vec{i} + dy\,\vec{j} + dz\,\vec{k}) = 0$$

$$\therefore \ \vec{v} \times d\vec{r} = 0 \ \text{또는} \ \frac{dx}{v_x} = \frac{dy}{v_y} = \frac{dz}{v_z}$$

가 된다.

속도 벡터 $\vec{v} = v_x \vec{i} + v_y \vec{j} + v_z \vec{k} = u\vec{i} + v\vec{j} + w\vec{k}$ 라 하면,

유선의 방정식은 $\dfrac{dx}{u} = \dfrac{dy}{v} = \dfrac{dz}{w}$ 로도 표현할 수 있다.

그림 3-1(b)에서처럼 정상류에서 폐곡선을 통과하는 몇 개의 유선을 그리면, 속도는 항상 경계에 대하여 접선방향이므로 유선들은 유체 입자들이 지나갈 수 없는 경계면을 형성하게 되며, 통과한 유체들에 의해 형성된 이러한 폐곡선을 유관(流管, stream tube)이라 한다.

유관은 흐르는 유체 속에서의 가상적인 관이며 유관 개념을 이용하면 유체 속의 자유 물체도를 해석하는 데 유용하다. 또한 유적선과 유사한 의미로 유맥선(streak line)이라는 것이 있는데, 이것은 공간상의 한 점을 통과한 유체 입자들이 이루는 선이다.

1차원 흐름에 있어서 유체변수들의 유선에 수직인 방향으로의 변화는 유선 방향의 변화에 비하여 무시할 수 있다. 즉, 유한 단면적의 유관에 대하여 유체 성질들은 임의의 단면 전체에 걸쳐 균일하다고 보는 것이다.

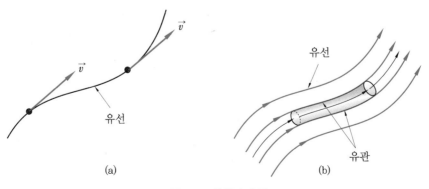

(a)   (b)

그림 3-1 유선과 유관

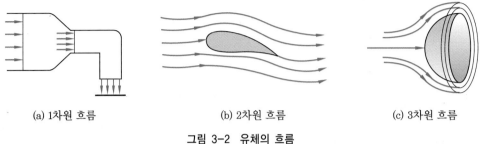

(a) 1차원 흐름   (b) 2차원 흐름   (c) 3차원 흐름

그림 3-2 유체의 흐름

　1차원 흐름의 개념은 광범위한 문제들에 대하여 해석을 간단화하고, 실질적으로 매우 만족할 만한 결과를 얻게 한다. 따라서, 실질적으로는 2차원 또는 3차원 흐름이라 하여도 여러 유선들을 하나의 유선으로 대표하여 나타낼 수 있을 때는 1차원 흐름으로 취급하게 된다. 유선상의 각 점에 대하여 유선에 수직인 평면에서 서로 직각인 두 방향 중 어느 한 방향으로 유체변수가 변하면 2차원 흐름이고, 두 방향 각각의 방향으로 유체변수가 변하면 3차원 흐름이다.

3-3　연속방정식(continuity equation)

(1) 1차원 정상유동의 연속방정식

　질량보존의 법칙(principle of conservation of mass)을 유체의 흐름에 적용하면 연속방정식을 구할 수 있으며, 그림 3-3과 같이 유관의 단면 1과 단면 2 사이의 검사체적(control volume)에서 단면1로 흘러 들어가는 질량과 단면 2로 흘러나오는 질량은 같다. 그 이유는 정상류이면 공간상의 어떤 위치에서의 유체 성질(특히 밀도)이 시간이 지남에 따라 변하지 않아야 하기 때문이다 $\left(\dfrac{\partial \rho}{\partial t} = 0 \right)$.

　그림 3-3에서 단면1과 단면2에서의 평균속도를 V_1, V_2, 밀도를 ρ_1, ρ_2, 단면적을 A_1, A_2라 하면 단위시간당 단면을 통과하는 질량은 같으므로,

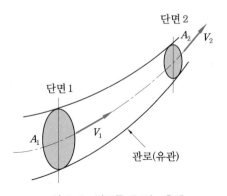

그림 3-3 관로를 흐르는 유체

$$m_1 = m_2 \; ; \; \rho_1 A_1 V_1 = \rho_2 A_2 V_2 \; \text{(1차원 정상류의 연속방정식)}$$

$$\dot{m} = \rho A V = \text{일정}$$

$$d(\rho A V) = 0$$

$$\frac{d\rho}{\rho} + \frac{dA}{A} + \frac{dV}{V} = 0$$

과 같이 표현할 수 있으며, 4개의 식 모두 1차원 정상류의 연속방정식이다. 특히, $\dot{m} = \rho A V = $ 일정에서 $\dot{m}$을 질량 유동률(mass flow rate)이라 하며 kg/s, 또는 N·s/m의 단위를 갖는다. 또한 중력가속도 g에 대하여 양변에 g를 곱하면,

$$\dot{G} = \rho g A V = \gamma A V = \text{일정} (\gamma_1 A_1 V_1 = \gamma_2 A_2 V_2)$$

가 되며, $\dot{G}$를 중량 유동률(weight flow rate)이라 하며, 단위는 kgf/s이다.

비압축성 정상류에서는 밀도의 변화가 없으므로, $\rho_1 = \rho_2$에서 유체의 연속방정식은 다음과 같이 된다.

$$Q = A_1 V_1 = A_2 V_2$$

가 되며, Q를 유량(discharge)이라 하며 단위는 m^3/s이다.

압축성 유체의 정상흐름에서는 관로의 모든 단면을 통과하는 질량유량(또는 중량유량)은 일정하고, 비압축성 유체의 정상류일 때는 관로(유관)의 모든 단면을 통과하는 유량은 일정함을 알 수 있다.

예제 1. 지름이 10 cm인 관에 물이 5 m/s의 속도로 흐르고 있다. 이 관에 출구 지름이 2 cm인 노즐을 장치할 때 노즐에서의 물의 분출속도(m/s)를 구하시오.

해설 $A_1 V_1 = A_2 V_2$

$$V_2 = V_1 \cdot \frac{A_1}{A_2} = V_1 \cdot \frac{\frac{\pi}{4} d_1^2}{\frac{\pi}{4} d_2^2} = V_1 \cdot \left(\frac{d_1}{d_2}\right)^2$$

$$\therefore \; V_2 = 5\left(\frac{10}{2}\right)^2 = 125 \, \text{m/s}$$

예제 2. 어떤 기체가 1 kgf/s의 속도로 파이프 속을 등온적으로 흐르고 있다. 한 단면의 지름은 40 cm이고, 압력은 30 kgf/m^{2}이다. $R = 20$ kgf·m/kgf·K, $t = 27$℃일 때의 속도를 구하시오.

해설 상태방정식 $pv = RT$에서

$$\rho = \frac{1}{v} = \frac{p}{RT} = \frac{30 \, \text{kgf/m}^2}{20 \, \text{kg} \cdot \text{m/kgf} \cdot \text{K} \times (273 + 27) \, \text{K}}$$

$$= 5 \times 10^{-3} \, \mathrm{kg/m^3}$$

따라서, $\dot{m} = \rho A V$에서

$$V = \frac{\dot{m}}{\rho A} = \frac{1}{5 \times 10^{-2} \times \dfrac{\pi \times 0.4^2}{4}} = 1592 \, \mathrm{m/s}$$

(2) 3차원 비정상유동의 연속방정식

그림 3-4에서 보는 바와 같이 직육면체의 미소검사체적에 대하여 외부로부터 유입(流入)되는 질량유량(m_1)에서 유출(流出)되는 질량유량(m_2)을 빼면 검사체적 내에서의 질량의 증가율이 된다.

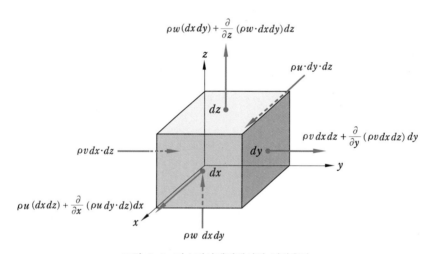

그림 3-4 미소검사체적에서의 질량유량

① $dx \cdot dz$ 단면에 대하여

$$\Delta m_1 = m_1 - m_2 = (\rho u \cdot dy \cdot dz) - \left\{ \rho u \cdot dy \cdot dz + \frac{\partial}{\partial x}(\rho u dy \cdot dz)dx \right\}$$

$$= -\frac{\partial}{\partial x}(\rho u dy \cdot dz)dx$$

② $dz \cdot dx$ 단면에 대하여

$$\Delta m_2 = m_1 - m_2 = -\frac{\partial}{\partial y}(\rho v \cdot dz \, dx)dy$$

③ $dx \cdot dy$ 단면에 대하여

$$\Delta m_3 = m_1 - m_2 = -\frac{\partial}{\partial z}(\rho w \cdot dx \, dy)dz$$

검사체적 내에서 단위시간당 질량 증가량은 세 단면에 대한 질량 증가율과 같으므로,

$$\Delta m = \Delta m_1 + \Delta m_2 + \Delta m_3$$

$$= - \frac{\partial}{\partial x}(\rho u \cdot dy \cdot dz)dx - \frac{\partial}{\partial y}(\rho v \cdot dx \cdot dz)dy - \frac{\partial}{\partial z}(\rho w \cdot dx \cdot dy)dz$$

$$= \frac{\partial}{\partial t}(\rho dx\, dy\, dz)$$

$dx,\ dy,\ dz$ 는 $x,\ y,\ z$ 방향의 변수가 아니므로 윗식의 양변을 $dx,\ dy,\ dz$ 로 나누면,

$$\frac{\partial}{\partial x}(\rho u) + \frac{\partial}{\partial y}(\rho v) + \frac{\partial}{\partial z}(\rho w) + \frac{\partial \rho}{\partial t} = 0$$

이 된다. 이 식을 일반적 연속방정식, 또는 압축성 비정상류의 3차원 흐름의 연속방정식이다. 이 식을 벡터식으로 표현하면 다음과 같다.

$$\nabla \cdot \rho V + \frac{\partial \rho}{\partial t} = 0$$

여기서, ∇ : 벡터 미분연산자 del이라 읽음

$$\nabla = \frac{\partial}{\partial x}i + \frac{\partial}{\partial y}j + \frac{\partial}{\partial z}k$$

$$\nabla \cdot V = \mathrm{div}\, V\,(\mathrm{divergence}\, V) = \frac{\partial u}{\partial x} + \frac{\partial v}{\partial y} + \frac{\partial w}{\partial z}$$

$$\nabla \times V = \mathrm{curl}\, V = \begin{pmatrix} i & j & k \\ \dfrac{\partial}{\partial x} & \dfrac{\partial}{\partial y} & \dfrac{\partial}{\partial z} \\ u & v & w \end{pmatrix}$$

위의 식에서 정상류의 흐름이라면 $\dfrac{\partial \rho}{\partial x} = 0$ 이 되며 비압축성 유체의 유동에서는 ρ 는 상수이므로 소거할 수 있다. 따라서, 정상류 비압축성의 3차원 흐름의 연속방정식은

$$\frac{\partial u}{\partial x} + \frac{\partial v}{\partial y} + \frac{\partial w}{\partial z} = 0$$

또, 2차원 흐름에서 $w = 0$ 이므로 정상류 비압축성의 2차원 흐름의 연속방정식은 다음과 같이 된다.

$$\frac{\partial u}{\partial x} + \frac{\partial v}{\partial y} = 0$$

예제 3. 다음 중에서 2차원 비압축성 유동의 연속방정식을 만족하지 않는 속도 벡터는?

$\boxed{가}$ $q = (2x^2 + y^2)i + (-4xy)j$ $\qquad$ $\boxed{나}$ $q = (4xy + y^2)i + (6xy + 3x)j$

$\boxed{다}$ $q = (2x - 3y)ti + (x - 2y)tj$ $\qquad$ $\boxed{라}$ $q = (x - 2y)ti - (2x + y)tj$

$\boxed{해설}$ $\boxed{가}$ $\nabla \cdot q = \dfrac{\partial}{\partial x}(2x^2 + y^2) + \dfrac{\partial}{\partial y}(-4xy) = 4x - 4x = 0$ $\qquad \therefore$ 만족한다.

$\boxed{나}$ $\nabla \cdot q = \dfrac{\partial}{\partial x}(4xy + y^2) + \dfrac{\partial}{\partial y}(6xy + 3x) = 4y + 6x \neq 0$ $\qquad \therefore$ 만족하지 않는다.

$$\boxed{다}\ \nabla \cdot \boldsymbol{q} = \frac{\partial}{\partial x}\{(2x - 3y)t\} + \frac{\partial}{\partial y}\{(x - 2y)t\} = 2t - 2t = 0 \qquad \therefore \text{만족한다.}$$

$$\boxed{라}\ \nabla \cdot \boldsymbol{q} = \frac{\partial}{\partial x}\{(x - 2y)\}t - \frac{\partial}{\partial y}\{(2x + y)t\} = t - t = 0 \qquad \therefore \text{만족한다.}$$

3-4   오일러(Euler)의 운동방정식

유선 또는 미소단면의 관로를 따라 움직이는 비점성유체의 요소에 뉴턴의 운동 제 2 법칙을 적용하여 얻은 미분방정식을 오일러의 운동방정식이라 한다. 오일러는 유체운동에 처음으로 뉴턴의 운동법칙을 적용하여 유체동력학(流體動力學)의 해석적 연구의 기초를 정립하였으며, 이 방정식은 네이비어－스토크스(Navier－Stokes) 방정식의 특수한 경우로서 비점성유체에 관한 것이다.

비정상류까지 포함하는 운동방정식을 세우기 위하여, 속도(V)를 변위(s)와 시간(t)의 함수, 즉 $V = V(s, t)$라 하면,

$$dV = \frac{\partial V}{\partial s}ds + V\frac{\partial V}{\partial t}dt \ \text{또는} \ \frac{dV}{dt} = \frac{\partial V}{\partial s} \cdot \frac{ds}{dt} + \frac{\partial V}{\partial t}$$

유선 방향의 속도 $V = \dfrac{ds}{dt}$로서 가속도 a_s는 다음과 같이 된다.

$$a_s = \frac{dV}{dt} = V\frac{\partial V}{\partial s} + \frac{\partial V}{\partial t}$$

그림 3-5에서 비점성유체의 미소요소에 뉴턴의 운동 제2법칙을 적용하면, 주어진 유선을 따라

$\sum F_s = ma_s$에서,

$$p\Delta A - \left(p + \frac{\partial p}{\partial s}ds\right) \cdot \Delta A - (\rho g \cdot \Delta A \cdot \Delta s) \cdot \sin\theta$$

$$= \rho \cdot \Delta A \cdot \Delta s \cdot \left(V \cdot \frac{\partial V}{\partial s} + \frac{\partial V}{\partial t}\right)$$

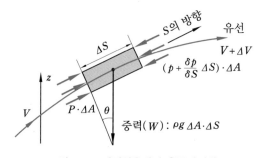

그림 3-5 비점성유체의 운동방정식

정리하면 $\sin\theta = \dfrac{\partial z}{\partial s}$ 이므로,

$$V \cdot \frac{\partial V}{\partial s} + \frac{1}{\rho} \cdot \frac{\partial p}{\partial s} + g \cdot \frac{\partial z}{\partial s} = -\frac{\partial V}{\partial t}$$

이 식이 비점성유체에 대한 유선 방향의 오일러 운동방정식이다.

정상류일 때 $\dfrac{\partial V}{\partial t} = 0$ 이고, 유체의 변수들은 거리 s 만의 함수이므로, 오일러의 운동방정식은 다음과 같다.

$$V\frac{dV}{ds} + \frac{1}{\rho}\frac{dp}{ds} + g \cdot \frac{dz}{ds} = 0 \ \ \text{또는} \ \ \frac{dV^2}{2g} + \frac{dp}{\rho g} + dz = 0$$

【참고】 네이비어-스토크스(Navier-Stokse) 방정식

뉴턴 유체에 관한 운동방정식을 네이비어-스토크스의 운동방정식이라 한다.

(1) 직각 좌표계

① $\dfrac{\partial u}{\partial t} + u\dfrac{\partial u}{\partial x} + v\dfrac{\partial u}{\partial y} + w\dfrac{\partial u}{\partial z}$

$\quad = X - \dfrac{1}{\rho}\dfrac{\partial p}{\partial x} + \dfrac{1}{3}\nu\dfrac{\partial}{\partial x}\left(\dfrac{\partial u}{\partial x} + \dfrac{\partial v}{\partial y} + \dfrac{\partial w}{\partial z}\right) + \nu\left(\dfrac{\partial^2 u}{\partial x^2} + \dfrac{\partial^2 u}{\partial y^2} + \dfrac{\partial^2 u}{\partial z^2}\right)$

② $\dfrac{\partial v}{\partial t} + u\dfrac{\partial v}{\partial x} + v\dfrac{\partial v}{\partial y} + w\dfrac{\partial v}{\partial z}$

$\quad = Y - \dfrac{1}{\rho}\dfrac{\partial p}{\partial y} + \dfrac{1}{3}\nu\dfrac{\partial}{\partial y}\left(\dfrac{\partial u}{\partial x} + \dfrac{\partial v}{\partial y} + \dfrac{\partial w}{\partial z}\right) + \nu\left(\dfrac{\partial^2 v}{\partial x^2} + \dfrac{\partial^2 v}{\partial y^2} + \dfrac{\partial^2 v}{\partial z^2}\right)$

③ $\dfrac{\partial w}{\partial t} + u\dfrac{\partial w}{\partial x} + v\dfrac{\partial w}{\partial y} + w\dfrac{\partial w}{\partial z}$

$\quad = Z - \dfrac{1}{\rho}\dfrac{\partial p}{\partial z} + \dfrac{1}{3}\nu\dfrac{\partial}{\partial z}\left(\dfrac{\partial u}{\partial x} + \dfrac{\partial v}{\partial y} + \dfrac{\partial w}{\partial z}\right) + \nu\left(\dfrac{\partial^2 w}{\partial x^2} + \dfrac{\partial^2 w}{\partial y^2} + \dfrac{\partial^2 w}{\partial z^2}\right)$

(2) 벡터 표시

$$\frac{\partial \boldsymbol{v}}{\partial t} + \boldsymbol{v}\nabla \cdot v = \boldsymbol{F} - \frac{1}{\rho}\nabla p + \frac{\nu}{3}\nabla(\nabla \cdot v) + \nu\nabla^2\boldsymbol{v}$$

비압축성 유체의 경우 우변 제3항은 없어지므로 다음과 같다.

$$\frac{\partial \boldsymbol{v}}{\partial t} + \boldsymbol{v}\nabla \cdot v = \boldsymbol{F} - \frac{1}{\rho}\nabla\boldsymbol{p} + \nu\nabla^2\boldsymbol{v} = F - \frac{1}{\rho}\text{grad}\,p + \nu\nabla^2 \cdot \boldsymbol{v}$$

이와 같은 미분방정식은 간단하게 적분할 수 없으며, 방정식 중에서 점성에 의한 항의계수가 가장 높으므로 점성을 생략한 경우에는 방정식의 계수가 낮아지나, 일반적으로 모든 경계 조건을 만족시킬 수는 없다. 또 네이비어-스토크스의 운동방정식은 비선형이며, 이를 직접 풀기는 어렵고 엄밀한 풀이는 한정된 경우 이외에는 얻을 수 없다.

3-5 베르누이 방정식(Bernoulli's equation)

오일러의 운동방정식 $V\dfrac{dV}{ds}+\dfrac{1}{\rho}\dfrac{dp}{ds}+g\dfrac{dz}{ds}=0\left(\text{또는 } \dfrac{dV^2}{2g}+\dfrac{dp}{\rho g}+dz=0\right)$은 하나의 유선 또는 미소단면의 유관(관로)을 따라 흐르는 1차원 흐름이고, 정상유동의 비점성유체에 관한 식이다.

이 오일러의 운동방정식에 비압축성 유체라는 조건이 붙어 식을 적분하면, 식은 다음과 같이 된다. 비압축성 정상류 비점성유체에 대하여,

$$\frac{V^2}{2g}+\frac{p}{\gamma}+z=\text{일정}$$

이 방정식을 베르누이의 방정식이라 한다. 이 식은 다음과 같이 표현하기도 한다.

$$\frac{\rho V_1^2}{2}+p_1+\rho g z_1=\frac{\rho V_2^2}{2}+p_2+\rho g z_2=\text{일정(전압)}$$

$$\frac{V_1^2}{2g}+\frac{p_1}{\gamma}+z_1=\frac{V_2^2}{2g}+\frac{p_2}{\gamma}+z_2=H \text{ (일정)(전수두)}$$

여기서, $\dfrac{\rho V^2}{2}$: 동압 (dynamic pressure)

p : 정압 (static pressure)

$\rho g z$: 퍼텐셜(potential) 압력

$\dfrac{V^2}{2g}$: 속도수두(velocity head) − 단위중량의 유체가 갖는 운동에너지

$\dfrac{p}{\gamma}$: 압력수두 (pressure head) − 단위중량의 유체가 갖는 유동일(일 전달 능력)

z : 위치수두(pontential head) − 단위중량의 유체가 갖는 위치에너지

H : 전수두(total head)

그림 3-6은 베르누이 방정식에 대한 피토(Pitot)의 실험 모형으로 전수두가 일정함을 보여주고 있다.

수두(水頭, head)는 차원이 $[L]$이고, 단위는 (m)이지만 N·m/N＝J/N에서 유도되는 것이므로 N·m/N으로 쓰는 것이 의미적으로 적당하다.

베르누이 방정식이 갖는 뜻은 "유선상의 임의의 한 점에서 단위중량의 유체가 갖는 속도에너지, 압력에너지, 위치에너지의 합은 일정하다"는 것이다.

이들 운동에너지, 위치에너지, 유동일은 기계적인 일로서 변환할 수 있는 유용한 에너지라는 의미에서 기계적에너지(mechanical energy)라 하며, 속도에 의한 에너지를 운동에너지, 압력이 할 수 있는 일(work)을 유동(流動)일이라 한다.

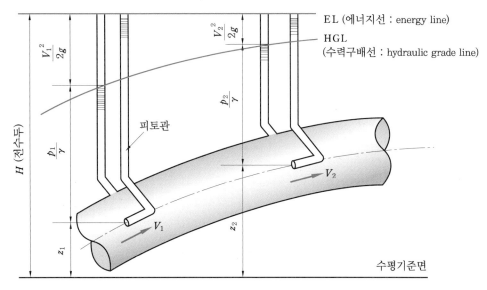

그림 3-6 베르누이 방정식에서의 수두

기체와 같이 점성효과를 무시할 수 있으나, 압축성을 고려해야 할 경우 오일러 방정식에서 밀도 ρ를 압력 p의 함수로 대입하여 적분하면 비점성 압축성 유체에 관한 식을 얻을 수 있다. 밀도 ρ가 압력 p의 어떤 함수인가에 따라 결과는 여러 가지 형태가 될 수 있다.

마찰을 무시하고 등엔트로피변화를 하는 유체흐름에 대하여 $pv^k = \dfrac{p}{\rho^k} =$ 일정을 $V\dfrac{\partial V}{\partial s} + \dfrac{1}{\rho}\dfrac{\partial p}{\partial s} + g\dfrac{\partial z}{\partial s} = 0$에 대입하면,

$$V\frac{\partial V}{\partial s} + \frac{C^{\frac{l}{k}}}{p^{\frac{l}{k}}} \cdot \frac{\partial p}{\partial s} + g\frac{\partial z}{\partial s} = 0$$

유선에 따라 적분하면,

$$\frac{V^2}{2} + \frac{k}{k-1}\left(\frac{p}{\rho}\right) + gz = 일정$$

임의의 점 1과 점 2 사이에 대하여,

$$\frac{V_1^{\,2}}{2} + \frac{k}{k-1}\left(\frac{p_1}{\rho_1}\right) + gz_1 = \frac{V_2^{\,2}}{2} + \frac{k}{k-1}\left(\frac{p_2}{\rho_2}\right) + gz_2$$

만약 $V_1 = 0$, $z_2 - z_1 = 0$이라면 위의 식에 $p \cdot \dfrac{1}{\rho} = RT$를 적용하여 정리하면,

$$V_2 = \sqrt{\frac{2kR}{k-1}(T_1 - T_2)}$$

이 식은 속도가 온도만의 함수임을 표시됨을 나타내는 식이 된다.

3-6 손실수두와 동력

실제유체에 이용할 수 있도록 이상유체에 관한 베르누이 방정식의 적용 범위를 넓혀 손실수두항(項)을 첨가한다.

점성효과로 인하여 흐르는 유체가 손실을 갖는다면 에너지선은 수평기준면과 평행하지 못하고, 단면 ②의 전수두는 단면 ①의 전수두보다 손실수두만큼 작을 것이므로 베르누이 방정식은 다음과 같이 표시된다.

$$\frac{V_1^2}{2g} + \frac{p_1}{\gamma} + z_1 = \frac{V_2^2}{2g} + \frac{p_2}{\gamma} + z_2 + h_L$$

그림 3-7 (a)에서 단면 ①과 ② 사이에 펌프가 설치되어 유체가 펌프로부터 에너지를 공급받는다면,

$$\frac{V_1^2}{2g} + \frac{p_1}{\gamma} + z_1 + E_P = \frac{V_2^2}{2g} + \frac{p_2}{\gamma} + z_2 + h_L$$

그림은 3-7 (b)에서 단면 ①과 ② 사이에 터빈이 설치되어 유체로부터 에너지를 빼앗아 간다면,

$$\frac{V_1^2}{2g} + \frac{p_1}{\gamma} + z_1 = \frac{V_2^2}{2g} + \frac{p_2}{\gamma} + z_2 + E_T + h_L$$

와 같이 베르누이 방정식이 수정되어 이를 이용하게 된다.

손실수두 h_L은 단위중량당의 유체가 잃는 에너지이고, 펌프 에너지 E_P는 공급받는 에너지, 터빈 에너지 E_T는 공급하는 에너지이다.

펌프나 터빈에서 변환되는 에너지를 동력으로 나타내고자 할 때
① 단위질량당 에너지[=축일, W_S (J/kgf)]를 사용할 때

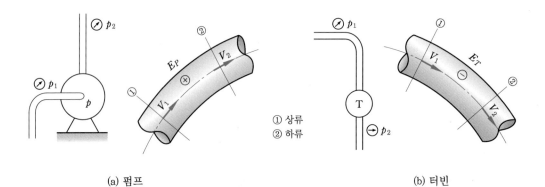

(a) 펌프 (b) 터빈

그림 3-7 손실수두와 동력

$$동력\ P = \frac{\rho Q}{1000} \times W_S\,(\text{kW}), \quad P = \frac{\rho Q}{735.5} \times W_S\,(\text{hp})$$

② 단위중량당 에너지[＝축일, $h(\text{N} \cdot \text{m/N})$]를 사용할 때

$$동력\ P = \frac{\gamma Q}{1000} \times h\,(\text{kW}), \quad P = \frac{\gamma Q}{735} \times h\,(\text{PS})$$

여기서, ρ : kg/m^3, Q : m^3/s

γ : N/m^3 W_S : J/kgf

h : m

예제 4. 그림과 같은 수직관로에서 물이 상방향으로 흐르고 있다. $d_1 = 100\ \text{mm}$, $d_2 = 50\ \text{mm}$이며 단면 1, 2 사이의 높이가 $500\ \text{mm}$이고 시차 압력이 $70\ \text{mmHg}$일 때 유량을 구하시오.

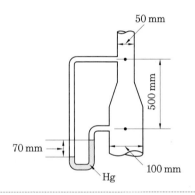

해설 베르누이 식에서

$$\frac{p_1}{\gamma} + \frac{V_1^2}{2g} = \frac{p_2}{\gamma} + \frac{V_2^2}{2g} + z_2$$

$$\frac{p_1}{\gamma} - \frac{p_2}{\gamma} - z_2 = \frac{V_2^2 - V_1^2}{2g}$$

$$h\left(\frac{\gamma_F}{\gamma} - 1\right) - z_2 = \frac{\left\{1 - \left(\dfrac{A_2}{A_1}\right)^2\right\} V_2^2}{2g}$$

$$V_2 = \sqrt{\frac{2g \times h\left(\dfrac{S_{\text{Hg}}}{S} - 1\right) - z}{1 - \left(\dfrac{A_2}{A_1}\right)^2}} = \sqrt{\frac{2g \times h \times 12.6 - z_2}{1 - \left(\dfrac{d_2}{d_1}\right)^4}}$$

$$= \sqrt{\frac{2 \times 9.81 \times 0.07 \times 12.6 - 0.05}{0.9375}} = 4.224\ \text{m/s}$$

$$Q = \frac{\pi}{4} \times 0.05^2 \times 4.234 = 0.00831\ \text{m}^3/\text{s}$$

예제 5. 그림과 같은 사이펀에 물이 흐르고 있다. 1, 3점 사이에서의 손실수두 h_L의 값을 구하시오.(단, 이 사이펀에서의 유량은 $0.08\,\mathrm{m^3/s}$이다.)

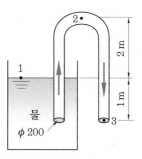

해설 1, 3점에 대하여 베르누이 방정식을 적용시키면

$$\frac{V_1^2}{2g}+\frac{p_1}{\gamma}+z_1=\frac{V_3^2}{2g}+\frac{p_3}{\gamma}+z_3+h_L$$

$$0+0+1=\frac{V_3^2}{2g}+0+0+K\frac{V_3^2}{2g}$$

$$V_3=\frac{Q}{A}=\frac{0.08}{\pi\times0.1^2}=2.55\,\mathrm{m/s}$$

$$1=\frac{2.55^2}{2\times9.8}+K\frac{2.55^2}{2\times9.8}$$

$$\therefore\ K=2.014$$

$$h_L=K\frac{V_3^2}{2g}=0.668\,\mathrm{m}$$

예제 6. 다음 그림과 같은 펌프계에서 펌프의 송출량이 $30\,l/s$일 때 펌프의 축동력을 구하시오.(단, 펌프의 효율은 $80\,\%$이고, 이 계 전체의 손실수두는 $\dfrac{10\,V^2}{2g}$이다. 그리고 $h=16\,\mathrm{m}$이다.)

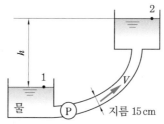

해설 $V=\dfrac{Q}{A}=\dfrac{0.03}{\dfrac{\pi}{4}\times0.15^2}=1.698\,\mathrm{m/s}$ 펌프에서 물을 준 수두는 h_P라고 한다.

점 1, 2에 베르누이 방정식을 적용하면,

$$\frac{p_1}{\gamma}+\frac{V^2}{2g}+z_1+h_P=\frac{p_2}{\gamma}+\frac{V_2^2}{2g}+z_2+h_L$$

$$0+0+0+h_P = 0+0+16+\frac{10 \times 1.698^2}{2 \times 9.8} \quad \therefore \ h_P = 17.47 \, \text{m}$$

$$\text{유체동력} \ P_F = \frac{\gamma Q h}{735.5} = \frac{9800 \times 0.03 \times 17.47}{735.5} = 6.98 \, \text{PS}$$

$$\text{따라서, 펌프의 동력} \ P_P = \frac{6.98}{0.8} = 8.725 \, \text{PS}$$

3-7 베르누이 방정식의 응용

실질적으로 유동 중에는 점성의 영향에 의한 전단력의 발생, 접하는 고체면과의 마찰력 발생, 유체 입자들 간의 충돌에 의한 에너지 손실, 관의 곡률 등 많은 요인들에 의하여 압력손실이 일어나므로 이를 감안하지 않으면 안 된다. 이러한 요인들에 대한 손실량들을 정확히 계산해 낼 수 없기 때문에 이를 통틀어 손실수두(h_L)라 하고, 다음의 식으로 나타낼 수 있다.

$$\frac{V^2}{2g} + \frac{p}{\gamma} + z + h_L = \text{일정}$$

그러나 이 장에서는 손실수두 h_L을 고려하지 않고 원래 베르누이의 방정식을 이용하여 유체유동에 대한 제반 식들을 유도해 보기로 한다.

(1) 토리첼리(Torricelli)의 정리 – 오리피스(orifice)

끝이 날카로운 원형 출구를 오리피스(orifice)라 한다. 유체의 자유표면 1과 출구 단면 2에 대하여 베르누이 방정식을 적용하면 유출되는 유체의 속도를 구할 수 있다.

$$\frac{V_1^{\,2}}{2g} + \frac{p_1}{\gamma} + z_1 = \frac{V_2^{\,2}}{2g} + \frac{p_2}{\gamma} + z_2$$

여기서, $V_1 = 0$, $p_1 = p_2 = 0$(대기압)이므로,

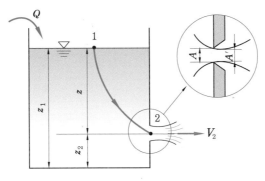

그림 3-8 자유흐름의 오리피스

$$0 + 0 + z_1 = \frac{{V_2}^2}{2g} + 0 + z_2$$

$$\frac{{V_2}^2}{2g} = z_1 - z_2$$

$$\therefore V_2 = \sqrt{2gh}$$

가 되며, 이 식을 토리첼리(Torricelli)의 정리라 하며, 이 속도는 물체의 자유낙하 속도와 같다. V_2에 오리피스의 단면적 A를 곱하면 유량을 구할 수 있으나, 실제로는 점성효과로 인하여 속도와 유량이 작아진다.

실제속도와 이론속도 사이의 관계를 표시하면 다음과 같다.

실제속도 $V' = C_v \times$ 이론속도 V

여기서, C_v는 속도계수(速度係數, coefficient of velocity)라 하며, 출구 단면의 크기와 h의 크기에 따라 약간의 차이가 있으며, 물의 경우 $C_v = 0.93 \sim 0.98$ 이다.

유출되는 유체의 제트 단면적 A'도 오리피스의 단면적 A보다 작아지며,

$$A' = C_c \cdot A \left(\rightarrow d'^2 = C_c \cdot d^2 \right)$$

으로 표시하며, C_c를 수축계수(收縮係數, coefficient of contraction)이라 하며, 물의 경우 $C_c = 0.61 \sim 0.66$의 값을 적용하면 된다.

오리피스에서의 실제유량 Q'는 다음과 같은 식으로 구할 수 있다.

$$Q' = A' V' = (C_c A) \cdot (C_v V)$$
$$= C_c C_v A V = C \cdot A V = CA \sqrt{2gh}$$

C는 유량계수(流量係數, flow coefficient)라 하며, 일반적으로 $C = 0.59 \sim 0.68$을 적용한다.

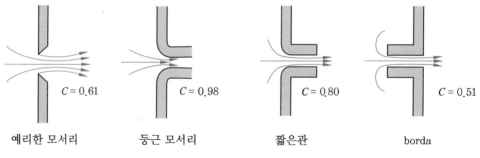

| 예리한 모서리 | 둥근 모서리 | 짧은관 | borda |

그림 3-9 오리피스의 예

그림 3-10과 같이 수고(水高)가 다른 두 곳의 탱크에서 가로막힌 벽의 밑부분에서 작

은 구멍을 통한 압력차에 의하여 수고가 높은 곳에서 낮은 곳으로 물이 흘러나가는 경우를 잠수 오리피스(submerged orifice)라 하며 유출 유체의 속도 V_2는

$$V_2 = \sqrt{2gh}$$

로서 양수면의 높이의 차 h에 좌우된다.

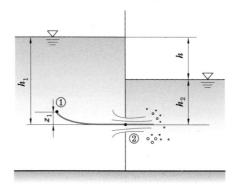

그림 3-10 잠수 오리피스

(2) 벤투리미터(Venturi meter)

그림 3-11과 같이 점차 축소 또는 확대되는 관에서 정압(靜壓)을 측정함으로써 유량을 구할 수 있도록 만든 관을 벤투리관(venturi tube)이라 한다.

단면 ①과 ②에 대하여 베르누이 방정식을 적용하면 $z_1 = z_2$이고 $V_1 = V_2 \cdot \left(\dfrac{d_2}{d_1}\right)^2$이 므로,

$$\frac{p_1 - p_2}{\gamma} = \frac{V_2{}^2 - V_1{}^2}{2g} = \frac{1}{2g}\left\{1 - \left(\frac{d_2}{d_1}\right)^4\right\}V_2{}^2$$

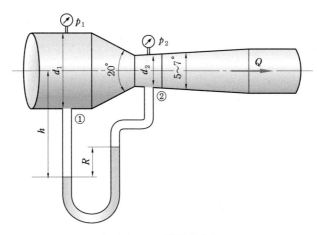

그림 3-11 벤투리미터

$$\therefore \ V_2 = \sqrt{\dfrac{2\,g \cdot \dfrac{p_1 - p_2}{\gamma}}{1 - \left(\dfrac{d_2}{d_1}\right)^4}}$$

$$\therefore \ Q = A_2\,V_2 = A_2 \sqrt{\dfrac{2\,g \cdot \left(\dfrac{p_1 - p_2}{\gamma}\right)}{1 - \left(\dfrac{d_2}{d_1}\right)^4}}$$

을 얻을 수 있으며, 식에서 벤투리관의 지름과 단면, 비중량은 이미 알고 있는 값이며, 압력차 $p_1 - p_2$를 측정하면 유량 Q를 구할 수 있다. 위의 식을 실제 유량 $Q = C \cdot A_0$에 적용하면,

$$Q = \dfrac{C \cdot A_0}{\sqrt{1 - C_c^2 \cdot \beta^4}} \cdot \sqrt{2\,g \cdot \dfrac{p_1 - p_2}{\gamma}}$$

이고, 유동유체와 시차액주계의 비중량을 각각 γ, γ_m, 시차를 R, 교축비를 $\beta\left(= \dfrac{d_2}{d_1}\right)$ 라 하면, 실제 유량 Q는 다음과 같이 쓸 수도 있다.

$$Q = \dfrac{C \cdot A_0}{\sqrt{1 - \epsilon^2 \cdot \beta^4}} \sqrt{2\,g\,R \cdot \dfrac{\gamma_m - \gamma}{\gamma}}$$

(3) 피토관(Pitot tube)

속도 V로 유동하고 있는 유체는 점 A에 도달하면 중앙 유선의 속도는 좌우 어느 쪽으로도 진로를 바꾸지 못하고 결국 영(zero)이 되는데, 이것을 정체점(停滯點, stagnation point)이라 한다.

이 현상을 고려하여 베르누이 방정식을 분석하여 보면, $\dfrac{1}{2}\rho V^2 + p + \rho g z = 0$에서 속도 V가 어느 특정점에서 영이 되면, 그 점에서의 압력은 $p = \dfrac{1}{2}\rho V^2$으로 증가한다.

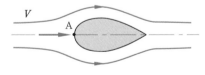

그림 3-12 정체점 A

밀도 ρ가 일정한 유체의 흐름에서, $p + \dfrac{1}{2}\rho V^2$를 정체압(stagnation pressure) 또는 정압(靜壓)이라 하고, $\dfrac{1}{2}\rho V^2$를 동압(動壓, dynamic pressure)이라 한다.

그림 3-13과 같이 가는 관을 직각으로 휘어서 유속을 측정하는 관을 피토관(pitot tube)이라 한다.

점 1, 2에 베르누이 방정식을 적용하면, 점 2는 유속이 영이 되는 정체점이며 피토관에 나타나는 수두 h_2는 정압, 즉 정체압 $p + \dfrac{1}{2}\rho V^2$ 을 나타낸다.

$$\frac{V_1^{\,2}}{2g} + \frac{p_1}{\gamma} = \frac{V_2^{\,2}}{2g} + \frac{p_2}{\gamma}\ \text{에서 } V_2 = 0\text{이므로,}$$

$$\therefore\ V_1 = \sqrt{2g \cdot \frac{p_1 - p_2}{\gamma}} = \sqrt{2gh}$$

가 얻어지며, 피토관 계수를 k라고 하면 유속 V는 다음과 같이 쓸 수 있다.

$$V(=V_1) = k\sqrt{2gh}$$

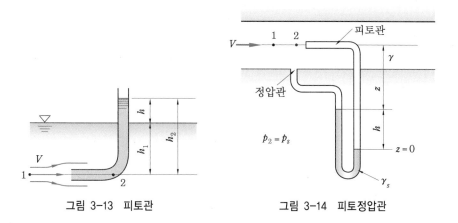

그림 3-13 피토관   그림 3-14 피토정압관

또한, 그림 3-14와 같이 정압관과 피토관을 연결하여 차압(差壓)을 측정할 수 있도록 한 것이 피토정압관이며, 차압은 유체의 동압을 의미한다.

그림에서 단면 1과 단면 2에 대하여 베르누이 방정식을 적용하면, $z_1 = z_2$, $V_2 = 0$, $p_2 = p_s$ 라면,

$$\frac{V_1^{\,2}}{2g} + \frac{p_1}{\gamma} + z_1 = \frac{V_2^{\,2}}{2g} + \frac{p_2}{\gamma} + z_2$$

$$\frac{V_1^{\,2}}{2g} + \frac{p_1}{\gamma} + 0 = 0 + \frac{p_s}{\gamma}$$

$$\therefore\ p_s = p_1 + \frac{\rho V_1^{\,2}}{2}\quad (\text{전압} = \text{정압} + \text{동압})$$

동압은 $p_s - p_1 = \dfrac{\rho V_1^2}{2}$ 이므로 관 속의 유속 V는 시차액주계의 압력차 $p_s - p_1$을 측정함으로써 계산할 수 있다.

$$V = \sqrt{\frac{2g}{\gamma}(p_1 - p_s)} = \sqrt{2gh\left(\frac{\gamma_s}{\gamma} - 1\right)}$$

예제 7. 손실수두가 0.1 m일 때 그림에서의 A지점의 속도를 구하시오.(단, 기압계는 750 mmHg를 가리켰고, 물의 비중량은 9800 N/m^{3}이다.)

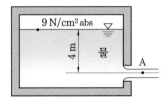

해설 A점의 압력

$$p_A = 750 \, \text{mmHg} = 9800 \times 13.6 \times 0.75 = 99960 \, \text{N/m}^2$$

물의 자유표면과 A점에 베르누이 방정식을 적용하면

$$\frac{p_1}{\gamma} + \frac{V_1^2}{2g} + z_1 = \frac{p_A}{\gamma} + \frac{V_A^2}{2g} + z_A + h_L$$

여기서, $p_1 = 9 \, \text{N/cm}^2 = 90000 \, \text{N/m}^2$, $V_1 = 0$, $z_1 - z_A = 4 \, \text{m}$, $p_A = 99960 \, \text{N/m}^2$, $h_L = 0.1 \, \text{m}$

$$\frac{90000}{9800} + \frac{0^2}{2 \times 9.8} + 4 = \frac{99960}{9800} + \frac{V_A^2}{2 \times 9.8} + 0.1$$

$$\therefore \, V_A = 7.52 \, \text{m/s}$$

예제 8. 그림과 같은 벤투리미터에 물이 유동하고 있으며, 입구와 목부분의 압력 차이는 수은주로 8 cm이다. 유량과 단면 A_1, A_2에서의 유속을 구하시오.(단, 유량계수는 0.65이다.)

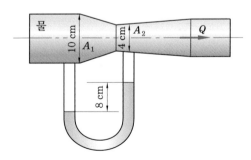

해설 $A_1 = \dfrac{\pi}{4} \times 0.1^2 = 0.00785 \text{ m}^2$

$A_2 = \dfrac{\pi}{4} \times 0.04^2 = 0.00126 \text{ m}^2$

베르누이 방정식으로부터

$$\dfrac{p_1 - p_2}{\gamma} = \dfrac{V_2^2 - V_1^2}{2g}$$

$h = h_1 - h_2, \ Q = A_1 V_1 = A_2 V_2$

$$2gh = V_2^2 - V_1^2 - Q^2 \left(\dfrac{1}{A_2^2} - \dfrac{1}{A_1^2} \right)$$

$$= Q^2 \cdot \dfrac{A_1^2 - A_2^2}{A_1^2 \cdot A_2^2}$$

$$\therefore \ Q = C \cdot \sqrt{2gh \cdot \dfrac{(A_1 A_2)^2}{A_1^2 - A_2^2}}$$

$$= 0.65 \times \sqrt{2g \times \left(0.08 \times \dfrac{13.6 - 1}{1} \right) \times \dfrac{(0.00785 \times 0.00126)^2}{0.00785^2 - 0.00126^2}}$$

$$= 0.0037 \text{ m}^3/\text{s}$$

【참고】 $\sqrt{2gh} = \sqrt{2gR \times \dfrac{\gamma_{\text{Hg}} - \gamma}{\gamma}}$

$$V_1 = \dfrac{Q}{A_1} = \dfrac{0.0037}{0.00785} = 0.471 \text{ m/s}$$

$$V_2 = \dfrac{Q}{A_2} = \dfrac{0.0037}{0.00126} = 2.937 \text{ m/s}$$

예제 9. 다음 그림은 비중이 0.8인 기름이 흐르는 관에 설치한 피토관(pitot tube)이다. 동압을 액주로 환산한 값을 구하시오.(단, 액주계에 들어있는 액체는 비중이 1.6인 CCl₄이다.)

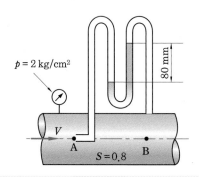

해설 정체점 A의 압력을 p_s, 점 B의 압력을 p라 할 때
A와 B에 베르누이 정리를 적용하면

$$\frac{p_s}{\gamma} = \frac{p}{\gamma} + \frac{V^2}{2g}$$

$$\therefore \frac{V^2}{2g} = \frac{p_s - p}{\gamma} = \frac{(80 \times 10^{-3}\text{m}) \times (1.6 - 0.8) \times 9800}{0.8 \times 9800}$$

$$= \frac{(80 \times 10^{-3}) \times (0.8 \times 9800)}{0.8 \times 9800}$$

$$= 80 \times 10^{-3}\,\text{m}$$

3-8 운동에너지 수정계수

유체유동에서 유동 단면에 대한 속도 분포는 일반적으로 균일하지 않다. 이러한 유동장에서 속도분포를 균일하게 보고, 평균속도 V에 대한 운동에너지를 참운동에너지로 계산하는 것은 오차를 유발하게 되므로 이러한 오차를 줄이기 위하여 수정된 운동에너지가 사용된다. 즉,

참운동에너지 = 수정운동에너지

$$\int \rho \frac{v^2}{2} dA = \alpha \rho \frac{v^2}{2} A$$

$$\therefore \alpha = \frac{1}{A} \int \left(\frac{v}{V}\right)^3 dA \ (\text{운동에너지 수정계수})$$

한편 연속방정식에서 미소유량을 dQ라 하면 다음과 같다.

$$dQ = \gamma dA \quad \therefore Q = \int v dA$$

평균유속을 V라 하면 다음과 같다.

$$\therefore V = \frac{1}{A} \int v dA$$

3-9 공동현상(空洞現像, cavitation)

유체의 흐름에서 국소압력이 증기압으로 강하하면 기포가 발생하는데, 이러한 현상을 공동현상이라 한다. 기포는 액체 속에 용해되어 있던 기체(주로 공기)가 유리되면서 액체가 기화된 기체와 합하여 생성된다.

액체 속에 용입된 기체량은 압력강하에 따라 줄어들기 때문에 유리(遊離)되고 온도가 높아지면 증기압도 높아지므로 저온, 고압의 액체가 고온, 저압이 될수록 공동현상은 쉽

게 발생한다.

액체가 관의 수축부를 통과할 때 베르누이 방정식에 의하여 목(throat) 부분에서 압력이 가장 낮아지고, 이때 압력이 그 유체의 증기압까지 내려가면 기체의 유리와 증기의 발생으로 공동현상을 일으킬 수 있다.

공동현상의 피해는 고체 경계면의 침식(erosion), 효율의 감소와 심한 진동 등이다. 공동현상이 문제가 되는 경우는 터빈, 펌프, 선박의 프로펠러와 같은 고속 수력기계 설계에서, 높은 댐의 하류 구조물, 수중 고속운동에서, 그리고 유압기계의 관로 설계 등에서 고려해야 할 중요한 문제이다.

∽ 연습문제 ∽

1. 정상류와 비정상류를 구분하는 데 있어서 기준이 되는 것은 무엇인지 약술하시오.

2. 다음 중 실제유체나 이상유체 어느 것이나 적용될 수 있는 것을 선택하시오.

> ① 뉴턴의 점성법칙   ② 뉴턴의 운동 제2법칙
> ③ 연속방정식   ④ $\tau = (\mu + \eta)\dfrac{du}{dy}$
> ⑤ 고체 경계면에서 접선속도가 0이다.
> ⑥ 고체 경계면에서 경계면에 수직한 속도 성분이 0이다.

3. 안지름이 80 mm인 파이프에 비중 0.9인 기름이 평균속도 4 m/s로 흐를 때 질량유량 (kg/s)을 구하시오.

4. 어떤 물체의 주위를 흐르고 있는 유체의 유동량에서 어느 한 단면에서의 유선의 간격이 25 mm이고, 그 점의 유속은 36 m/s이다. 이 유선이 하류 쪽에서 18 mm로 좁아질 때 그 곳에서의 유속을 구하시오.

5. 비행기의 날개 주위의 유동장에 있어서 날개 단면의 먼쪽에 있는 유선의 간격은 20 mm, 그 점의 유속은 50 m/s이다. 날개 단면과 가까운 부분의 유선 간격이 15 mm일 때 이곳에서의 유속(m/s)을 구하시오.

6. 9000 N/s의 물이 다음 그림과 같은 통로에 흐르고 있다. 작은 단면에서의 유량과 평균속도를 구하시오.

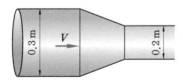

7. 글리세린이 중량유량 98 N/s로 지름이 10 cm인 관로를 흐른다. 이때 평균속도를 구하시오.(단, 글리세린의 비중 $S = 1.204$이다.)

8. 베르누이 방정식 $\dfrac{p}{\gamma} + \dfrac{V^2}{2g} + z = H$ 의 단위를 설명하시오.

9. 직각으로 굽힌 유리관의 한쪽을 수면 바로 밑에 넣고 다른 쪽은 연직으로 세워 수평방향
으로 50 cm/s의 속도로 관을 움직이면 물은 관 속으로 얼마나 올라가는지 계산하시오.

10. 다음 그림과 같은 탱크에서 오리피스의 지름 d 가 10 cm, $h = 10$ m일 때 오리피스를 통
과하는 유량(m^3/s)을 구하시오.

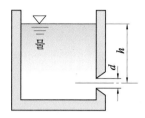

11. 다음 그림에서 유속 V (m/s)를 구하시오.

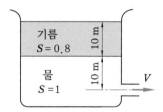

12. 물제트가 수직하향으로 떨어지고 있다. 표고 12 m 지점에서 제트 지름은 5 m, 속도는
24 m/s였다. 이때 표고 4.5 m 지점에서의 제트 속도를 구하시오.

13. 노즐 입구에서 압력계의 압력이 p 일 때 노즐 출구에서의 속도(m/s)를 구하시오.(단, 파
이프 내에서의 속도는 노즐 속도에 비하여 극히 작다고 가정하고 무시한다. 또, 노즐을
통과하는 순간에 마찰손실은 없는 것으로 한다.)

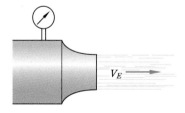

14. 물분류(jet)가 수직하향으로 떨어지고 있다. 표고 10 m 지점에서의 분류 지름이 5 cm이
고, 유속이 20 m/s이었다. 표고 5 m 지점에서의 분류 속도(m/s)를 구하시오.

15. 다음 그림과 같이 잔잔히 흐르는 강의 깊이 6 m 지점에 물체를 고정시키고 물체 표면에
작용하는 압력을 측정한 결과 최대 66.64 kPa이었다. 이 깊이에서 흐르는 물의 속도를
구하시오.

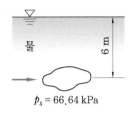

$p_s = 66.64 \text{ kPa}$

16. 다음 그림과 같이 수평관 협류부 A의 안지름이 $d_1 = 10 \text{ cm}$, 관부 B의 안지름이 $d_2 = 30$ cm이다. 그림 (b)는 (a)의 모든 제원과 같으나 협류부에 구멍이 뚫려 있다. (a), (b) 두 그림에서 Q_a와 Q_b의 관계를 구하시오.(단, 관로손실은 없는 것으로 한다.)

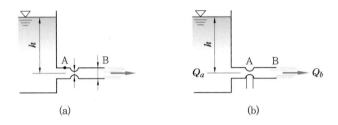

(a)   (b)

17. 다음 그림에서 관에 $0.3 \text{ m}^3/\text{s}$의 물이 흐르고 있다. 점 A에서의 압력을 구하시오.

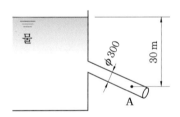

18. 다음 그림에서 물제트가 점 A에서 수평을 유지하면서 통과하고 있다. 공기의 저항을 무시할 때 유량을 구하시오.

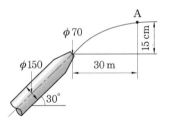

19. 다음 그림과 같이 수평선에 대하여 60°의 경사로서 상방향으로 분출되는 물제트가 있다. 이때 물제트의 올라간 높이와 가장 굵어진 물제트의 지름을 구하시오.(단, 원관의 지름은 10 cm이고, 물제트의 분출속도는 7 m/s이다.)

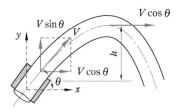

20. 다음 그림에서 손실과 표면장력의 영향을 무시할 때 분류(jet)에서 반지름 r의 식을 유도하시오.

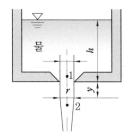

21. 어떤 수평관 속에서 물이 $2.8\,\mathrm{m/s}$의 평균속도와 $45\,\mathrm{kPa}$의 압력으로 흐르고 있다. 이 물의 유량이 $0.84\,\mathrm{m^3/s}$일 때 물의 동력(PS)을 구하시오.

22. 다음 그림과 같은 관에 매초 $33l$의 물이 윗방향으로 흐르고 있다. 밑에 있는 압력계의 읽음이 $0.608\,\mathrm{bar}$일 때 위쪽 압력계의 읽음을 구하시오.

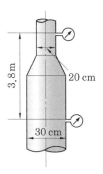

23. 펌프 양수량 $0.6\,\mathrm{m^3/min}$, 관로의 전손실수두 $5\,\mathrm{m}$인 펌프가 펌프 중심으로부터 $1\,\mathrm{m}$ 아래에 있는 물을 $20\,\mathrm{m}$의 송출액면에 양수하고자 할 때 펌프의 필요한 동력(kW)을 구하시오.

24. 다음 그림에서 최소 지름 부분 A의 지름이 $10\,\mathrm{cm}$, 유출구 B의 지름이 $40\,\mathrm{cm}$의 관으로부터 유량이 $50\,l/\mathrm{s}$로서 유출하고 있을 때 A 부분에서 물을 흡상하는 높이(m)를 구하시오.

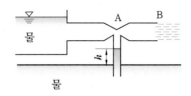

25. 다음 그림과 같은 티(tee)에서 압력 p_3를 구하시오.

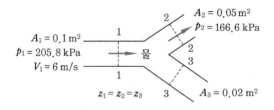

26. 물이 흐르는 파이프 안에 A점은 지름이 1 m, 압력 98 kPa, 속도 1 m/s이다. A점보다 2 m 위에 있는 B점은 지름 0.5 m, 압력 19.6 kPa이다. 이때 물은 어느 방향으로 흐르는가?

27. 다음 그림과 같은 유리관의 A, B 부분의 지름이 각각 30 cm, 15 cm이다. 이 관에 물을 흐르게 했더니 A에 세운 관에는 물이 60 cm, B에 세운 관에는 물이 30 cm 올라갔다. A, B 부분에서의 물의 속도를 각각 구하시오.

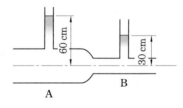

28. 다음 그림과 같이 매우 넓은 저수지 사이를 $\phi\,300\,\text{mm}$의 관으로 연결하여 놓았다. 이 계의 비가역량(손실에너지)을 구하시오.

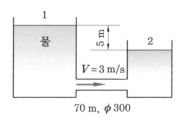

29. 지름 30 cm의 관 내를 물이 평균속도 2 m/s로 흐르고 압력은 147 kPa이었다. 이 물이 가지고 있는 동력(kW)을 구하시오.

30. 다음 그림과 같이 수평관 목 부분 ①의 안지름 d_1 = 10 cm, ②의 안지름 d_2 = 30 cm로서 유량 2.1 m³/min일 때 ①에 연결되어 있는 유리관으로 올라가는 수주의 높이(m)를 구하시오.

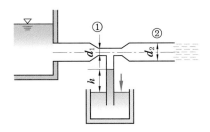

31. 다음 그림과 같이 수면의 높이가 지면에서 h인 물통 벽에 구멍을 뚫고 물을 지면에 분출시킬 때 구멍을 어디에 뚫어야 가장 멀리 떨어지는지 계산하시오.

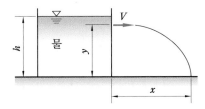

32. 다음 그림과 같이 축소된 통로에 물이 흐르고 있다. 두 압력계의 읽음이 같게 되는 지름을 구하시오.

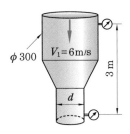

33. 다음 그림과 같은 터빈에 0.23 m³/s로 물이 흐르고 있고, A와 B에서 압력은 각각 196 kPa과 -19.6 kPa일 때 물로부터 터빈이 얻는 동력(PS)을 구하시오.

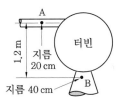

34. 다음 그림과 같은 터빈에서 유량이 $0.6 \, \mathrm{m^3/s}$일 때 터빈이 얻은 동력은 $75 \, \mathrm{kW}$이었다. 만일 터빈을 없애면 유량은 얼마가 되는지 계산하시오.

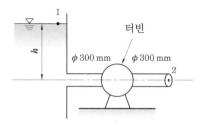

35. 다음그림과 같은 사이펀에서 물이 흐르고 있을 때 1과 3점 사이의 손실수두(h_L)를 구하시오.(단, 사이펀에서 유량은 $42 \, \mathrm{m^3/min}$이다.)

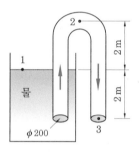

36. 다음 그림과 같은 관에 $40 \, l/s$의 물이 흐르고 있다. 1에 있는 압력계가 $78.4 \, \mathrm{kPa}$를 가리키고 있을 때 2의 압력계는 얼마의 압력을 가리키는지 구하시오.(단, 1과 2 사이의 손실은 무시한다.)

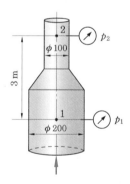

37. 다음 그림과 같은 사이펀(siphon)에서 흐를 수 있는 유량(l/min)을 구하시오.(단, 관로 손실은 무시한다.)

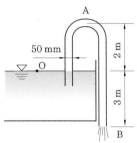

38. 2차원의 유동에서 속도 벡터가 $q = -xi + 2yi$ 로 주어졌을 때 점 (2, 1)을 지나는 유선의 방정식을 구하시오.

39. 3차원 비압축성 유동의 속도성분이 다음과 같이 주어졌다. 이와 같은 속도성분이 연속 방정식을 만족하는가를 보이시오.

$u = 2x^2 - xy + z^2, \ v = x^2 - 4xy + y^2, \ w = -2xy - yz + y^2$

40. 다음 그림에서 A까지의 손실이 $\dfrac{4V_1^2}{2g}$ 이고, 노즐에서의 손실이 $\dfrac{0.05V_2^2}{2g}$ 일 때 유량과 점 A에서의 압력을 구하시오.(단, $h = 8$ m이다.)

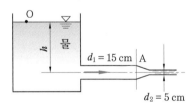

연습문제 풀이

1. 정상류와 비정상류를 구분하는 기준이 되는 것은 유동특성의 시간에 대한 변화율이다.

2. ②, ③, ⑥

3. 질량유량 $m = \rho A V = 1000 \times 0.9 \times \dfrac{\pi}{4} \times 0.08^2 \times 4$
$$= 80.38\,\text{kg/s}$$

4. $Q = A_1 V_1 = A_2 V_2$에서
$$36 \times (0.025 \times 1) = V \times (0.018 \times 1)$$
$$\therefore \ V = 50\,\text{m/s}$$

5. 단위폭당 유량 $q = 20 \times 50 = 15 \times V_B$
$$(q = h_1 V_1 = h_2 V_2)$$
$$\therefore \ V_B = 66.6\,\text{m/s}$$

6. $G = \gamma A V = \gamma Q$에서
$$Q = \dfrac{G}{\gamma} = \dfrac{9000}{9800} \fallingdotseq 0.92\,\text{m}^3/\text{s}$$
또, $V = \dfrac{Q}{A} = \dfrac{0.92}{\dfrac{\pi}{4} \times 0.2^2} = 29.25\,\text{m/s}$

7. $G = \gamma A V$에서
$$V = \dfrac{G}{\gamma A}$$
$$= \dfrac{98}{9800 \times 1.204 \times \dfrac{\pi}{4} \times (0.1)^2}$$
$$= 1.057\,\text{m/s}$$

8. 주어진 베르누이 방정식은 비압축성 유체의 단위중량에 대한 에너지방정식이다. 따라서, J/N = N·m/N = m이다.

9. $V = \sqrt{2g\Delta h}$ 에서
$$\Delta h = \dfrac{V^2}{2g} = \dfrac{0.5^2}{2 \times 9.8} = 0.013\,\text{m}$$

10. $V = \sqrt{\dfrac{2gh}{1 - \left(\dfrac{A}{A_T}\right)^2}}$

A : 오리피스 단면적, A_T : 탱크의 단면적

여기서, $A_T \gg A$이므로 $\dfrac{A}{A_T} \fallingdotseq 0$이다.

$$\therefore \ V = \sqrt{2gh} = \sqrt{2 \times 9.8 \times 10}$$
$$= 14\,\text{m/s}$$

유량 $Q = AV = \dfrac{\pi}{4}d^2 \cdot V$
$$= \dfrac{\pi}{4} \times 0.1^2 \times 14 \fallingdotseq 0.11\,\text{m}^3/\text{s}$$

11. 기름의 깊이로 생기는 압력과 같은 압력을 만드는 물의 깊이, 즉 상당깊이 h_e는
$$9800 \times 0.8 \times 10 = 9800 \times h_e$$
$$\therefore \ h_e = 8\,\text{m}$$
따라서, 노즐 깊이는 $h = 8 + 10 = 18\,\text{m}$이므로 토리첼리 공식에 의해서
$$V = \sqrt{2gh} = \sqrt{2 \times 9.8 \times 18} = 18.78\,\text{m/s}$$

12. 표고 12 m 지점과 4.5 m 지점에 대하여 베르누이 방정식을 대입한다. 여기서 압력수두는 1~2점에서 모두 0이 된다.
$$\dfrac{V_2^2}{2g} = \dfrac{24^2}{2g} + 7.5$$
$$\therefore \ V_2 = \sqrt{24^2 + 2 \times 9.8 \times 7.5} = 26.89\,\text{m/s}$$

13. 노즐 입구와 출구 사이에서 베르누이 방정식을 적용하면
$$\dfrac{p}{\gamma} + \dfrac{V^2}{2g} + z = \dfrac{p_E}{\gamma} + \dfrac{V_E^2}{2g} + z_E$$
$$z = z_E$$
$$\dfrac{V^2}{2g} = 무시, \ \dfrac{p_E}{\gamma} = 0이므로$$
$$V_E = \sqrt{\dfrac{2gp}{\gamma}} = \sqrt{\dfrac{2p}{\rho}}$$

14. 표고 10 m 지점과 5 m 지점 사이에 베르누이 방정식을 세우면

$$\frac{p_1}{\gamma} + \frac{V_1^2}{2g} + z_1 = \frac{p_2}{\gamma} + \frac{V_2^2}{2g} + z_2$$

여기서, 압력 p_1과 p_2는 대기압으로 같으므로

$$\frac{V_2^2}{2g} = \frac{V_1^2}{2g} + z_1 - z_2$$

$$\therefore\ V_2 = \sqrt{V_1^2 + 2g(z_1 - z_2)}$$

$$= \sqrt{20^2 + 2 \times 9.8(10 - 5)} \fallingdotseq 22.3 \text{ m/s}$$

15. 깊이 6 m인 곳에서 정압 p_0는

$$p_0 = \gamma h = 9800 \times 6 = 58800 \text{ N/m}^2$$

$p_s = p_0 + \dfrac{\rho V^2}{2}$ 에서

$$p_s = 66640 \text{ N/m}^2, \quad \rho_w = 1000 \text{ N} \cdot \text{s/m}^4$$

$$66640 = 58800 + \frac{1000\,V^2}{2}$$

$$\therefore\ V = 3.96 \text{ m/s}$$

16. 그림 (a)에서는 관단 B에서 대기압으로 되므로 자유표면과 B 사이에 베르누이의 정리를 적용하면 관단 B를 유출하는 유속은

$$V = \sqrt{2gh}$$

$$\therefore\ Q_a = \frac{\pi}{4} \times 0.3^2 \sqrt{2gh} \ (\text{m}^3/\text{s})$$

한편, 그림 (b)에서는 협류부 A에서 대기압이므로 협류부에서 유출되는 유속이 $V = \sqrt{2gh}$ 가 된다. 그러므로

$$\therefore\ Q_b = \frac{\pi}{4} \times 0.1^2 \sqrt{2gh}$$

Q_a와 Q_b를 비교하면 $Q_a = 9\,Q_b$, 그림 (b)의 확대 부분 A~B에서는 항상 대기압이므로 속도의 변화가 없이 $\sqrt{2gh}$ 의 속도로 흐른다. 그러므로 $Q_a - Q_b$만큼의 공간은 협류부의 구멍으로부터 공기가 유입되어 메워진다. 이 관계는 기액혼합에 적용된다.

17. 연속방정식에서

$$V = \frac{0.3}{\pi \times 0.15^2} = 4.246 \text{ m/s}$$

저수지의 수면과 점 A에 대하여 베르누이 방정식을 대입시키면

$$0 + 0 + 30 = \frac{V^2}{2g} + \frac{p}{\gamma} + 0$$

$$\therefore\ p = \left(30 - \frac{4.246^2}{2 \times 9.8}\right) \times 9800$$

$$\fallingdotseq 285000 \text{ N/m}^2 = 285 \text{ kPa}$$

18. 노즐 끝점과 점 A에 대하여 베르누이 방정식을 대입시키면

$$\frac{V_1^2}{2g} + \frac{p_1}{\gamma} + z_1 = \frac{V_2^2}{2g} + \frac{p_2}{\gamma} + z_2$$

여기서, $V_2 = V_1 \cos 30°$, $z_1 = 0$, $z_2 = 0.15$, $p_1 = p_2 = 0$이다. 따라서,

$$\frac{V_1^2}{2 \times 9.8} + 0 + 0 = \frac{V_1^2 \cos^2 30°}{2 \times 9.8} + 0 + 0.15$$

$$V_1^2(1 - 0.75) = 0.15 \times 2 \times 9.8$$

$$V_1 = 3.43 \text{ m/s}$$

$$Q = A_1 V_1$$

$$= \frac{\pi}{4} \times 0.07^2 \times 3.43 = 0.0132 \text{ m}^3/\text{s}$$

19. 물제트가 수평과 이루는 각을 θ, 출구속도를 V라고 할 때 수평속도성분은 $V\cos\theta$, 수직속도성분은 $V\sin\theta$ 이다. 여기에서 물제트의 최고 높이는 수직속도성분이 0이 되는 곳이다. 그리고 물제트의 수평속도성분은 중력의 영향을 받지 않으므로 공기의 저항을 무시할 때 관의 출구지점과 최고지점에서 같은 값을 갖게 된다. 따라서, 관의 출구지점과 최고지점에 대하여 베르누이 방정식을 적용하면,

$$\frac{V^2}{2g} + 0 + 0 = \frac{(V\cos\theta)^2}{2g} + 0 + h$$

$$\therefore\ h = \frac{V^2}{2g}(1 - \cos^2\theta) = \frac{V^2}{2g}\sin^2\theta$$

제트의 출구와 최고지점에서의 물제트의 지름을 각각 d_1, d_2라고 할 때 연속방정식에서

$$\frac{\pi}{4}d_1^2 V = \frac{\pi}{4}d_2^2 V\cos\theta$$

$$d_2 = \frac{d_1}{\sqrt{\cos\theta}}$$

여기서, $V = 7 \text{ m/s}$, $d_1 = 10 \text{ cm}$, $\theta = 60°$를 각각 대입하면

$$h = \frac{7^2}{2 \times 9.8} \sin^2 60° = 1.9 \text{ m}$$

$$d_2 = \frac{10}{\sqrt{\cos 60°}} = 14 \text{ cm}$$

20. 1과 2의 유속은 토리첼리 공식에 대입해서

$$V_1 = \sqrt{2gh} \,, \quad V_2 = \sqrt{2g(h+y)}$$

연속방정식에서

$$A_1 V_1 = A_2 V_2$$

$$\frac{\pi d^2}{4} \sqrt{2gh} = \pi r^2 \sqrt{2g(h+y)}$$

$$r^2 = \frac{d^2}{4} \sqrt{\frac{h}{h+y}}$$

$$\therefore \ r = \frac{d}{2}\left(\frac{h}{h+y}\right)^{\frac{1}{4}}$$

21. $P = \dfrac{\gamma Q h}{735.5}$ (PS)이므로

$$h = \frac{p}{\gamma} + \frac{V^2}{2g} = \frac{45000}{9800} + \frac{2.8^2}{2 \times 9.8} = 5$$

$$\therefore \ P = \frac{9800 \times 0.84 \times 5}{735.5} = 56 \text{ PS}$$

22. $V_1 = \dfrac{33 \times 10^{-3}}{\dfrac{\pi \times 0.3^2}{4}} = 0.467 \text{ m/s}$

$$V_2 = \frac{33 \times 10^{-3}}{\dfrac{\pi \times 0.2^2}{4}} = 1.05 \text{ m/s}$$

베르누이 방정식에 대입하면

$$\frac{V_1^2}{2g} + \frac{p_1}{\gamma} + z_1 = \frac{V_2^2}{2g} + \frac{p_2}{\gamma} + z_2$$

여기서, $p_1 = 60800 \text{ N/m}^2$, $z_1 = 0$, $z_2 = 3.8 \text{ m}$

$$\frac{0.467^2}{2 \times 9.8} + \frac{0.608 \times 10^5}{9800} = \frac{1.05^2}{2 \times 9.8} + \frac{p_2}{9800} + 3.8$$

$$\therefore \ p_2 = 0.231 \text{ bar}$$

23. h = 전수두+손실수두 = $(1+20)+5 = 26 \text{ m}$

따라서, 동력은

$$P = \gamma Q h = 9800 \times \frac{0.6}{60} \times 26 = 2.548 \text{ kW}$$

24. 유속 $V_A = \dfrac{0.05}{\dfrac{\pi \times 0.1^2}{4}} = 6.37 \text{ m/s}$

유속 $V_B = \dfrac{0.05}{\dfrac{\pi \times 0.4^2}{4}} = 0.4 \text{ m/s}$

A와 B에 베르누이 방정식을 적용하면

$$\frac{p_A}{1000} + \frac{6.37^2}{2 \times 9.8} + z_A = \frac{0}{1000} + \frac{0.4^2}{2 \times 9.8} + z_B$$

여기서, $z_A = z_B$이므로

$$p_A = -2060 \text{ kg/m}^2$$

$$= -0.206 \text{ kg/cm}^2 = -2.06 \text{ mAq}$$

$$\therefore \ h = 2.06 \text{ m}$$

25. 연속방정식에서

$$Q_1 = Q_2 + Q_3, \ 0.1 \times 6 = 0.05 V_2 + 0.02 V_3$$

1과 2에 베르누이 방정식을 적용하면

$$\frac{p_1}{\gamma} + \frac{V_1^2}{2g} = \frac{p_2}{\gamma} + \frac{V_2^2}{2g}$$

$$\frac{205800}{9800} + \frac{6^2}{2 \times 9.8} = \frac{166600}{9800} + \frac{V_2^2}{2 \times 9.8}$$

$$\therefore \ V_2 = 8.855 \text{ m/s}$$

V_2를 연속방정식에 대입하면

$$\therefore \ V_3 = 7.863 \text{ m/s}$$

1과 3에 베르누이 방정식을 적용하면

$$\frac{p_1}{\gamma} + \frac{V_1^2}{2g} = \frac{p_3}{\gamma} + \frac{V_2^2}{2g}$$

$$\frac{205800}{9800} + \frac{6^2}{2 \times 9.8} = \frac{p_3}{9800} + \frac{3.275^2}{2 \times 9.8}$$

$$\therefore \ p_3 = 218437 \text{ N/m}^2 = 218.44 \text{ kPa}$$

26. 연속방정식 $Q = A_A V_A = A_B V_B$에서

$$V_B = \frac{A_A}{A_B} V_A = \frac{\dfrac{\pi \times 1^2}{4}}{\dfrac{\pi \times 0.5^2}{\pi}} \times 1 = 4 \text{ m/s}$$

① 점 A의 전수두

$$\frac{p_A}{\gamma} + \frac{V_A^2}{2g} = \frac{98000}{9800} + \frac{1^2}{2 \times 9.8} = 10.051 \text{ m}$$

② 점 B의 전수두

$$\frac{p_B}{\gamma} + \frac{V_B^2}{2g} + z_B = \frac{19600}{9800} + \frac{4^2}{2 \times 9.8} + 2$$
$$= 4.816 \text{ m}$$

점 A의 전수두가 점 B의 전수두보다 크므로 유동은 A에서 B로 흐른다.

27. 연속방정식에서 $Q = A_A V_A = A_B V_B$이므로

$$V_A = \frac{A_B}{A_A} V_B = \frac{\frac{\pi}{4} \times 0.15^2}{\frac{\pi}{4} \times 0.3^2} V_B = \frac{1}{4} V_B$$

A와 B에 베르누이 방정식을 적용하면

$$\frac{p_A}{\gamma} + \frac{V_A^2}{2g} + z_A = \frac{p_B}{\gamma} + \frac{V_B^2}{2g} + z_B$$

여기서, $p_A = \gamma h = 9800 \times 0.6 = 5880 \text{ N/m}^2$

$$p_B = \gamma h = 9800 \times 0.3 = 2940 \text{ N/m}^2$$

$z_A - z_B = 0$, $V_B = 4 V_A$이므로

$$\frac{5880}{9800} + \frac{V_A^2}{2g} = \frac{2940}{9800} + \frac{16 V_A^2}{2g}$$

$$\frac{15 V_A^2}{2g} = \frac{2940}{9800}$$

$$\therefore V_A = 0.626 \text{ m/s}$$
$$\therefore V_B = 4 V_B = 2.504 \text{ m/s}$$

28. 그림의 1과 2 사이에 베르누이 방정식을 적용하면

$$\frac{V_1^2}{2g} + \frac{p_1}{\gamma} + z_1 = \frac{V_2^2}{2g} + \frac{p_2}{\gamma} + z_2 + h_L$$

$p_1 = p_2 = 0$, 대기압 $V_1 = V_2 \fallingdotseq 0$이므로

$$h_L = z_1 - z_2 = 5 \text{ m}$$

또한 유량 $Q = 3 \times \frac{\pi}{4} \times 0.3^2 = 0.212 \text{ m}^3/\text{s}$

따라서, 손실동력은

$$P_L = \frac{\gamma Q h_L}{735.5} = \frac{9800 \times 0.212 \times 5}{735.5} = 14 \text{ PS}$$

29. $\dfrac{p_1}{\gamma} + \dfrac{V^2}{2g} = h$ 에서

$$h = \frac{147000}{9800} + \frac{2^2}{2 \times 9.8} = 15 + 0.2 = 15.20 \text{ m}$$

$$Q = AV = \frac{\pi}{4} d^2 V = \frac{\pi}{4} \times 0.3^2 \times 2$$
$$= 0.1413 \text{ m}^3/\text{s}$$
$$P = \frac{\gamma Q h}{1000} = \frac{9800 \times 0.1413 \times 15.2}{1000} = 21 \text{ kW}$$

30. 유량 $Q = \dfrac{2.1}{60} = 0.035 \text{ m}^3/\text{s}$

$$V_1 = \frac{Q}{A_1} = \frac{0.035}{\frac{\pi}{4} \times 0.1^2} = 4.46 \text{ m/s}$$

$$V_2 = \frac{Q}{A_2} = \frac{0.035}{\frac{\pi}{4} \times 0.3^2} = 0.495 \text{ m/s}$$

①과 ②에 베르누이 방정식을 적용하면

$$\frac{p_1}{\gamma} + \frac{V_1^2}{2g} = \frac{p_2}{\gamma} + \frac{V_2^2}{2g}$$

$$\frac{p_2 - p_1}{\gamma} = \frac{V_1^2 - V_2^2}{2g}$$

$$= \frac{4.46^2 - 0.495^2}{2.98} = 1 \text{ m}$$

31. 토리첼리 공식에서 유속 $V = \sqrt{2g(h-y)}$

여기서, 자유낙하 높이 $y = \dfrac{1}{2} g t^2$, $x = Vt$ 이므로 $\dfrac{x}{t} = \sqrt{2g(h-y)}$ 에서

$$x = \sqrt{\frac{2y}{g}} \sqrt{2g(h-y)} = 2\sqrt{y(h-y)}$$

윗식을 y에 관해서 미분하면

$$\frac{dx}{dy} = \frac{h - 2y}{\sqrt{y(h-y)}}$$

x가 최대가 되기 위해서는 $\dfrac{dx}{dy} = 0$이어야 하므로

$$h = 2y \quad \therefore y = \frac{h}{2}$$

32. 두 점에 대해서 베르누이 방정식을 적용시키면

$$\frac{6^2}{2g} + \frac{p_1}{\gamma} + 3 = \frac{V_2^2}{2g} + \frac{p_2}{\gamma} + 0$$

문제에서 $\dfrac{p_1}{\gamma} = \dfrac{p_2}{\gamma}$의 조건이므로

$$V_2^2 = 36 + 3 \times 2 \times 9.8 = 94.8$$

연속방정식으로부터

$$Q = A_2 V_2 = \frac{\pi}{4} \times 0.3^2 \times 6 = \frac{\pi}{4} d^2 \sqrt{94.8}$$

$$d^2 = \frac{6 \times 0.09}{\sqrt{94.8}} = 0.0555$$

$$\therefore d = 23.55 \text{ cm}$$

33. 유속 $V_A = \dfrac{0.23}{\dfrac{\pi}{4} \times 0.2^2} = 7.32 \text{ m/s}$

$$V_B = \frac{0.23}{\frac{\pi}{4} \times 0.4^2} = 1.83 \text{ m/s}$$

터빈에 전달된 수두를 h_T라 하고, A와 B에 베르누이 방정식을 적용하면

$$\frac{p_A}{\gamma} + \frac{V_A^2}{2g} + z_A = \frac{p_B}{\gamma} + \frac{V_B^2}{2g} + z_B + h_T$$

$$\frac{196000}{9800} + \frac{7.32^2}{2 \times 9.8} + 1.2$$

$$= \frac{-19600}{9800} + \frac{1.83^2}{2 \times 9.8} + h_T$$

$$\therefore h_T = 25.76 \text{ m}$$

그러므로 동력은

$$P = \frac{\gamma Q h}{735.5} = \frac{9800 \times 0.23 \times 25.76}{735.5}$$

$$= 79 \text{ PS}$$

34. 터빈이 있을 때 유속

$$V_T = \frac{Q}{A} = \frac{0.6}{\frac{\pi}{4} \times 0.3^2} = 8.49 \text{ m/s}$$

물이 터빈에 준 수두 $P_T = \dfrac{\gamma Q h_T}{1000}$에서

$$75 = \frac{9800 \times 0.6 \times h_T}{1000}$$

$$\therefore h_T = 12.75 \text{ m}$$

1과 2에 베르누이 방정식을 적용하면

$$0 + 0 + h = 0 + \frac{V_T^2}{2g} + 0 + h_T$$

$$\therefore h = \frac{8.49^2}{2 \times 9.8} \text{ m} + 12.75 \text{ m} = 16.43 \text{ m}$$

터빈이 없을 때 관에서 유속 V는 토리첼리 공식에 의해서

$$V = \sqrt{2gh} = \sqrt{2 \times 9.8 \times 16.43}$$

$$= 17.945 \text{ m/s}$$

따라서, 유량은

$$Q = AV = \frac{\pi \times 0.3^2}{4} \times 17.945$$

$$= 1.268 \text{ m}^3/\text{s}$$

35. $z_1 = \dfrac{V_3^2}{2g} + h_L$

$$V_3 = \frac{Q}{A} = \frac{Q}{\frac{\pi}{4} D^2}$$

$$= \frac{4.2}{\frac{\pi}{4} \times 0.2^2 \times 60} = 2.23 \text{ m/s}$$

$$h_L = z_1 - \frac{V_3^2}{2g} = 2 - \frac{2.23^2}{2 \times 9.8} = 1.747 \text{ m}$$

36. 연속방정식에서 V_1, V_2는

$$V_1 = \frac{0.04}{\frac{\pi}{4} \times 0.2^2} = 1.274 \text{ m/s}$$

$$V_2 = 4V_1 = 5.096 \text{ m/s}$$

1과 2에 베르누이 방정식을 적용하면

$$\frac{p_1}{\gamma} + \frac{V_1^2}{2g} + z_1 = \frac{p_2}{\gamma} + \frac{V_2^2}{2g} + z_2$$

$$p_1 = 78.4 \text{ kPa} = 78400 \text{ N/m}^2$$

$$V_1 = 1.274 \text{ m/s}, \ V_2 = 5.096 \text{ m/s}$$

$$z_2 - z_1 = 3 \text{ m}$$

$$\frac{78400}{9800} + \frac{1.274^2}{2 \times 9.8} + 0 = \frac{p_2}{9800} + \frac{5.096^2}{2 \times 9.8} + 3$$

$$\therefore p_2 = 36800 \text{ N/m}^2 = 36.8 \text{ kPa}$$

37. 자유표면 점 B에 대하여 베르누이 방정식을 적용하면

$$\frac{p_0}{\gamma} + \frac{V_0^2}{2g} + z_0 = \frac{p_B}{\gamma} + \frac{V_B^2}{2g} + z_B$$

여기서, $p_0 = p_B = 0$, $V_0 = 0$, $z_0 - z_B = 3 \text{ m}$ 이므로

$$V_B = \sqrt{2g(z_0 - z_B)}$$

$$= \sqrt{2 \times 9.8 \times 3} = 7.668 \text{ m/s}$$

따라서, 유량 Q는

$$Q = AV = \frac{\pi \times 0.05^2}{4} \times 7.668$$

$$\approx 0.015 \, \mathrm{m^3/s} = 1.5 \, l/\mathrm{s} = 900 \, l/\mathrm{min}$$

38. $u = -x$, $v = 2y$ 이므로 유선의 방정식은

$$\frac{dx}{-x} = \frac{dy}{2y}$$

이 식을 적분하면

$$-\ln x = \ln \sqrt{y} + \ln C_1, \quad x\sqrt{y} = \frac{1}{C_1}$$

$x = 2$에서 $y = 1$이므로 $C_1 = \dfrac{1}{2}$

따라서, 유선의 방정식은

$$x\sqrt{y} = 2$$
$$u = 2x^2 - xy + z^2$$
$$v = x^2 - 4xy + y^2$$
$$w = -2xy - yz + y^2$$

39. 3차원 비압축성 유동의 연속방정식은

$$\nabla \cdot q = \frac{\partial u}{\partial x} + \frac{\partial v}{\partial y} + \frac{\partial w}{\partial z} = 0$$

그러므로

$$\frac{\partial u}{\partial x} = 4x - y, \quad \frac{\partial v}{\partial y} = -4x + 2y, \quad \frac{\partial w}{\partial z} = -y$$

$$\therefore \; \frac{\partial u}{\partial x} + \frac{\partial v}{\partial y} + \frac{\partial w}{\partial y}$$

$$= 4x - y - 4x + 2y - y = 0$$

따라서, 이 속도성분은 연속방정식을 만족한다.

40. 연속방정식에서

$$Q = A_1 V_1 = A_2 V_2$$

$$= \frac{\pi \times 0.15^2}{4} V_1 = \frac{\pi \times 0.05^2}{4} V_2$$

$$\therefore \; V_2 = 9 V_1$$

물의 자유표면과 노즐 끝에서 베르누이 방정식을 적용하면

$$\frac{p_0}{\gamma} + \frac{V_0^2}{2g} + z_0 = \frac{p_2}{\gamma} + \frac{V_2^2}{2g} + z_2 + h_{L(0-2)}$$

여기서, $p_0 = p_2 = p_{\mathrm{atm}}$(대기압), $V_0 = 0$,

$$z_0 - z_2 = h = 8 \, \mathrm{m}$$

$$h_{L(0-2)} = \frac{4 V_1^2}{2g} + \frac{0.05 V_2^2}{2g}$$ 이므로

$$0 + 0 + 8 = 0 + \frac{V_2^2}{2 \times 9.8} + \frac{4 V_1^2}{2 \times 9.8} + \frac{0.05 V_2^2}{2 \times 9.8}$$

윗식에 $V_2 = 9 V_1$을 대입하면

$$8 = \frac{1}{2 \times 9.8} \times (81 + 4 + 0.05 \times 81) V_1^2$$

$$= \frac{89.05}{2 \times 9.8} V_1^2$$

$$\therefore \; V_1 = 1.327 \, \mathrm{m/s}$$

그러므로 유량은

$$Q = A_1 V_1 = \frac{\pi \times 0.15^2}{4} \times 1.327$$

$$= 0.0234 \, \mathrm{m^3/s}$$

또 자유표면과 A에 베르누이 방정식을 적용하면

$$0 + 0 + 8 = \frac{p_A}{9800} + \frac{1.327^2}{2 \times 9.8} + 0 + \frac{4 \times 1.327^2}{2 \times 9.8}$$

$$\therefore \; p_A = 73990 \, \mathrm{N/m^2} \approx 74 \, \mathrm{kPa} \, (\text{계기압력})$$

제4장　운동량 방정식과 그 응용

운동량(運動量, momentum)과 역적(力積, impulse)에 대한 방정식도 유체에 대한 기본 방정식의 하나로서 중요한 이론이며, 베르누이(Bernoulli) 방정식으로 해결할 수 없는 문제를 이 원리를 적용하면 쉽게 그 해답을 얻을 수 있다.

이 방정식은 압축성, 점성에 관계없이 유체의 유동에 적용되며 펌프, 터빈 등 회전식 유체기계와 분사(jet) 추진체 등에 관한 이론이다.

4-1　운동량과 역적

질량 m인 물체가 속도 V로 움직일 때 그의 곱 $m \times V$를 그 물체의 운동량이라 하고, 물체에 가해진 전체 외력의 합인 $\sum F$와 미소시간 dt와의 곱인 $\sum F \cdot dt$를 역적(力積, impulse)이라 한다.

뉴턴(Newton)의 제2 운동법칙에 의하면 "운동량의 시간에 대한 변화율은 외력의 합과 같다." 즉, 다음과 같은 식으로 표현할 수 있으며, 속도와 합력은 벡터양이다.

$$\frac{d}{dt}(m V) = d \sum F$$

$$d(m V) = \sum F \cdot dt$$

그림 4–1과 같은 곡관에서 정상류, 1차원 흐름에 대하여 단면 1과 2 사이의 공간을 검사체적(control volume)으로 하고, 어느 순간의 검사체적 내의 유체가 dt 시간 후에 단면 1′과 2′ 사이의 유체로 이동하였다면, 검사체적 내의 유체의 운동량 변화는 "(단면 1′과 2′ 사이의 유체의 운동량)−(단면 1과 2 사이의 유체의 운동량)"이며, 이 식은 결과적으로는 "(단면 2와 2′ 사이의 유체의 운동량)−(단면 1과 1′ 사이의 유체의 운동량)"으로 나타낼 수 있다. 이것은 dt 시간 동안의 운동량 변화를 의미한다. 이를 다시 식으로 표현하면,

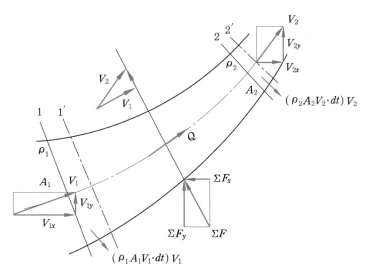

그림 4-1 운동량 변화와 속도 변화 벡터

$$\sum \boldsymbol{F} \cdot dt = (\rho_2 A_2 V_2 \cdot dt) \cdot \boldsymbol{V}_2 - (\rho_1 A_1 V_1 \cdot dt) V_1$$
$$= \rho Q(V_2 - V_1) \cdot dt$$
$$\therefore \sum \boldsymbol{F} = \rho Q(V_2 - V_1)$$

이 식을 운동량 방정식이라 한다.

힘과 속도는 벡터양이므로 평균속도 V_1 과 V_2 의 크기가 같다고 하더라도 방향이 다르면 이에 대응하는 외력 F 가 존재하여야 한다. 그림에서 보는 바와 같이 속도 변화 방향은 힘의 방향과 같아야 하고, 공간에서 속도의 변화 성분(x, y, z 방향에 대하여)은 외력의 분력(x, y, z 방향)에 의한 것으로 운동량 방정식은 다음과 같이 스칼라 식으로 쓸 수 있다.

$$\sum \boldsymbol{F}_x = \rho Q(V_{2x} - V_{1x})$$
$$\sum \boldsymbol{F}_y = \rho Q(V_{2x} - V_{1y})$$
$$\sum \boldsymbol{F}_z = \rho Q(V_{2x} - V_{1z})$$

4-2 운동량 보정계수

유동 단면에 대한 속도분포가 균일하지 않을 때, 그 단면에서의 운동량은 운동량 보정계수를 도입함으로써 평균속도 V 의 운동량으로 나타낼 수 있다. 즉,

$$F = \int \rho a v dA = \beta \cdot \rho Q V$$

$$\therefore \text{ 운동량 보정계수 } \beta = \frac{1}{A} \int_A \left(\frac{v}{V} \right)^2 \cdot dA$$

예제 1. 그림과 같이 단면이 축소된 수평원관에 기름이 흐르고 있다. 벽면에서의 속도는 0이고, 최대속도는 관의 중심에서 발생하며 속도분포는 포물선을 이룬다. 단면 ①의 최대속도가 4 m/s일 때,

(1) 단면 ①에서의 평균속도 V_1을 구하시오.

(2) 단면 ①에서의 운동에너지 수정계수를 계산하시오.

(3) $p_1 = 75\,\text{kPa}$ 일 때 수정계수를 적용한 베르누이 방정식에서 p_2 를 구하고, 수정계수를 적용하지 않은 경우와 비교하시오.

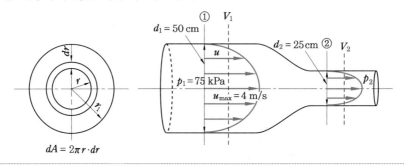

해설 ① 속도분포 곡선을 구하면, $u = ar^2 + b$ 에서, $r = 0$ 일 때 $u = u_{max}$, $r = r_1$ 일 때 $u = 0$ 이므로

$$u = u_{max} \left(1 - \frac{r^2}{r_1^2} \right)$$

유량 $Q = AV = \displaystyle\int_0^{r_1} u \cdot 2\pi r dr$

$$= \int_0^{r_1} 2\pi \cdot u_{max} \left(1 - \frac{r^2}{r_1^2} \right) \cdot r dr$$

$$= 2\pi \cdot u_{max} \left[\frac{r^2}{2} - \frac{r^2}{4 r_1^2} \right]_0^{r_1}$$

$$= \frac{1}{2} \pi \cdot u_{max} \cdot r_1^2$$

$$\therefore V = \frac{1}{2} \cdot u_{max}$$

② 운동에너지 수정계수(α)

$$\alpha = \frac{1}{A V^2} \int_0^{r_1} u_{max}{}^3 \left(1 - \frac{r^2}{r_1^2} \right) \cdot 2\pi r \cdot dr$$

$$= \frac{8}{\pi r_1^2 \cdot u_{max}} \cdot 2\pi u_{max}{}^3 \int_0^{r_1} \left(1 - 3 \cdot \frac{r^2}{r_1^2} + 3 \cdot \frac{r^4}{r_1^4} - \frac{r^6}{r_1^6} \right) r \cdot dr$$

$$= \frac{16}{r_1^2} \left[\frac{r^2}{2} - \frac{3}{4} \cdot \frac{r^4}{r_1^2} + \frac{1}{2} \cdot \frac{r^6}{r_1^4} - \frac{r^8}{8 r_1^6} \right]_0^{r_1} = 2$$

수정계수 $\alpha = 2$인 경우는 층류일 때이며, 실제로 층류의 속도분포는 포물선 분포이다.

③ 베르누이 방정식에서

$$p_2 = p_1 \frac{\rho(V_1^2 - V_2^2)}{2}$$

$$= (75 \times 10^3) + \frac{1000}{2}(V_1^2 - 16V_1^2)$$

$$= (75 \times 10^3) - \frac{1}{2} \times 1000 \times 15 \times 2^2$$

$$= 45000 \, \text{N/m}^2 = 45 \, \text{kPa}$$

수정계수를 적용하면,

$$\alpha \frac{V_1^2}{2g} + \frac{p_1}{\gamma} = \alpha \frac{V_2^2}{2g} + \frac{p_2}{\gamma}, \ \alpha = 2$$

$$\therefore \ p_2 = p_1 + \rho(V_1^2 - V_2^2)$$

$$= (75 \times 1000) - 60 \times 1000$$

$$= 15 \times 10^3 \, \text{N/m}^2 = 15 \, \text{kPa}$$

4-3 운동량 방정식의 응용

(1) 축소관에 미치는 힘

그림 4-2와 같이 관로의 단면적이 A_1에서 A_2로 점차 감소할 때 관 속을 유동하는 유체의 운동량의 변화로 인하여 원추형 벽에 힘 F가 작용하게 된다.

$$p_1 A_1 - p_2 A_2 - F_x = \rho Q(V_2 - V_1)$$

$$\therefore \ F_x = p_1 A_1 - p_2 A_2 + \rho Q(V_1 - V_2)$$

원추각을 θ라 하면 합력 F는,

$$F = F_x \cdot \cos\frac{\theta}{2}$$

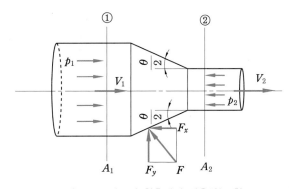

그림 4-2 관로의 원추면에 작용하는 힘

이고, 이 관이 노즐이라면 p_2는 대기압이므로 $p_2 = 0$이다. 따라서,

$$F_x = p_1 A_1 + \rho Q(V_1 - V_2)$$

가 된다. 힘 F_x는 유체의 흐름에 반대방향으로 작용하므로, 유체가 관에 미치는 힘은 유체의 흐름방향으로 작용하게 된다.

예제 2. 그림과 같이 비중이 0.85인 기름이 분출할 때 노즐에 미치는 힘을 구하시오.
(단, 관의 압력은 294 kPa이고, 유량은 50 l/s이다.)

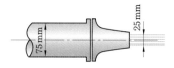

[해설] $V_1 = \dfrac{Q}{A_1} = \dfrac{0.05}{\dfrac{\pi}{4} \times 0.075^2} = 11.3 \, \text{m/s}$

$V_2 = \dfrac{Q}{A_2} = \dfrac{0.05}{\dfrac{\pi}{4} \times 0.025^2} = 101.8 \, \text{m/s}$

운동량의 방정식에서 x 방향

$F_x = -\rho Q(V_2 - V_1) + p_1 A_1$

$\quad = -0.85 \times 1000 \times 0.05 \times (101.8 - 11.3) + 294000 \times \dfrac{\pi}{4} \times 0.075^2 = -2548 \, \text{N}$

따라서, 유체와 노즐에 작용하는 힘은 2548 N으로 반대방향이다.

(2) 곡관(曲管)에 작용하는 힘

유체가 관에 미치는 힘은 작용과 반작용의 원리에 의하여 유체가 관으로부터 받는 외력(外力)과 크기가 같고 방향이 반대이다. 따라서, 운동량 방정식에 의하여 힘의 크기와 방향을 구해 보면 다음과 같다.

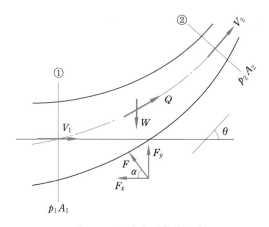

그림 4-3　곡관에 작용하는 힘

그림 4-3과 같이 평면상의 곡관에 정상류 비압축성 유체가 흐르고 있을 때 단면 ①과 ② 사이의 검사체적에 대한 운동량 방정식은 유체가 관의 벽면으로부터 받는 외력을 F_x, F_y라 하면,

$$p_1 A_1 - p_2 A_2 \cdot \cos\theta - F_x = \rho Q(V_2 \cdot \cos\theta - V_1)$$

$$F_y - W - P_2 A_2 \cdot \sin\theta = \rho Q(V_2 \cdot \sin\theta - 0)$$

이 되며, 합력 F와 F의 작용방향은 다음과 같이 구할 수 있다.

$$F = \sqrt{F_x^2 + F_y^2}, \qquad \alpha = \tan^{-1}\frac{F_y}{F_x}$$

예제 3. 안지름 150 mm의 90° 엘보에 물이 980 kPa로 가압된 상태에서 흐르지 않고 있다. 이 엘보를 유지하는 데 필요한 힘을 구하시오.(단, 물과 엘보의 무게는 무시한다.)

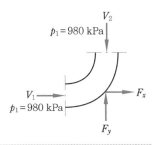

해설 $\sum F = \rho Q(V_2 - V_1)$에서 속도의 변화는 $V_2 - V_1 = 0$이므로

$$9800 \times \frac{\pi}{4} \times 15^2 + F_x = 0$$

$$-9800 \times \frac{\pi}{4} \times 15^2 + F_y = 0$$

$$F_x = -1766.25 \text{ kg} = 1766.25 \text{ kg}, \quad F_y = 1766.25 \text{ kg}$$

$$\therefore F = \sqrt{F_x^2 + F_y^2} = 2497.5 \text{ kg}$$

(3) 분류(噴流, jet)가 평판(平板, plate)에 작용하는 힘

① 경사진 고정 평판에 작용하는 힘 : 그림 4-4와 같이 분류가 경사진 평판에 부딪치고 있을 때 분산된 유량 Q_1, Q_2와 평판이 유체에 미치는 힘을 구할 수 있다.

운동량 변화를 평판에 평행인 S방향과 평판에 수직인 N방향으로 분해하여 생각하면 마찰을 무시했을 때 S방향의 외력은 0이다.

$$\sum F_x = (\rho Q_1 V_0 - \rho Q_2 V_0) - \rho Q_0 V_0 \cdot \cos\theta = 0$$

정리하면,

$$Q_1 - Q_2 = Q_0 \cdot \cos\theta$$

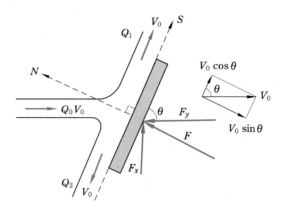

그림 4-4   경사 평판에 작용하는 힘

연속방정식에 의하여,

$$Q_1 + Q_2 = Q_0$$

위의 두 식을 연립으로 풀면,

$$Q_1 = \frac{1}{2} Q_0 (1 + \cos\theta)$$

$$Q_2 = \frac{1}{2} Q_0 (1 - \cos\theta)$$

N 방향의 운동량변화는 N 방향의 외력에 의하므로 평판에 수직으로 작용하는 힘 F는

$$F = -\rho Q_0 (V_0 \cdot \sin\theta) = \rho Q_0 V_0 \cdot \sin\theta$$

이고, 분력 F_x, F_y 는

$$F_x = F \cdot \sin\theta = \rho Q_0 V_0 \cdot \sin^2\theta$$

$$F_y = F \cdot \cos\theta = \rho Q_0 V_0 \cdot \sin\theta \cdot \cos\theta$$

가 된다.

② 수직한 고정 평판에 작용하는 힘 : 수직한 평판의 경우는 경사진 고정판의 경사각 $\theta = 90°$일 때로서, $F_x = F = \rho Q V$, $F_y = 0$이 된다.

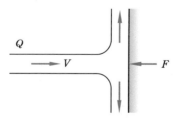

그림 4-5   고정 평판에 수직으로 작용하는 힘

③ 움직이는 평판에 수직으로 작용하는 힘 : 그림 4-6과 같이 평판이 분류의 방향으로 u 의 속도로 움직일 때 분류가 평판에 충돌하는 속도는 분류의 속도 V에서 평판의 속도 u 를 뺀 값, 즉 평판에 대한 분류의 상대속도이다.

$$F = \rho\, Q\,(V-u) = \rho A\,(V-u)^2$$

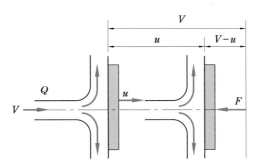

그림 4-6 움직이는 평판에 수직으로 작용하는 힘

예제 4. 그림과 같이 지름 5 cm인 분류가 30 m/s의 속도로 고정된 평판에 30°의 경사를 이루면서 충돌하고 있다. 분류는 물로서 비중량이 9800 N/m³일 때 판에 작용하는 힘 F(kg)를 구하시오. 또 평판에 작용하는 힘의 분류성분 F_j와 분량의 Q_1, Q_2를 구하시오.

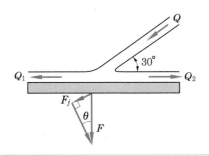

해설 ① 물의 밀도

$$\rho = \frac{\gamma}{g} = \frac{9800}{9.8} = 1000 \text{ N} \cdot \text{s}^2/\text{m}^4$$

분류가 평판에 충돌하기 전후에 있어서 운동량법칙을 적용하고 판에 수직인 방향의 힘만 고려하면,

$$\sum F_y = -F = \rho\, Q(V_{2y} - V_{1y}\sin\theta)$$

$$\therefore\ F = \rho\, Q(V_{1y}\sin\theta - V_{2y})$$

$$= 1000 \times \frac{\pi}{4} \times 0.05^2 \times 30\,(30\sin 30° - 0)$$

$$\fallingdotseq 883\,\text{N}$$

② $F_j = F\sin\theta = \rho\, Q V_{1y}\sin^2\theta = 1000 \times \frac{\pi}{4} \times 0.05^2 \times 30^2 \times (\sin 30)^2 = 441.6\,\text{N}$

③ 전체 유량 $Q = \dfrac{\pi}{4} \times 0.05^2 \times 30 ≒ 0.059 \text{ m}^3/\text{s}$

$$Q_1 = \frac{Q}{2}(1 + \cos\theta) = \frac{0.059}{2} \times (1 + \cos 30°) ≒ 0.055 \text{ m}^3/\text{s}$$

$$Q_2 = \frac{Q}{2}(1 - \cos\theta) = \frac{0.059}{2} \times (1 - \cos 30°) ≒ 0.004 \text{ m}^3/\text{s}$$

(4) 분류(jet)가 곡면에 작용하는 힘

① 고정 곡면(고정날개, vane)에 작용하는 힘 : 오리피스(orifice)나 노즐에 분사되는 유체가 날개면에 부딪치면 방향이 바뀌어져 날개면에 접(接)하여 흐른다. 유체의 방향이 변하였다면 외력의 작용이 있는 것이므로, 운동량 방정식을 적용하게 되는데, 여기에는 문제 해결의 간략화를 위하여 다음과 같은 가정이 일반적으로 통용된다.

㈎ 벽면과 분류 사이의 마찰은 무시한다.

㈏ 유체의 자중(自重)은 무시한다(위치 에너지).

㈐ 정상류에서 분류 단면적의 크기는 일정하다.

㈑ 분류 정압(靜壓)은 대기압과 같다.

그림 4-7과 같이 입구 분류 방향으로 x 축을 잡고 출구 분류 방향이 x 축과 θ 각을 이루고 있다면, 정압과 자중(W)에 의한 힘은 없으므로 외력은 곡면으로부터 받는 외력 F뿐이다.

힘 F의 x와 y 방향의 분력을 F_x, F_y라고 하면,

$$\sum F_x = -F_x = -\rho Q(V_1 - V_2 \cdot \cos\theta)$$
$$\sum F_y = F_y = \rho Q V_2 \cdot \sin\theta$$

입구, 출구의 속도 V_1과 V_2가 같으므로 $V_1 = V_2 = V$에서,

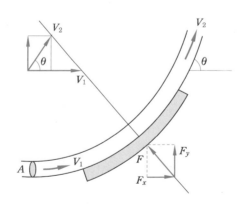

그림 4-7 고정날개에 작용하는 힘

$$F_x = \rho Q V (1 - \cos\theta)$$

$$F_y = \rho Q \cdot V \cdot \sin\theta$$

② 움직이는 곡면(가동날개)에 작용하는 힘 : 터빈이나 펌프는 움직이는 날개(moving vane)와 유체의 운동량 변화에 의해서 동력 교환이 이루어지고 있는 경우이다.

운동량 방정식은 그림 4-8 (b)에서 보는 바와 같이 정상류에서

$$\sum F_x = - F_x = - \rho Q (V_{x1} - V_{x2})$$

$$F_x = \rho Q (u_{x1} - u_{x2})$$

$$= \rho Q \{ (V_1 - u) - (V_2 - u) \cdot \cos\theta \}$$

$$= \rho Q \{ (V_1 - V_2 \cdot \cos\theta) - u (1 - \cos\theta) \}$$

$$= \rho Q (V - u)(1 - \cos\theta) \quad \leftarrow V_1 = V_2 = V$$

$$= \rho A (V - u)^2 (1 - \cos\theta) \quad \leftarrow Q = A(V - u)$$

$$\sum F_y = F_y = \rho Q (u_{y1} - u_{y2}) \quad \leftarrow u_{y1} = 0, \; u_{y2} = (V_2 - u) \cdot \sin\theta$$

$$= \rho Q (V - u) \cdot \sin\theta \quad \leftarrow V_2 = V$$

$$= \rho A (V - u)^2 \cdot \sin\theta$$

$$\therefore \; F_x = \rho A (V - u)^2 (1 - \cos\theta)$$

여기서, V_1 : 날개 입구에서의 분류의 절대속도

$\qquad$ V_2 : 날개 출구에서의 분류의 절대속도

$\qquad$ u : 날개의 이동속도

$\qquad$ $u_1, \; u_2$: 분류의 날개에 대한 입출구의 상대속도

$\qquad$ AV : 노즐에서의 분출 유량

$\qquad$ $Au_1, \; Au_2$: 날개를 거쳐 들어오고 나가는 유량

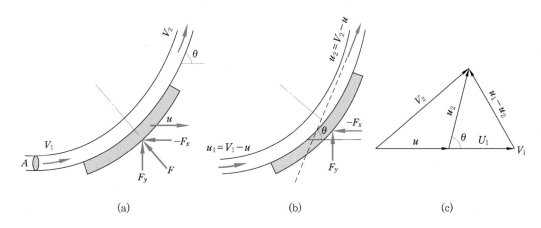

그림 4-8 이동날개에 작용하는 힘

$$F_y = \rho A (V-u)^2 \cdot \sin\theta$$

이고, 날개가 유체로부터 얻은 동력(P)은

$$P = F_x \times u = \rho A (V-u)^2 \cdot u \cdot (1-\cos\theta)$$

이며, 그림 4-8 (c)에서 벡터 선도상의 상대속도의 변화($u_2 - u_1$)와 절대속도의 변화 ($V_2 - V_1$)가 같으므로 상대속도나 절대속도 중 구하기 쉬운 쪽을 선택한다.

예제 5. 그림과 같이 $0.1\,\text{m}^3/\text{s}$의 물이 $28\,\text{m/s}$의 속도로 노즐에서 분사되어 $10\,\text{m/s}$의 속도로 움직이는 $150°$ 구부러진 날개와 부딪쳤다. 이때 날개가 갖는 동력을 구하고, 운동에너지 차와 비교하여라.

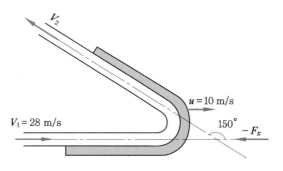

해설 ① 운동량 방정식으로부터

$$-F_x = -\rho A (V-u)^2 (1-\cos\theta) = \rho \frac{V_1}{Q} \times (V_1-u)^2 (1-\cos\theta)$$

$$\therefore F_x = 1000 \times \frac{0.1}{28} \times (28-10)^2 (1-\cos 150) = 2159.26\,\text{N}$$

동력 $P_1 = F_x \times u = 2159.26 \times 10 = 21592.6\,\text{N}\cdot\text{m/s}\,(=\text{J/s})$

② $V_2 = \sqrt{(10-18\cdot\cos 30)^2 + (18\sin 30)^2}$

$\qquad = \sqrt{(10-9\sqrt{3})^2 + 9^2}$

$\qquad = 10.594\,\text{m/s}$

$P_2 = \dfrac{1}{2}\rho Q(V_1^2 - V_2^2)$

$\qquad = \dfrac{1}{2} \times 1000 \times \left\{ \dfrac{0.1}{28} \times (28-10) \right\} \times (28^2 - 10.594^2)$

$\qquad = 21592.5\,\text{N}\cdot\text{m/s}\,(=\text{J/s})$

$\qquad = 21.5925\,\text{kW}$

날개가 갖는 동력(P_1)과 출구 유체가 갖는 동력(P_2)를 비교하면 같음을 알 수 있다. 단일 날개에서는 유량 $Q = A(V_1-u)$로 하고, 펠톤 수차와 같은 연속날개에서는 유량 $Q = AV_1$으로 한다.

(5) 프로펠러와 풍차(風車)

① 프로펠러(propeller) : 항공기, 선박 또는 축류식 유체기계의 프로펠러는 유체에 운동량의 변화를 주어 추진력 F_{th}를 발생시키는 장치이다.

그림 4-9에서 프로펠러의 상류 ①에서의 압력이 p_1, 속도가 V_1인 균일한 흐름이고 프로펠러 가까이에 이르러서는 속도가 증가하며, 압력은 감소한다. 프로펠러를 지나면 다시 압력은 증가하고 흐름의 속도도 증가되며, 흐름의 단면적이 작아져서 단면 ④에 이른다.

이것은 프로펠러가 진행되고 있는 상태이고 프로펠러 오른쪽의 유속은 V_4이다. 따라서 프로펠러의 단면 ②와 ③에서의 속도는 같다고 볼 수 있으므로 $V_2 \fallingdotseq V_3$이다.

그러나 $p_2 < p_1$, $p_3 > p_4$이고, 프로펠러로부터 멀리 떨어진 p_1과 p_4는 같으므로 $p_2 < p_3$이다.

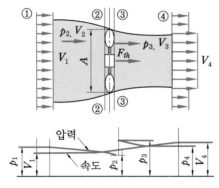

그림 4-9 프로펠러의 운동량

운동량의 원리를 단면 ①, ② 및 프로펠러의 반류(伴流, slip stream)로 둘러싸인 흐름에 적용하면 이에 미치는 힘은 프로펠러가 주는 힘뿐이다. 따라서, 추진력 F_{th}는 다음과 같다.

$$F_{th} = \rho Q(V_4 - V_1) = (p_3 - p_1)A = \rho A V(V_4 - V_1)$$

단면 ①과 ②, ③과 ④에 베르누이 방정식을 적용하면

$$p_1 + \rho \frac{V_1^2}{2} = p_2 + \rho \frac{V_2^2}{2}$$

$$p_3 + \rho \frac{V_3^2}{2} = p_4 + \rho \frac{V_4^2}{2}$$

와 같고, 이 두 식을 정리하면 다음과 같다.

$$p_3 - p_2 = \frac{1}{2}\rho(V_4^2 - V_1^2)$$

$$\therefore \text{ 평균유속 } V = \frac{V_1 + V_4}{2}$$

프로펠러로부터 얻어지는 출력 P_o은 추력 F_{th}에 프로펠러의 전진속도 V_1을 곱한 것과 같으므로

$$P_o = F_{th}V_1 = \rho Q(V_4 - V_1)V_1$$

또한 입력 P_i는 유속 V_1을 V_4로 계속적으로 증가시키기 위한 동력이므로

$$P_i = \frac{1}{2}\rho Q(V_4^2 - V_1^2) = \frac{\rho Q}{2}(V_4 + V_1)(V_4 - V_1) = \rho Q V(V_4 - V_1)$$

따라서 프로펠러의 효율 η은 다음과 같다.

$$\eta = \frac{P_o}{P_i} = \frac{V_1}{V}$$

② 풍차 : 프로펠러와 풍차는 비슷한 점이 많으나 그 목적은 정반대이다. 즉, 프로펠러는 주로 기계적인 에너지를 주어 추력이나 추진력을 얻는 데 목적이 있는 반면, 풍차는 바람에서 기계적인 에너지를 얻는 데 그 목적이 있다.

$$\text{평균유속 } V = \frac{V_1 + V_4}{2}$$

$$\text{출력 } P_o = \frac{1}{2}\rho Q(V_1^2 - V_4^2)$$

$$= \frac{1}{2}\rho A V(V_1^2 - V_4^2)$$

$$\text{입력 } P_i = \frac{1}{2}\rho Q V_1^2 = \frac{1}{2}\rho A V_1^3$$

$$\therefore \text{ 효율}(\eta) = \frac{P_o}{P_i} = \frac{V(V_1^2 - V_4^2)}{V_1^3}$$

$$= \frac{(V_1 + V_4)(V_1^2 - V_4^2)}{2V_1^3}$$

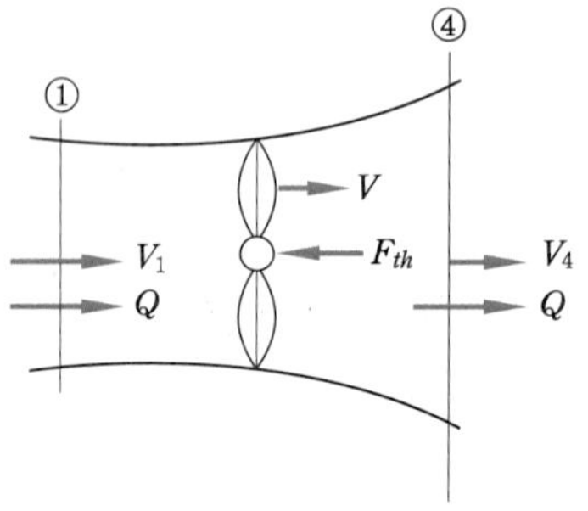

그림 4-10 풍차

최대 효율은 $\frac{V_4}{V_1}$에 대하여 미분하여 0으로 놓으면 $\frac{V_4}{V_1} = \frac{1}{3}$일 때 59.3%가 된다. 이때 실제 풍차의 최고 효율은 50% 전후이며, 전통적인 네덜란드의 풍차는 약 5%의 효율이라고 한다.

예제 6. 나사 프로펠러(screw propeller)로 추진되는 배가 5 m/s의 속도로 달릴 때 프로펠러의 후류속도는 6 m/s이다. 프로펠러의 지름이 1 m일 때 이 배의 추력(N)을 구하시오.

해설 항공기의 프로펠러에 적용했던 식들은 그대로 이용할 수 있다.

$V_1 = 5\,\mathrm{m/s}$이고 후류(後流)의 속도가 $6\,\mathrm{m/s}$이므로 이동하는 배를 기준으로 할 때 $V_4 = 6 + 5 = 11\,\mathrm{m/s}$임을 알 수 있다.

따라서, 평균속도는

$$V = \frac{V_1 + V_4}{2} = \frac{5 + 11}{2} = 8\,\mathrm{m/s}$$

$$Q = \frac{\pi}{4} \times 1^2 \times 8 = 6.28\,\mathrm{m^3/s}$$

추력 $F_{th} = \rho Q(V_4 - V_1) = 1000 \times 6.28 \times (11 - 5)$
$$= 37860\,\mathrm{N} = 37.86\,\mathrm{kN}$$

예제 7. 예제 6에서 이 배의 이론 추진효율을 구하시오.

해설 $\eta_{th} = \dfrac{2V_1}{V_1 + V_4} = \dfrac{2 \times 5}{5 + 11} = 0.625$
$$= 62.5\,\%$$

(6) 분사추진

탱크에 붙어있는 노즐에 의한 분사추진은 그림 4-11과 같다.

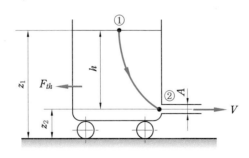

그림 4-11 분사추진

① 탱크에 붙어 있는 노즐에 의한 추진

분류의 속도 $V = C_c\sqrt{2gh}$

추력 $F_{th} = \rho Q V$ (단, $Q = C_c A V$)
$$= \rho(C_c A\sqrt{2gh})(C_v\sqrt{2gh})$$
$$= 2\gamma CAh \ (C = C_c \times C_v)$$

이며, 노즐의 경우 $C = 1$이므로 $F_{th} = 2\gamma Ah$, 즉 탱크는 분류에 의하여 노즐의 면적에 작용하는 정수압의 2배와 같은 힘을 받는다.

② 제트 추진 : 공기가 흡입구에서 V_1의 속도로 흡입되어 압축기에서 압축되고, 연소실에 들어가 연료와 같이 연소되어 팽창된다. 이때 팽창된 가스는 고속도 V_2로 노즐을 통하여 공기 속으로 분출된다.

정지하고 있는 유체 속에서 움직이는 물체의 속도가 V_1이면 물체에 대한 정지 유체의 상대속도의 크기도 V_1이다. 유체가 물체를 통과하면서 상대속도가 V_1에서 V_2로 증가하였다면, 유체가 물체에 미치는 추력(推力, thrust)과 물체의 추진동력은

$$F_{th} = \rho\, Q(V_2 - V_1) = \rho\, Q V$$

여기서, V : 유체의 절대속도

$$P = F_{th} \times V_1 = \rho\, Q(V_2 - V_1) \cdot V_1$$

이고, 비행기의 경우 분류의 자체 연료가 포함되어 연료의 운동량을 고려한다면 추력은

$$F_{th} = \rho\, Q(V_2 - V_1) + \rho_f\, Q_f\, V_2$$

여기서, $\rho_f\, Q_f$: 연료의 질량유량

기계적 이론효율 η는 다음 식과 같다.

$$\eta = \frac{\text{출력 } P_o}{\text{입력 } P_i} = \frac{\text{추진동력}}{\text{추진동력} + \text{손실}}$$

$$= \frac{P_o}{P_o + \mathrm{loss}} = \frac{F_{th}\, V_1}{F_{th}\, V_1 + \dfrac{1}{2}\rho\, Q V^2}$$

$$= \frac{1}{1 + \dfrac{V}{2\, V_1}}$$

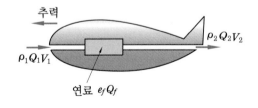

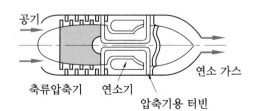

그림 4-12 터보 제트 추진의 원리

③ 로켓 추진 : 로켓은 대기연료와 혼합하여 연소시킬 수 있는 산화제를 가지고 있어, 로켓이 운동해 가는 영역의 매개 유체와는 관계없이 추진력을 자체적으로 발생시킨다.

추진력 $F_{th} = \rho\,Q\,V = m\,V$

그림 4-13 로켓 추진

예제 8. 제트 엔진이 200 m/s로 비행하여 200 N/s의 연료를 소비한다. 4 kN의 추진력을 만들 때 배출되는 가스의 속도를 구하시오.

해설 $F_{th} = \rho\,Q(V_g - V_j)$

$$V_g = \frac{Fg}{m} + V_j = \frac{4000 \times 9.8}{200} + 200 = 396.2\ \mathrm{m/s}$$

예제 9. 무게 30 kN의 로켓이 400 N/s의 연소 가스를 1200 m/s의 속도로 분출할 때 추력(N)을 구하시오.

해설 $F_{th} = \rho\,QV = \dfrac{400}{9.8} \times 1200 ≒ 48929\ \mathrm{N}$

예제 10. 그림과 같은 제트 추진식 보트에서 추진효율이 최대가 되는 경우를 구하시오.

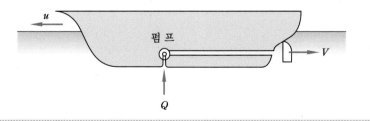

해설 보트의 전진속도를 u, 제트의 보트에 대한 속도를 V라고 할 때 보트의 추력 F_{th}는 운동량의 원리로부터

$$F_{th} = \rho Q(V-u) = \rho A V(V-u)$$

여기서, A : 물 제트의 단면적

보트의 전진속도가 u 이므로

$$P = F_{th}u = \rho A V(V-u)u$$

또한 보트에 대한 입력 $P_i = \rho Q \dfrac{V^2}{2}$ 가 되므로

효율 $\eta = \dfrac{P_o}{P_i} = \dfrac{\rho A V(V-u)u}{\rho A V \dfrac{V^2}{2}} = \dfrac{2(V-u)u}{V^2}$

η_{max} 을 구하기 위하여 $\dfrac{d\eta}{du} = 0$ 에서 u 를 계산하면 $u = \dfrac{V}{2}$ 가 된다.

$$\therefore \ \eta_{max} = \dfrac{2\left(V - \dfrac{V}{2}\right) \times \dfrac{V}{2}}{V^2} = \dfrac{1}{2} = 50\,\%$$

(7) 각운동량(角運動量)

고정날개에서는 동력의 교환이 일어날 수 없으며 이동날개, 즉 회전심 유체기계의 날개와 분류 사이의 운동량 변화에 따라 동력의 변환이 생긴다. 날개가 회전운동을 하고 있을 때는 운동량 방정식에 의한 힘의 작용은 회전 중심으로부터의 거리에 따라 회전력의 크기가 다르므로, 미소 운동량 변화에 의한 접선방향의 힘에 반지름을 곱하여 회전력을 구할 수 있다.

그림 4-14에서 질량 m 에 힘 F 가 가해지고 원주속도를 V 라고 하면,

$$F_x = m \cdot \dfrac{d^2x}{dt^2} \ (=ma_x)$$

$$F_y = m \cdot \dfrac{d^2y}{dt^2} \ (=ma_y)$$

이며, 원점을 중심으로 한 회전모멘트 T 는

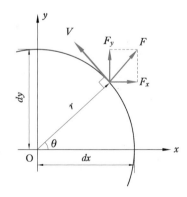

그림 4-14 운동량 모멘트

$$T = x \cdot F_y - y \cdot F_y$$

$$= m \cdot x \cdot \frac{d^2 y}{dt^2} - m \cdot y \cdot \frac{d^2 x}{dt^2}$$

$$= m \frac{d}{dt} \left(x \cdot \frac{dy}{dt} - y \cdot \frac{dx}{dt} \right)$$

가 되며, $x = r \cdot \cos\theta,\ y = r \cdot \sin\theta$ 라면, 위의 식은 다음과 같이 된다.

$$T = m \frac{d}{dt} \left[(r \cdot \cos\theta) \cdot \left(r\cos\theta \frac{d\theta}{dt} \right) - (r \cdot \sin\theta) \left(-r\sin\theta \cdot \frac{d\theta}{dt} \right) \right]$$

$$= m \cdot \frac{d}{dt} \left(r^2 \frac{d\theta}{dt} \right) = m \cdot \frac{d}{dt} (r \cdot V) \quad \leftarrow \left(V = r \cdot \frac{d\theta}{dt} \right)$$

$$\therefore\ T = \frac{d}{dt}(mrV)$$

그림 4-15와 같이 회전하면서 유출되는 정상류에 대하여, 각운동량 모멘트 T는

$$T = (2\pi r_2 V_{2r}\, dt) \cdot \rho_2 \cdot r_2\, V_{2t} - (2\pi r_1\, V_{1r}\, dt) \cdot \rho_1 \cdot r_1 \cdot V_{1t}$$

여기서, V_{1r}, V_{2r} : 반지름 r_1, r_2에서 반지름 방향의 속도 성분

V_{1t}, V_{2t} : 반지름 r_1, r_2에서 원주 방향의 속도 성분

$T = \frac{d}{dt} \cdot mrV$이므로, 위의 식은 다음과 같이 쓸 수 있다.

$$T = (2\pi r_2\, V_{2r} \cdot \rho_2) \cdot r_2 \cdot V_{2t} - (2\pi r_1\, V_{1r} \cdot \rho_1) \cdot r_1 \cdot V_{1t}$$

연속방정식에 의하여 $m_1 = m_2$ 이므로,

$$\rho_2 (2\pi r_2) \cdot V_{2r} = \rho_1 (2\pi r_1) \cdot V_{1r} = \rho\, Q = 일정$$

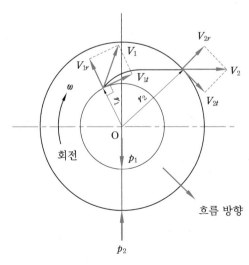

그림 4-15 운동량 모멘트 변화 (펌프)

$$\therefore \ T = \rho Q \cdot r_2 V_{2t} - \rho Q \cdot r_1 \cdot V_{1t}$$
$$= \rho Q (r_2 V_{2t} - r_1 V_{1t})$$

이 식은 유체가 흐르면서 운동량이 증가되는 경우이며, 펌프에 대한 식이다.

터빈에 대해서는 운동량이 감소하는 경우로서, 운동량 모멘트의 식은 다음과 같이 된다.

$$T = \rho Q (r_1 \cdot V_{1t} - r_2 \cdot V_{2t})$$

동력 $P = T \cdot \omega = \gamma Q E_P$

펌프의 에너지 수두 $E_P = \dfrac{\omega}{g} (r_2 V_{2t} - r_1 V_{1t})$

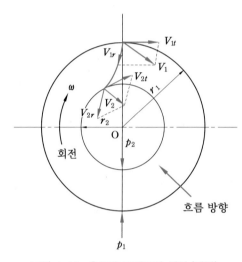

그림 4-16 운동량 모멘트의 변화 (터빈)

예제 11. 그림과 같은 스프링클러(sprinkler)의 두 노즐로부터 $0.36\ l/s$의 물이 분출되고 있다. 노즐의 단면적은 $1.8\ \mathrm{cm}^2$이며, 기계적 손실을 무시할 때 스프링클러의 각속도를 구하시오.

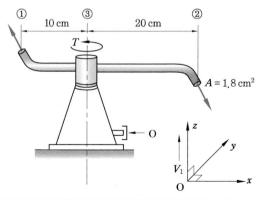

해설 • 단면 ③에서의 물 속도는 x, y 방향의 속도 성분을 갖지 않는다.

• 살수기는 회전력을 갖지 않고 있으므로, 운동량 모멘트는 0이다.

• 출구에서 물의 절대속도에 대한 운동량 모멘트의 합도 0이어야 한다.

• V_{1t}, V_{2t}는 ①, ②에서의 원주방향의 절대속도, V_{1r}, V_{2r}은 노즐 ①, ②의 출구에 대한 원주방향의 상대속도이다.

$$\therefore \ V_{1t} = V_{1r} - r_1 \omega = \frac{0.36 \times 10^{-3}}{1.8 \times 10^{-4}} - 0.2\omega = 2 - 0.2\omega$$

$$V_{2t} = V_{2r} - r_2 \omega = \frac{0.36 \times 10^{-3}}{1.8 \times 10^{-4}} - 0.1\omega = 2 - 0.1\omega$$

운동량 모멘트의 합 : $\rho Q (r_1 V_{1t} + r_2 V_{2t}) = 0, \ \rho Q \neq 0$

$$\therefore \ r_1 V_{1t} + r_2 V_{2t} = 0$$

$$0.2 \times (2 - 0.2\omega) + 0.1 \times (2 - 0.1\omega) = 0$$

$$\therefore \ \omega = 12 \ \text{rad/s}$$

예제 12. 그림에서 4개의 노즐은 모두 같은 지름인 2.5 cm를 가지고 있다. 각 노즐에서의 유량이 0.007 m³/s의 물이 분출되고 터빈의 회전수가 100 rpm일 때 여기에서 얻어지는 동력을 구하시오.

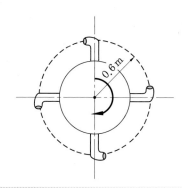

해설 분출속도 $V = \dfrac{Q}{A} = \dfrac{0.007}{\dfrac{\pi}{4} \times 0.025^2} = 14.26 \ \text{m/s}$

각속도 $\omega = \dfrac{2\pi N}{60} = \dfrac{2\pi \times 100}{60} = \dfrac{10}{3}\pi \ (\text{rad/s})$

동력 $P = T\omega = (\rho QV \cdot r) \cdot \omega \times 4$

$$= 1000 \times 0.007 \times 14.26 \times 0.6 \times \frac{10}{3}\pi \times 4$$

$$= 2507.5 \ \text{N} \cdot \text{m/s} = 2.5075 \ \text{kW}$$

$$= 3.41 \ \text{PS}$$

∽ 연습문제 ∾

1. 운동량 방정식 $\sum F = \rho Q(V_2 - V_1)$을 적용할 수 있는 경우를 설명하시오.

2. 안지름이 30 mm인 수평으로 놓인 곧은 관 속에 물이 흐르고 있다. 단면 ①과 ②에 장치된 시차액주계의 읽음이 1000 mmHg일 때 관벽에 의한 마찰력을 구하시오.

3. 지름이 200 mm인 곧은 관에서 비중이 0.85인 기름이 흐르고 있을 때 단면 1, 2에 설치한 시차압력은 500 mmHg이었다. 이 단면 사이의 마찰력을 구하시오.

4. 다음 그림과 같은 관속을 유량 $0.01 \, \text{m}^3/\text{s}$의 물이 흐른다. 단면 ①의 지름이 50 mm, 압력이 294 kPa, 단면 ②의 지름이 30 mm일 때 단면의 축소면에 미치는 힘(N)을 구하시오.

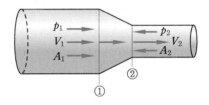

5. 지름이 5 cm인 소방 노즐에서 물 제트가 40 m/s의 속도로 건물벽에 수직으로 충돌하고 있다. 벽이 받는 힘을 구하시오.

6. 지름 5 cm인 원형 노즐에서 매초 $0.1 \, \text{m}^3$의 물을 수평으로 분출하고 있다. 이때 추력(N)을 구하시오.

7. 지름이 2.54 cm인 물 제트가 평판에 수직으로 충돌하여 710.5 N의 힘을 평판에 유발시켰다. 이때 물 제트의 유량을 구하시오.

8. 다음 그림과 같이 비중이 0.9인 기름이 평판에 수직으로 충돌한다. 분류의 지름이 10 cm, 속도가 10 m/s일 때 평판을 지지하는 데 필요한 힘(N)을 구하시오.

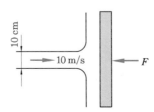

9. 다음 그림과 같이 10 m/s의 속도로 이동하고 있는 평판에 유량이 0.628 m³/s로 충돌할 때 평면에 작용하는 힘을 구하시오.(단, 제트 지름은 200 mm이다.)

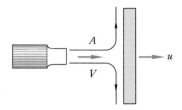

10. 고정된 또는 운동하는 것에 의해서 굽혀진 분류의 유동을 해석하는 데 대한 옳은 가정을 다음 표에서 고르시오.

> ① 분류의 운동량은 변화하지 않는다.
> ② 깃에 따라 절대속도는 변화하지 않는다.
> ③ 유체의 충격 없이 깃으로 유동한다.
> ④ 노즐에서의 유동은 변화하지 않는다.
> ⑤ 분류의 단면적은 변화하지 않는다.
> ⑥ 분류와 깃 사이의 마찰은 무시하였다.
> ⑦ 분류는 속도 없이 떠난다.
> ⑧ 깃에 접촉하기 전과 후에 분류의 단면적에서의 속도는 균일하다.

11. 다음 그림과 같이 유량 Q인 분류가 작은 판에 수직으로 부딪쳐 분류가 θ로 2등분되어 나갈 때 판을 고정시키는 데 필요한 힘 F_x를 구하시오.

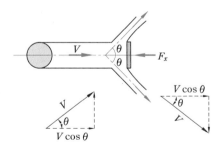

12. 지름 5 cm, 분류속도 20 m/s인 물이 단일 이동날개에 충돌할 때 단위시간당 운동량 변화를 일으키는 질량유량은 100 kg/s이다. 이때 단일 이동날개의 이동속도(m/s)를 구하시오.

13. 물 제트가 다음 그림과 같은 고정된 날개에 충돌하고 있다. 제트의 유량이 0.06 m³/s이고, 속도가 45 m/s이며, 날개의 각도가 135°일 때 고정 날개에 작용되는 힘을 구하시오.

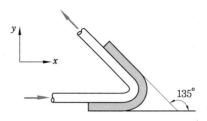

14. 지름 10 cm의 분류가 속도 50 m/s로서 25 m/s로 이동하는 곡면판에 다음 그림과 같이 충돌하였다. 이때의 충격력(kgf)을 구하시오.

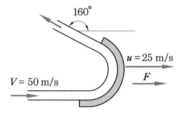

15. 절대속도가 20 m/s, 날개각이 150°인 분류가 10 m/s의 속도로 분류 방향으로 이동하고 있는 날개에 유입되고 있다. 분류가 날개를 유출하는 순간에 갖는 절대속도의 분류 방향 성분 V_x(m/s)과 그것에 수직 방향 성분 V_y(m/s)을 각각 구하시오.

16. 다음 그림과 같이 60 m/s인 물 분류가 15 m/s로 움직이는 날개에 부딪쳐 얻어진 동력이 135 kW라 할 때 날개각 α를 구하시오.(단, 분류의 지름은 60 mm이다.)

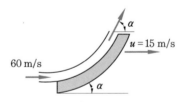

17. 다음 그림과 같은 원추를 유지하는 데 필요한 힘(N)을 구하시오.(단, 원추의 무게는 무시한다.)

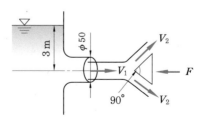

18. 속도가 30 m/s인 제트가 제트와 같은 방향으로 제트의 1/2 속도로 이동하고 있는 한 개의 날개에 부딪치고 있다. 제트와 날개 사이에는 마찰이 없고 날개의 각도는 150°일 때 날개에 미치는 합력의 크기를 구하시오.(단, 제트의 지름은 100 mm이다.)

19. 지름이 2 m인 펠톤 수차가 제트에서 60 m/s의 속도로 분출되는 물에 의하여 250 rpm으로 회전하고 있을 때 수차의 동력(PS)을 구하시오.(단, 제트의 지름은 50 mm이고, 날개의 각은 150°이다.)

20. 지름이 30 mm인 공기 분류가 터빈 회전차에 붙어 있는 베인열에 그림과 같이 분사되고 있다. 이 공기 분류에 의해서 얻어지는 동력(kW)을 구하시오.(단, 공기의 비중량 $\gamma = 12.6 \text{ N/m}^3$)

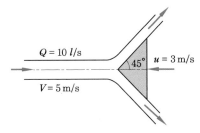

21. 다음 그림과 같은 물체가 물 제트 속을 3 m/s의 속도로 거슬러 올라가고 있다. 이때 물 제트의 유량과 속도가 각각 10 l/s, 5 m/s일 때 물체가 받는 힘을 구하시오.

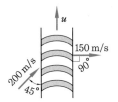

22. 1120 km/h로 비행하는 분사추진 비행기의 공기 흡입량은 75 kgf/s이고, 연료의 연소 기체의 질량은 1.35 kg/s이었다. 추진력이 35280 N일 때 분사속도(m/s)를 구하시오.

23. 다음 그림과 같은 물 제트가 고정 평판 θ의 각도로서 충돌하여 마찰없이 상하로 흘러가고 있다. 평판이 물 제트 방향으로 받게 되는 힘 F_0를 구하시오.

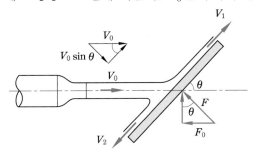

24. 원주 방향으로 연속날개가 부착되어 있는 충격 터빈에서 동력이 최대로 되는 경우에 대하여 설명하시오.

25. 다음 그림과 같은 펠톤 수차의 러너의 원주 방향으로 연속적으로 달려 있는 날개에 액체 제트가 충돌하고 있다. 제트의 속도를 V_0, 날개의 원주 속도를 u, 날개의 각을 θ 라고 할 때 최대동력 P를 구하시오.

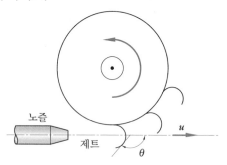

26. 다음 그림과 같이 안지름 200 mm인 엘보에 0.28 m^3/s의 물이 흐를 때 엘보에 미치는 힘(N)을 구하시오.(단, 압력은 196 kPa로서 각 단면에서 일정하고 물과 엘보의 무게는 무시한다.)

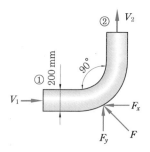

27. 다음 그림과 같이 180° 구부러진 관에 물이 흐르고 있다. 플랜지 볼트에 걸리는 힘을 구하시오.

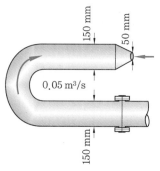

28. 다음 그림과 같이 지름 20 cm인 원관 속을 물이 0.3 m³/s로 흐르고 있다. 관 입구와 출구에서의 게이지 압력이 117.6 kPa일 때 이 관을 지지하는 데 필요한 힘을 구하시오.

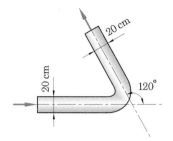

29. 시속 800 km의 속도로 날고 있는 제트기가 있다. 이 제트기의 배기의 배출 속도가 300 m/s이고 공기의 흡입량이 26 kgf/s일 때 제트기의 추력(N)을 구하시오.(단, 배기에는 연소가스가 2.5 % 증가되고 있다.)

30. 다음 그림과 같은 모터 보트가 2 m/s로 흐르는 강물에 대하여 10 m/s로 거슬러 올라가고 있다. 이 배는 앞부분에서 물을 흡입하여 뒤쪽의 단면적 0.01 m²인 노즐을 통하여 0.2 m³/s로 물을 배출한다면, 발생되는 추진력은 몇 N인지 구하시오. (단, 물의 비중량은 9800 N/m³이다.)

31. 매시 400 km로 나는 항공기에서 프로펠러가 방출하는 공기량은 465 m³/s이다. 이때 프로펠러 비행기의 추진동력(PS)을 구하시오.(단, 프로펠러의 지름은 2.1 m이다.)

32. 풍차에서 마찰저항을 무시하는 경우 최대효율을 구하시오.

33. 매시 200 km로 나는 항공기가 지름 3 m인 프로펠러로부터 500 m³/s의 공기를 방출한다. 공기의 비중량이 13.72 N/m³일 때 추력(N)을 구하시오.

연습문제 풀이

1. 운동량 법칙을 이용하여 식 $\sum F = \rho Q(V_2 - V_1)$ 을 유도하는 데 다음과 같은 가정이 필요하다.
① 비압축성 유체
② 정상류
③ 유관의 양 끝 단면에서 속도가 균일하다.

2. 시차액주계로부터 두 단면 사이의 압력차를 계산하면
$$p_1 + \gamma_w h_1 = p_2 + \gamma_s h_2$$
$$p_1 - p_2 = \gamma_s h_2 - \gamma_w h_1$$
$$= 13.6 \times 9800 \times 1 - 9800 \times 1$$
$$= 123480 \text{ N/m}^2$$
마찰력을 F_f라고 하고 두 단면 사이에 운동량 방정식을 적용하면
$$p_1 A - p_2 A - F_f = \rho Q(V_2 - V_1)$$
곧은 관이므로 $V_1 = V_2$
$$\therefore F_f = (p_1 - p_2)A$$
$$= 123480 \times \frac{\pi}{4} \times 0.03^2 = 87.24 \text{ N}$$

3. $p_1 A - p_2 A - F_f = \rho Q(V_2 - V_1) = 0$
$$F_f = (p_1 - p_2)A = \gamma_{\text{oil}} h \left(\frac{\gamma_{\text{Hg}}}{\gamma_{\text{oil}}} - 1 \right) A$$
$$= (0.85 \times 9800) \times 0.5 \times \left(\frac{13.6}{0.85} - 1 \right)$$
$$\times \frac{\pi}{4} \times 0.2^2$$
$$= 1961.7 \text{ N}$$

4. $V_1 = \dfrac{Q}{A_1} = \dfrac{4Q}{\pi d_1^2} = \dfrac{4 \times 0.01}{\pi \times 0.05^2} = 5.1 \text{ m/s}$
$$V_2 = \frac{Q}{A_2} = \frac{4 \times Q}{\pi \times d_2^2} = \frac{4 \times 0.01}{\pi \times 0.03^2} = 14.2 \text{ m/s}$$
베르누이 방정식에서
$$\frac{p_1}{\gamma} + \frac{V_1^2}{2g} = \frac{p_2}{\gamma} + \frac{V_2^2}{2g}$$
$$\therefore p_2 = p_1 + \frac{\gamma}{2g}(V_1^2 - V_2^2)$$
$$= 294000 + \frac{9800}{2 \times 9.8}(5.1^2 - 14.2^2)$$
$$= 206185 \text{ N/m}^2$$

두 단면 사이에 운동량 방정식을 적용하면
$$\sum F_x = p_1 A_1 - p_2 A_2 - F = \rho Q(V_2 - V_1)$$
$$\therefore F = p_1 A_1 - p_2 A_2 - \rho Q(V_2 - V_1)$$
$$= 294000 \times \frac{\pi}{4} \times 0.05^2 - 206185 \times \frac{\pi}{4}$$
$$\times 0.03^2 - 1000 \times 0.01 \times (14.2 - 5.1)$$
$$= 521.365 \text{ N}$$

5. 운동량 법칙으로부터
$$F = Q \rho V = \frac{\pi}{4} \times 0.05^2 \times 40 \times 10^3 \times 40$$
$$= 3.140 \text{ kN}$$

6. $\sum F_x = -F = \rho Q(V_{2x} - V_{1x})$
$$\therefore F = \rho Q(V_{1x} - V_{2x}) = \rho Q V_{1x} = \rho \cdot \frac{Q^2}{A}$$
$$= 1000 \times \frac{0.1^2}{\frac{\pi}{4} \times 0.05^2} = 5096 \text{ N}$$

7. $F_x = Q \rho V$에서 $Q = AV = \dfrac{\pi}{4} \times 0.0254^2 V$
$F_x = 710.5$이므로
$$710.5 = \frac{\pi}{4} \times 0.0254^2 \times 1000 \times V^2$$
$$\therefore V = 37.5 \text{ m/s}$$
$$\therefore Q = AV = \frac{\pi}{4} \times 0.0254^2 \times 37.5$$
$$= 0.019 \text{ m}^3/\text{s}$$

8. 분류가 평판에 충돌하기 전과 후에 있어서 운동량 법칙을 적용하고 평판에 수직방향인 힘만 생각하면
$$\sum F_x = -F = \rho Q(V_{2x} - V_{1x}) = \rho Q(0 - V_1)$$
$$\therefore F = \rho Q V_1$$
$$= 1000 \times 0.9 \times \frac{\pi}{4} \times 0.1^2 \times 10 \times 10$$
$$= 706.5 \text{ N}$$

9. $V_1 = \dfrac{Q}{A_1} = \dfrac{0.628}{\frac{\pi}{4} \times 0.2^2} = 20 \text{ m/s}$
운동량 방정식에서 $\theta = 90°$이므로
$$F = \rho Q(V - u)(1 - \cos\theta)$$

$$= \rho A(V-u)(V-u)$$
$$= \rho A(V-u)^2$$
$$= 1000 \times \frac{\pi}{4} \times 0.2^2 \times (20-10)^2$$
$$= 3140 \text{ N}$$

10. ③, ④, ⑤, ⑥

11. x방향 운동량 방정식에서
$$-F_x = \rho Q(V_{x2} - V_{x1})$$
여기서, $V_{x2} = V\cos\theta$, $V_{x1} = V$이므로
$$F_x = \rho QV(1 - \cos\theta)$$

12. $\rho Q = 100 \text{kg/s}$, $\rho Q = \rho A(V-u)$이므로
$$u = V - \frac{100}{\rho A}$$
$$= 20 - \frac{100}{1000 \times \dfrac{\pi \times 0.05^2}{4}} = -31 \text{m/s}$$

즉, 분류와 반대방향으로 31 m/s의 속도로 이동한다.

13. 운동량의 원리로부터
x방향 ; $F_x = -\rho Q(V_{x2} - V_{x1})$
$$= -0.06 \times 103(45\cos 135° - 45)$$
$$= 4.606 \text{ kN}$$

y방향 ; $F_y = \rho Q(V_{y2} - V_{y1})$
$$= 0.06 \times 103(45\sin 135° - 0)$$
$$= 1.911 \text{ kN}$$
$$\therefore F = \sqrt{4606^2 + 1911^2} = 4.99 \text{ kN}$$

14. 날개에 대한 유체의 상대속도는
$$V - u = 50 - 25 = 25 \text{ m/s}$$
그러므로 유량은
$$Q = \frac{\pi \times 0.1^2}{4} \times 25 = 0.196 \text{ m}^3/\text{s}$$
운동량 방정식을 적용하면

$$-F_x = \rho Q(V_{x2} - V_{x1})$$
$$= 1000 \times 0.196 \times (-25\cos 20° - 25)$$
$$\therefore F_x = 9515 \text{ N}$$

15. 다음 그림과 같이 날개의 출구에서 속도 삼각형을 그리면

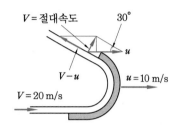

$$V_x = u + (V-u)\cos\theta$$
$$= 10 + (20-10)\cos 150°$$
$$\fallingdotseq 1.34 \text{ m/s}$$
$$V_y = (V-u)\sin\theta$$
$$= (20-10)\sin 150° = 5 \text{ m/s}$$

16. 날개에 대한 분류의 상대속도는
$$V - u = 60 - 15 = 45 \text{ m/s}$$
$$Q = A(V-u)$$
$$= \frac{\pi \times 0.06^2}{4} \times 45$$
$$= 0.127 \text{ m}^3/\text{s}$$
이 날개에서 얻어지는 힘은
$$-F_x = \rho Q(V_{x2} - V_{x1})$$
여기서, $V_{x2} = (V-u)\cos\alpha = 45\cos\alpha$,
$$V_{x1} = 45$$
$$\therefore F_x = \frac{9800}{9.8} \times 0.127(1-\cos\alpha) \times 45$$
$$= 5715(1-\cos\alpha)$$
동력 $P = F_x \cdot u$
$$= 135 \times 10^3$$
$$= 5715(1-\cos\alpha) \times 15$$
$$\therefore \cos\alpha = -0.575 \rightarrow \alpha = 125.1°$$

17. 노즐 속도 $V_1 = \sqrt{2g \times 3} = 7.67 \text{m/s}$
유량 $Q = AV = \dfrac{\pi \times 0.05^2}{4} \times 7.67$
$$= 0.015 \text{m}^3/\text{s}$$

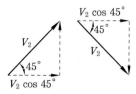

여기서, $V_1 = V_2$이므로 $V_2 = 7.67\,\text{m/s}$

$\therefore\ V_{2x} = V_2 \cos 45° = 7.67 \cos 45° = 5.42\,\text{m/s}$

$\therefore\ -F = \dfrac{9800}{9.8} \times 0.015(5.42 - 7.67)$

$\therefore\ F = 33.75\,\text{N}$

18. $Q = 15 \times \dfrac{\pi}{4} \times 0.1^2 = 0.1178\,\text{m}^3/\text{s}$

운동량의 방정식

x 방향 ; $F_x = \rho Q(V - u)(1 - \cos\theta)$

$\qquad = 1000 \times 0.1178 \times 15 \times (1 + 0.866)$

$\qquad = 3297.2\,\text{N}$

y 방향 ; $F_y = \rho Q(V_1 - u)\sin\theta$

$\qquad = 1000 \times 0.1178 \times 15 \times 0.5$

$\qquad = 883.5\,\text{N}$

합력의 크기 ; $F = \sqrt{F_x^{\,2} + F_y^{\,2}}$

$\qquad\qquad = \sqrt{3297.2^2 + 883.5^2}$

$\qquad\qquad = 3413.5\,\text{N}$

19. $u = \dfrac{\pi d N}{60} = \dfrac{\pi \times 2 \times 250}{60} = 26.1\,\text{m/s}$

$Q = AV = \dfrac{\pi}{4} \times 0.05^2 \times 60 = 0.118\,\text{m}^3/\text{s}$

$F_x = \rho Q(V - u)(1 - \cos 150°)$

$\qquad = 1000 \times 0.118 \times 33.9 \times 1.866 = 7464.4\,\text{N}$

따라서, 수차의 동력은

$P = \dfrac{F_x u}{735.5} = \dfrac{7464.4 \times 26.1}{735.5} = 265\,\text{PS}$

20. 공기 제트에서 얻은 동력은 베인의 입구와 출구에서 운동에너지 차이다. 즉,

$P = \dfrac{m(V_1^{\,2} - V_2^{\,2})}{2} = \dfrac{\rho Q(V_1^{\,2} - V_2^{\,2})}{2}$

$\quad = \dfrac{\dfrac{12.6}{9.8}\left(\dfrac{\pi \times 0.03^2}{4} \times 200\right)(200^2 - 150^2)}{2}$

$\quad = 1589.6\,\text{N·m/s} \fallingdotseq 1.59\,\text{kW}$

21. 운동량의 이론으로부터

$F_x = Q'\rho(V_0 + u)(1 - \cos\theta)$

여기에서 물 제트의 단면적을 A 라고 할 때 $Q' = A(V_0 + u)$, $Q = V_0 A$이므로

$Q' = \dfrac{(V_0 + u)Q}{V_0}$

$\therefore\ F_x = Q\rho \dfrac{(V_0 + u)^2}{V_0}(1 - \cos\theta)$

$F_0 = 10 \times 10^{-3} \times 10^3 \times \dfrac{(5+3)^2}{5}$

$\qquad \times (1 - \cos 45°) = 37.44\,\text{N}$

22. 비행기 속도는

$V_1 = \dfrac{1120 \times 1000}{3600} = 311.11\,\text{m/s}$

$\rho_1 Q_1 = 75\,\text{kg/s}$

$\rho_2 Q_2 = 75 + 1.35 = 76.35\,\text{kg/s}$

$F = 35280\,\text{N}$이므로 $F = \rho_2 Q_2 V_2 - \rho_1 Q_1 V_1$

$35280 = (76.35 \times V_2 - 75 \times 311.11) \times 9.8$

$\therefore\ V_2 = 352.76\,\text{m/s}$

23. 우선 평판에 작용되는 수직한 힘을 계산하려면, 물 제트의 속도 중에서 평판에 수직한 성분을 구하면 $V_0 \sin\theta$ 가 된다.

따라서, 운동량의 법칙으로부터 평판에 작용되는 힘 $F = Q\rho V_0 \sin\theta$ 이다.

여기에서 물 제트 방향의 힘 F_0는 F의 물 제트 방향에 대한 분력이 되므로

$F_0 = F \sin\theta = Q\rho V_0 \sin^2\theta$

24. 연속날개이므로 유량 $Q = AV$

날개에 유입하는 속도는 날개에 대한 분류의 상대속도이므로 $(V - u)$이고, 유출하는 속도는 $(V - u)\cos\theta$ 이다. 따라서, 운동법칙을 적용하면

$\sum F_x = -F_x = \rho Q\{(V - u)\cos\theta - (V - u)\}$

$\qquad\quad = \rho AV(V - u)(\cos\theta - 1)$

$F_x = \rho AV(V - u)(1 - \cos\theta)$

날개에 얻는 동력은

$P = F_x \cdot u = \rho AV(Vu - u^2)(1 - \cos\theta)$

최대동력을 얻는 u 값은 $\dfrac{\partial P}{\partial u} = 0$을 만족하는 값이다.

$$\frac{\partial P}{\partial u} = \rho A V(1-\cos\theta)(V-2u) = 0$$

$\rho A V(1-\cos\theta) \neq 0$이므로 $V-2u = 0$

$$\therefore\ u = \frac{V}{2}$$

또 최대동력을 얻는 θ값은 $\frac{\partial P}{\partial \theta} = 0$을 만족하는 값이다.

$$\frac{\partial P}{\partial \theta} = \rho A V(Vu - u^2)\sin\theta = 0$$

$\rho A V(Vu - u^2) \neq 0$이므로 $\sin\theta = 0$

$\therefore\ \theta = 180°$ ($\therefore\ \theta = 0$인 경우는 $F_x = 0$이 되어 $P = 0$이 된다.)

$\therefore$ 날개각이 $180°$이고, 날개의 속도가 제트속도의 $\frac{1}{2}$일 때 최대동력을 얻는다.

25. 운동량의 원리로부터 가동날개에서의 수평력 $F_x = Q\rho(V_0 - u)(1-\cos\theta)$

따라서, 동력은

$$P = F_x u = Q\rho(V_0 - u)(1-\cos\theta)u$$

여기에서 $u = 0$, $u = V_0$일 때 $P = 0$이 되므로, Q, ρ, θ, V_0를 일정하게 유지할 때에는 $u = \frac{V_0}{2}$일 때 최대값이 된다.

$$\therefore\ P_{\max} = Q\rho\frac{V_0^{\,2}}{4}(1-\cos\theta)$$

그리고 $\theta = 180°$이면 $\cos 180° = -1$이 되어

$$P_{\max} = Q\rho\frac{V_0^{\,2}}{2} = \frac{Q\gamma V_0^{\,2}}{2g}$$

26. 단면 ①과 ② 사이에 운동량 법칙을 적용하면

$$\sum F_x = p_1 A_1 - p_2 A_2 \cos\theta - F_x$$
$$= \rho Q(V_2\cos\theta - V_1)$$

$$\therefore\ F_x = p_1 A_1 - p_2 A_2\cos\theta + \rho Q(V_1 - V_2\cos\theta)$$

$V_1 = V_2 = V$, $p_1 = p_2 = p$, $A_1 = A_2 = A$이므로

$$F_x = pA(1-\cos\theta) + \rho QV(1-\cos\theta)$$

$$= 196000 \times \frac{\pi}{4} \times 0.2^2(1-\cos 90°)$$

$$+ 1000 \times 0.28 \times \frac{4 \times 0.28}{\pi \times 0.2^2}(1-\cos 90°)$$

$$\fallingdotseq 8653\ \text{N}$$

$$\sum F_y = -p_2 A_2 + F_y$$

$$= \rho Q(V_{2y} - V_{1y})$$

$$\therefore\ F_y = p_2 A_2 + \rho Q V_{2y} = 196000 \times \frac{\pi}{4} \times 0.2^2$$

$$+ 1000 \times \frac{4 \times 0.28}{\pi \times 0.2^2} \fallingdotseq 8653\ \text{N}$$

$$F = \sqrt{F_x^{\,2} + F_y^{\,2}} = \sqrt{8653^2 + 8653^2}$$
$$\fallingdotseq 12237\ \text{N}$$

27. $V_1 = \dfrac{0.05}{\dfrac{\pi}{4} \times 0.15^2} = 2.83\ \text{m/s}$

$$V_2 = \left(\frac{15}{5}\right)^2 \times 2.83 = 25.48\ \text{m/s}$$

단면 1, 2에 대하여 베르누이 방정식을 대입하면,

$$\frac{V_1^{\,2}}{2 \times 9.8} + \frac{p_1}{9800} = \frac{V_2^{\,2}}{2 \times 9.8} + 0$$

$$\therefore\ p_1 = 320607\ \text{N/m}^2 = 320.607\ \text{kPa}$$

운동량 방정식을 이용하면

$$p_1 A_1 - p_2 A_2 \cos 180° - F_x$$
$$= Q\rho(V_2\cos 180° - V_1)$$

$$320607 \times \frac{\pi}{4} \times 0.15^2 - 0 - F_x$$
$$= 0.05 \times 1000(-25.48 - 2.83)$$

$$\therefore\ F_x = 7095\ \text{N} = 7.095\ \text{kN}$$

28. 관의 단면적과 유속은

$$A_1 = A_2 = \frac{\pi}{4} \times 0.2^2 = 0.0314\ \text{m}^2$$

$$V_1 = V_2 = \frac{Q}{A} = \frac{0.3}{0.0314} \fallingdotseq 9.55\ \text{m/s}$$

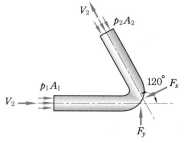

관의 입출구 사이에 운동량 법칙을 적용하면

$$\sum F_x = p_1 A_1 + p_2 A_2 \cos 60° - F_x$$
$$= \rho Q(-V_2\cos 60° - V_1)$$

$$\therefore\ F_x = p_1 A_1 + p_2 A_2 \cos 60°$$

$$+ \rho Q \times V_2 (\cos 60° + V_1)$$
$$= 117600 \times 0.0314 + 117600$$
$$\times 0.0314 \times 0.5$$
$$+ 1000 \times 0.3 (9.55 \times 0.5 + 9.55)$$
$$= 9834.3 \text{ N}$$
$$\sum F_y = F_y - p_2 A_2 \sin 60°$$
$$= \rho Q (V_2 \sin 60° - 0)$$
$$\therefore \ F_y = p_2 A_2 \sin 60° + \rho Q V_2 \sin 60°$$
$$= 117600 \times 0.0314 \times \sin 60°$$
$$+ 1000 \times 0.3 \times 9.55 \times \sin 60°$$
$$\fallingdotseq 5678.1 \text{ N}$$

합력 $F = \sqrt{F_x^2 + F_y^2}$
$$= \sqrt{9834.3^2 + 5678.1^2} = 11355.8 \text{ N}$$

29. 제트기에 대한 추력 F_{th}는 운동량의 법칙으로부터
$$F_{th} = \rho_2 Q_2 V_2 - \rho_1 Q_1 V_1$$
여기에서
$$V_1 = \frac{800 \times 1000}{3600} = 222.2 \text{ m/s}$$
$$V_2 = 300 \text{ m/s}$$
$$\rho_1 Q_1 = 26 \text{ N} \cdot \text{s/m}$$
$$\rho_2 Q_2 = (26 + 26 \times 0.025) \fallingdotseq 26.65 \text{ N} \cdot \text{s/m}$$
$$\therefore \ F = 26.65 \times 300 - 26.5 \times 222.2$$
$$\fallingdotseq 2217.8 \text{ N}$$

30. 입구에서 배에 대한 물의 상대속도 V_{x1}은
$$V_{x1} = 2 - (-10) = 12 \text{ m/s}$$
출구에서 물의 속도 $V_{x2} = \dfrac{0.2}{0.01} = 20 \text{ m/s}$
$$\therefore \ F_{x2} = \rho Q (V_{x2} - V_{x1})$$
$$= \frac{9800}{9.8} \times 0.2 \times (20 - 12) = 1600 \text{ N}$$

31. $V_1 = \dfrac{400 \times 1000}{3600} = 111 \text{ m/s}$

$$V = \frac{Q}{A} = \frac{465}{\dfrac{\pi}{4} \times 2.1^2} = 134.5 \text{ m/s}$$

$$V = \frac{V_1 + V_4}{2}$$

$$\therefore \ V_4 = 2V - V_1 = 2 \times 134.5 - 111 = 158 \text{ m/s}$$
프로펠러의 추력
$$F_{th} = \rho Q (V_4 - V_1) = 0.125 \times 465 (158 - 111)$$
$$= 2731.9 \text{ kgf}$$

따라서, 비행기의 추진동력은
$$P = \frac{3732}{75} \times 111 = 4043 \text{ PS}$$

32. 풍차에 대한 효율 η는
$$\eta = \frac{(V_1^2 - V_4^2) V}{V_1^3}$$
$$= \frac{(V_1 + V_4)(V_1^2 - V_4^2)}{2 V_1^3}$$
$$= \frac{1}{2} \left(1 + \frac{V_4}{V_1}\right) \left\{ 1 - \left(\frac{V_4}{V_1}\right)^2 \right\}$$
여기서, $\dfrac{V_4}{V_1} = x$로 놓으면
$$\eta = \frac{1}{2}(1 + x)(1 - x^2)$$
효율의 최대값을 계산하기 위하여 위의 식을 x에 대하여 미분한 다음 0으로 놓으면
$$1 - 2x - 3x^2 = 0$$
따라서, $x = \dfrac{1}{3}$ 또는 $x = -1$일 때 η는 최대가 된다. 그러나 $x = -1$은 불필요한 값이 되므로, $x = \dfrac{V_4}{V_1} = \dfrac{1}{3}$을 대입하면
$$\eta = \frac{1}{2} \left(1 + \frac{1}{3}\right) \left(1 - \frac{1}{9}\right) = \frac{16}{27} = 59.26 \%$$

33. 프로펠러에 유입하는 공기 속도는
$$V_1 = \frac{200 \times 1000}{3600} \fallingdotseq 55.6 \text{ m/s}$$
프로펠러를 통과하는 공기의 평균속도는
$$V = \frac{Q}{A} = \frac{4 \times 500}{\pi \times 3} \fallingdotseq 70.74 \text{ m/s}$$
프로펠러를 유출하는 공기의 속도는
$$V_4 = 2V - V_1 = 2 \times 70.74 - 55.6$$
$$= 85.88 \text{ m/s}$$
$$\therefore \ F_{th} = \rho Q (V_4 - V_1)$$
$$= \frac{13.72}{9.8} \times 500 \times (85.88 - 55.6)$$
$$\fallingdotseq 21196 \text{ N}$$

제5장 실제유체의 운동

실제유체는 점성과 압축성의 성질이 있으므로 이상유체보다는 흐름의 조건이 훨씬 복잡하다. 점성은 유체 상호간 또는 고체 벽면 사이에 전단력을 유발하게 하고, 전단력은 에너지의 손실을 초래하므로, 흐름의 형태와 관로의 형상에 따른 여러 가지 손실을 예측하는 것은 중요한 일이다.

5-1 유체의 유동 형태

(1) 층류와 난류

실제유체 유동은 두 가지의 서로 다른 흐름으로 구분되며 이는 층류와 난류이다. 레이놀즈(Reynolds)는 층류와 난류를 구분하는 척도로서의 무차원수를 고안하였다.

유체유동에서 유체 입자들이 대단히 불규칙적인 유동을 할 때 이 유체의 흐름을 난류(turbulent flow)라 하고, 이에 반해 유체 입자들이 각층 내에서 질서정연하게 미끄러지면서 흐르는 유동 상태를 층류(laminar flow)라 한다.

층류에서는 층과 층 사이가 미끄러지면서 흐르며, 뉴턴의 점성법칙이 성립된다. 따라서 전단응력은 다음과 같다.

$$\tau = \mu \frac{du}{dy}$$

또한 난류에서는 전단응력이 점성뿐만 아니라 난류의 불규칙적인 혼합 과정의 결과로 다음과 같이 표시된다.

$$\tau = \eta \frac{du}{dy}$$

여기에서 η를 와점성계수(eddy viscosity) 또는 난류 점성계수(turbulent viscosity)라 하며, 이것은 난류의 정도와 유체의 밀도에 의하여 결정되는 계수이다. 그러나 실제유체의 유동은 일반적으로 층류와 난류의 혼합된 흐름이므로 전단응력은 다음과 같다.

$$\tau = (\mu + \eta) \frac{du}{dy}$$

윗식에서 완전층류일 때는 η 의 값이 0이 되고, 완전난류일 때는 μ 는 η 에 비하여 극히 작은 값이 되므로 $\mu = 0$ 으로 쓸 수 있다.

(2) 레이놀즈(Reynolds)수

1883년에 레이놀즈는 층류에서 난류로 바뀌는 조건을 그림 5-1과 같은 장치로써 조사하였다.

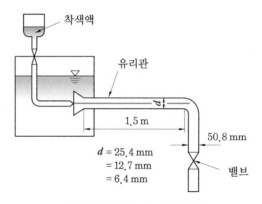

그림 5-1 레이놀즈의 실험장치

관 끝의 밸브를 조금 열어 흐르게 한 후 착색 용액을 주입한 결과 그림 5-2 (a)와 같이 선모양의 착색액은 확산됨이 없이 유리관과 평행하게 깨끗한 직선의 층류를 이루었다. 다시 밸브를 조금 더 열어 유속을 빠르게 하였더니, 착색액은 그림 5-2 (c)와 같이 관의 전단면에 걸쳐 확산되어 물감이 흔들리고, 나중에는 흐트러져 물감의 선을 볼 수 없는 난류를 이루었다. 그림 5-2 (b)에서는 층류와 난류가 경계를 이루는데 이 구역을 천이유동이라 한다.

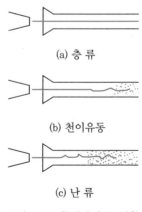

(a) 층 류

(b) 천이유동

(c) 난 류

그림 5-2 착색의 유동 상황

이 결과를 종합하여 레이놀즈는 층류와 난류의 구분이 속도 V 만에 의해서 결정되는 것이 아니라, 유체의 점성계수 μ, 밀도 ρ, 관의 지름 d 에도 관계됨을 알고 이들 변수에 의한 무차원함수를 정의하였다.

$$Re = \frac{\rho V d}{\mu} = \frac{V d}{\nu}$$

이 Re 를 레이놀즈수(Reynolds number)라 하며, 단위가 없는 무차원수로서 실제유체의 유동에서 점성력과 관성력의 비를 나타낸다.

단면이 일정한 원관에서 레이놀즈수에 의한 층류와 난류의 구별은 실험 결과에 의하여 다음과 같이 구분된다.

① 층류 : $Re < 2100$ (2320 또는 2000)

② 난류 : $Re > 4000$

③ 천이유동 : $2100 < Re < 4000$ (불안정한 과도적 현상을 보이는 흐름)

난류에서 층류로 변하는 레이놀즈수는 2100 근처로서 이 값을 하임계(下臨界) 레이놀즈수라 하고 실러(Schiller)의 실험으로는 2320 정도이고, 층류에서 난류로 변하는 레이놀즈수는 약 4000 정도이며 이 값을 상임계(上臨界) 레이놀즈수라 한다.

예제 1. 비중이 0.85, 동점성계수가 0.84×10^{-4} m²/s인 기름이 지름 10 cm인 원형관 내를 평균속도 3 m/s로 흐를 때의 흐름을 판별하시오.

[해설] $Re = \dfrac{V d}{\nu} = \dfrac{3 \times 0.1}{0.84 \times 10^{-4}} = 3571$

∴ $2100 < Re < 4000$ 이므로 천이유동이다.

예제 2. 지름이 10 cm인 관 속에 공기가 흐르고 있다. 지금 공기의 압력이 0.993 bar abs이고, 온도가 127℃일 때 층류의 상태로 흐를 수 있는 최대유량을 구하시오.

[해설] 층류로 흐를 수 있는 최대 레이놀즈수를 2100으로 보면

$$Re_{max} = \frac{V_{max} \, d}{\nu} \quad \therefore \ V_{max} = \frac{Re_{max} \, \nu}{d}$$

여기서 120℃, 0.993 bar abs일 때 공기의 동점성계수 표로부터 $\nu = 25.9 \times 10^{-6}$ m²/s 이므로

$$V_{max} = \frac{2100 \times 25.9 \times 10^{-6}}{0.1} = 0.544 \, \text{m/s}$$

$$\therefore \ Q_{max} = \frac{\pi}{4} \times 0.1^2 \times 0.544$$

$$= 0.0043 \, \text{m}^3/\text{s}$$

5-2 층류유동(層流流動, laminar flow)

(1) 고정된 평판 사이의 층류유동

간격 $2h$ 인 고정된 평행 평판 사이의 길이 dl, 두께 $2y$, 단위폭인 미소체적에 미치는 정상류의 경우 다음 식을 만족한다.

$$p(2y \times 1) - (p + dp)(2y \times 1) - \tau 2(dl \times 1) = 0$$

$$\tau = - \frac{y dp}{dl}$$

또 유동 상태가 층류이고, y 가 증가함에 따라 속도 u 가 감소하므로 뉴턴의 점성법칙은 다음과 같다.

$$\tau = - \mu \frac{du}{dy}$$

$$\therefore \ \frac{du}{dy} = - \frac{1}{\mu} \cdot \frac{dp}{dl} y$$

적분하면 다음과 같다.

$$u = - \frac{1}{2\mu} \cdot \frac{dp}{dl} y^2 + C$$

경계 조건 $y \to \infty$ 일 때 $u = 0$ 이므로 다음과 같다.

$$C = - \frac{1}{2\mu} \cdot \frac{dp}{dl} h$$

$$\therefore \ u = - \frac{1}{2\mu} \cdot \frac{dp}{dl} (h^2 - y^2)$$

윗식에서 속도분포는 포물선임을 알 수 있고, $y = 0$ 에서 최대속도가 된다.

$$최대속도 \ u_{\max} = - \frac{1}{2\mu} \cdot \frac{dp}{dl} h^2$$

유량 Q 는 속도를 전단면에 걸쳐 적분하면 다음과 같이 된다.

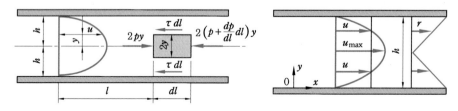

그림 5-3 평행 평판 사이의 층류

$$Q = \int u dA = -\frac{1}{2\mu}\frac{dp}{dl}\int_{-h}^{h}(h^2 - y^2)(dy \times 1)$$

$$= -\frac{2}{3} \cdot \frac{h^3}{\mu} \cdot \frac{dp}{dl}$$

또 평균유속 V는 다음과 같다.

$$\therefore \ V = \frac{Q}{A} = \frac{Q}{2h \times 1} = -\frac{h^3}{3\mu}\frac{dp}{dl} = \frac{2}{3}u_{\max}$$

길이 l인 평행 평판 사이의 층류흐름에서 압력강하를 Δp라 하면

$$\frac{\Delta p}{l} = \frac{3}{2} \cdot \frac{\mu l Q}{h^3}$$

(2) 한쪽 평판이 운동할 때의 층류유동

그림 5-4와 같이 한 평판이 속도 V로 유동하고, 압력이 l 방향으로 변화할 때 두 평행 평판 사이의 정상유동에 대한 운동방정식은 폭을 단위폭으로 가정하여 표시하면 다음과 같다.

$$p\,dy - (p + dp)\,dy - \tau dl + (\tau + d\tau)dl = 0$$

$$\therefore \ \frac{d\tau}{dy} = \frac{dp}{dl}$$

y에 관하여 적분하면 다음과 같다.

$$\tau = \frac{dp}{dl}\,y + C_1$$

또 유동 상태가 층류이고, y가 증가함에 따라 속도 u가 증가하므로

$$\tau = \mu\frac{du}{dy}$$

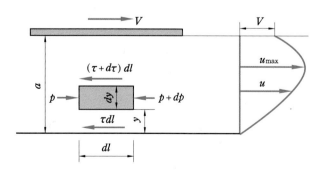

그림 5-4 평행 평판 사이의 층류

이며, 두 식에서 $\dfrac{du}{dy} = \dfrac{1}{\mu}\dfrac{dp}{dl}y + \dfrac{C_1}{\mu}$ 이므로 y에 관하여 다시 적분하면 다음과 같다.

$$u = \frac{1}{2\mu}\frac{dp}{dl}y^2 + \frac{C_1}{\mu}y + C_2$$

경계 조건 $y = a$일 때 $u = V$, $y = 0$일 때 $u = 0$을 대입하여 정리하면 다음과 같다.

$$y = a,\ u = V\ ;\ V = \frac{1}{2\mu}\frac{dp}{dl}a^2 + \frac{C_1}{\mu}a + C_2$$

$$y = 0,\ u = 0\ ;\ C_2 = 0$$

$$\therefore\ u = \frac{Vy}{a} - \frac{1}{2\mu}\frac{dp}{dl}(ay - y^2)$$

$\dfrac{dp}{dl} = 0$이면 압력강하가 존재하지 않으므로 속도분포는 직선이 된다. 한편 유량 Q는 속도를 전단면에 걸쳐 적분하면 다음과 같이 된다.

$$Q = \int u dy = \int_0^a \left\{\frac{Vy}{a} - \frac{1}{2\mu}\frac{dp}{dl}(ay - y^2)\right\}$$

$$dy = \frac{V_a}{3},\ \left(\frac{dp}{dl} = \frac{3uV}{a^2}\right)$$

일반적으로 최대유속은 흐름의 중심이 아닌 다른 점에서 일어난다.

(3) 수평 원관 속에서의 층류유동

단면이 일정한 곧은 원관 속을 정상류가 층류로 흐를 때 전단응력과 속도분포는 이론적으로 구할 수 있다. 그림 5-5에서 보는 바와 같이 전단응력은 벽면에서 최대이고 관중심에서 0이 됨을 알 수 있다. 그리고 단면의 크기가 일정하므로 속도는 일정하게 유지되고, 흐름 방향의 마찰력에 의한 손실은 압력과 위치에너지의 감소로 나타날 것이다.

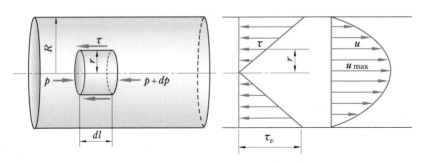

그림 5-5 수평 원관 속에서의 층류유동

$$p(\pi r^2) - (p + dp)(\pi r^2) - \tau(2\pi r dl) = 0$$

$$\tau = -\frac{dp}{dl} \cdot \frac{r}{2}$$

1차 층류유동에 대하여 r 이 증가함에 따라 속도 u 가 감소하므로 점성법칙 $\tau = -\mu\frac{du}{dy}$ 대신에 $\tau = -\mu\frac{du}{dr}$ 가 된다.

$$\therefore \frac{du}{dr} = \frac{1}{\mu} \cdot \frac{dp}{dl}\frac{r}{2}$$

r 에 대하여 적분하면 다음과 같다.

$$u = \frac{1}{4\mu} \cdot \frac{dp}{dl} r^2 + C$$

경계 조건 $r = R$ 일 때 유속 $u = 0$ 이므로 $C = -\frac{1}{4\mu} \cdot \frac{dp}{dl}R^2$

$$\therefore u = -\frac{1}{4\mu} \cdot \frac{dp}{dl}(R^2 - r^2)$$

윗식에서 속도분포는 포물선으로 관벽($r = R$)에서 0이며, 중심까지 포물선으로 증가한다. 또 최대속도는 관의 중심($r = 0$)에서 일어나며 다음과 같다.

$$u_{\max} = -\frac{1}{4\mu} \cdot \frac{dp}{dl}R^2$$

그러므로 속도분포 방정식은 다음과 같이 바꿔 쓸 수 있다.

$$\therefore u = u_{\max}\left(1 - \frac{r^2}{R^2}\right)$$

유량 Q 는 속도를 원관의 전단면에 걸쳐 적분하면 다음과 같이 된다.

$$Q = \int u dA = \int u(2\pi r dr) = -\frac{\pi}{2\mu} \cdot \frac{dp}{dl}\int (R^2 - r^2)r dr$$

$$= -\frac{\pi R^4}{8\mu} \cdot \frac{dp}{dl}$$

관의 길이 l 에서의 압력강하를 Δp 라 하면

$$Q = \frac{\Delta p\pi R^4}{8\mu l} = \frac{\Delta p\pi d^4}{128\mu l} \quad \text{(Hagen-Poiseuille 방정식)}$$

또, 평균유속 V 는 다음과 같다.

$$\therefore V = \frac{Q}{A} = \frac{\Delta p R^2}{8\mu l} = \frac{\Delta p d^2}{32\mu l} = \frac{1}{2} u_{max}$$

그림 5-6과 같이 관이 경사져 있을 때는 점성으로 인한 손실이 압력에너지 Δp 와 위치에너지 γz 의 합으로 나타난다.

$$\therefore \tau = -\frac{d}{dl}(p + \gamma z)\frac{r}{2}, \qquad Q = -\frac{d}{dl}(p + \gamma z)\frac{\pi R^4}{8\mu}$$

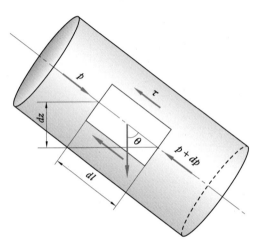

그림 5-6 경사진 원관 속에서의 층류유동

예제 3. 고정된 평판 위에 유체가 놓여 있고, 그 위에 평행하게 평판이 놓여 있으며, 이 평판이 등속도 V 로 이동할 때 속도분포 $u = \dfrac{Vy}{a} - \dfrac{1}{2\mu} \cdot \dfrac{dp}{dx}(ay - y^2)$ 으로 표시할 수 있다. 고정 평판에서 전단응력이 0일 때 흐르는 유량을 V 와 a 의 함수로 나타내시오.

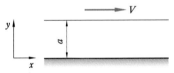

[해설] $\tau = \mu \dfrac{du}{dy} = \mu \left\{ \dfrac{V}{a} - \dfrac{1}{2\mu} \cdot \dfrac{dp}{dx}(a - 2y) \right\}$

$y = 0$ 에서 $\tau = 0$ 이면

$$\frac{V}{a} - \frac{1}{2\mu} \cdot \frac{dp}{dx} \cdot a = 0 \quad \therefore \frac{dp}{dx} = \frac{2\mu V}{a^2}$$

속도분포 $u = \dfrac{Vy}{a} - \dfrac{V}{a^2}(ay - y^2)$

$$\therefore \text{유량} \ Q = \int_0^a u \, dy = \int_0^a \left\{ \frac{Vy}{a} - \frac{V}{a^2}(ay - y^2) \right\} dy = \frac{Va}{3}$$

예제 4. 원형관에 유체가 흐르고 있다면 최대속도를 $u_{\max}$로 표시할 때 속도분포식을 나타내시오.

$\boxed{해설}$ $u = -\dfrac{1}{4\mu} \cdot \dfrac{dp}{dl}(R^2 - r^2)$, 최대속도가 되는 조건은 $\dfrac{du}{dr} = 0$

즉, $r = 0$에서 최대속도가 일어나고 이때 속도를 $u_{\max}$로 한다.

$$u_{\max} = -\frac{1}{4\mu} \cdot \frac{dp}{dl} \cdot R^2, \quad -\frac{1}{4\mu} \cdot \frac{dp}{dl} = \frac{u_{\max}}{R^2}$$

$$u = \frac{u_{\max}}{R^2}(R^2 - r^2) = u_{\max}\left\{1 - \left(\frac{r}{R}\right)^2\right\}$$

$$\therefore \ \frac{u}{u_{\max}} = 1 - \left(\frac{r}{R}\right)^2$$

예제 5. 지름이 40 cm인 관 속에서 비중이 1.26인 기름이 6 m/s로 흐르고 있을 때 100 m에서의 손실동력(kW)을 구하시오.(단, 동점성계수 $\nu = 1.18 \times 10^{-3}\,\mathrm{m^2/s}$ 이다.)

$\boxed{해설}$ $Q = AV = \dfrac{\pi}{4}d^2 V = \dfrac{\pi}{4} \times 0.4^2 \times 6 = 0.7536\,\mathrm{m^3/s}$

$$\Delta p = p_1 - p_2 = \frac{128\mu l\,Q}{\pi d^4} = \frac{128 \times 0.00118 \times \dfrac{1.26 \times 9800}{9.8} \times 100 \times 0.7536}{\pi \times 0.4^4}$$

$$= 28517\,\mathrm{N/m^2}$$

$$P_L = \Delta p \cdot Q = 0.7536 \times 28517 = 21.5\,\mathrm{kW}$$

(4) 경사진 원관 속에서의 증류유동

그림 5-7의 체적요소가 등속도로 움직인다면 체적요소에 미치는 외력은 평형을 이루어야 하므로, 다음과 같은 식이 성립한다.

$$2\pi r \cdot dr \cdot p - \left(2\pi r \cdot dr \cdot p + 2\pi r \cdot dr \cdot \frac{dp}{dl} \cdot dl\right)$$

$$+ 2\pi r \cdot dl \cdot \tau - \left\{2\pi r \cdot dl \cdot \tau + \frac{d}{dr}(2\pi r \cdot dl \cdot \tau) \cdot dr\right\}$$

$$+ \gamma \cdot 2\pi r \cdot dl \cdot dr \cdot \sin\theta = 0$$

정리하면,

$$-2\pi r \cdot dr \cdot dl \cdot \frac{dp}{dl} - 2\pi \cdot dr \cdot dl \cdot \frac{d}{dr}(r \cdot \tau) + 2\pi \cdot dr \cdot dl \cdot r\sin\theta = 0$$

$\sin\theta = \dfrac{-dh}{dl}$로 하고, 양변을 $2\pi r \cdot dr \cdot dl$로 나누면,

$$\frac{d}{dl}(p + \gamma h) + \frac{1}{r} \cdot \frac{d}{dr}(r \cdot \tau) = 0$$

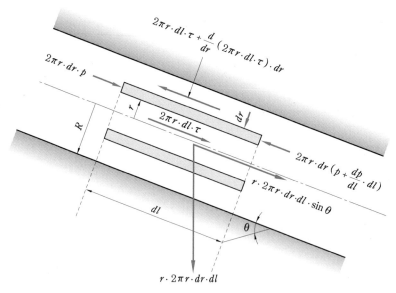

그림 5-7 경사진 원관 내에서의 층류

r에 대하여 적분하면,

$$\frac{r^2}{2} \cdot \frac{d}{dl}(p + \gamma h) + \tau \cdot r = C_1$$

원관에서 경계 조건 $r = 0$일 때, $\tau = 0$으로 놓으면 $C_1 = 0$이 된다.

$$\therefore\ \tau = -\frac{r}{2} \cdot \frac{d}{dl}(p + \gamma h)$$

위의 식에서 $-\dfrac{d}{dl}(p + \gamma h)$는 수력구배선의 하강을 의미한다.

원관에 대하여 $\tau = -\mu \dfrac{du}{dr}$이므로,

$$-\mu \frac{du}{dr} = \frac{-r}{2} \cdot \frac{d}{dl}(p + \gamma h)$$

$$du = \frac{1}{2\mu} \cdot \frac{d}{dl}(p + \gamma h) \cdot r\, dr$$

적분하면,

$$u = \frac{r^2}{2\mu} \cdot \frac{d}{dl}(p + \gamma h) + C_2$$

$r = R$일 때 $u = 0$이므로, $C_2 = -\dfrac{r^2}{4\mu} \cdot \dfrac{d}{dl}(p + \gamma h)$이 된다. 따라서, 속도분포식은

$$u = -\frac{1}{4\mu} \cdot \frac{d}{dl}(p + \gamma h)(R^2 - r^2)$$

$$\text{유량 } Q = \int_0^R u \cdot 2\pi r dr = -\frac{1}{2\mu} \cdot \frac{d}{dl}(p + \gamma h) \int_0^R (R^2 - r^2) r \cdot dr$$

$$= -\frac{\pi R^4}{8\mu} \cdot \frac{d}{dl}(p + \gamma h)$$

이 된다.

5-3 난류유동(亂流流動, turbulent flow)

유체의 유동 속도가 아주 낮거나 점도가 높은 유체로서 유동 형태가 뉴턴의 점성법칙에 준하지 않는 경우를 제외하고는 유체유동의 대부분은 난류유동을 한다.

그림 5-8은 흐름의 한 위치에서 속도 u와 시간 t와의 관계를 표시한 것이며, 관내의 유동에서 발생하는 유동 형태이다. $Re = 2100$에서는 파동이 전혀 발생하지 않는 층류이지만, 레이놀즈수가 2100 이상으로 증가해 감에 따라 간헐적으로 난류가 발생하다가 $Re = 4000$에 이르면 파동이 빈번히 발생하기 시작한다.

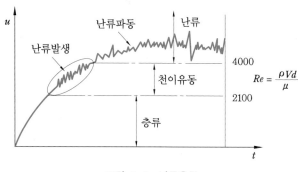

그림 5-8 난류유동

(1) 프란틀(Prandtle)의 혼합길이와 전단응력

서로 다른 속도로 유동하는 2개의 유체 입자를 생각해 보면, 한 유체 입자가 한 층에서 다른 층으로 이동해 두 층 사이에는 운동량의 교환이 이루어진다. 속도가 느린 입자가 빠른 유동층으로 들어가면 이는 속도를 감소시키는 역할을 하게 되고, 빠른 입자가 느린 유동층으로 들어가면 속도를 증가시키는 역할을 하게 되는데, 프란틀은 혼합길이(mixing length)라는 개념을 도입하여 설명하였다.

그림 5-9는 x 방향으로 유동하고 있는 난류 속도의 예를 보여주고 있다. 단면 ①에서 평균유속은 V이고, 단면 ②, 즉 l 만큼 떨어진 곳에서는 $V + l \cdot \dfrac{du}{dy}$이다. 단면 ①에서 x, y 방향으로의 파동속도를 각각 u', v'라 하면, 프란틀의 혼합거리는 다음과 같이 정의된다.

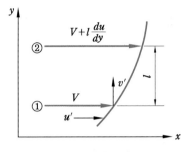

그림 5-9 난류 속도

$$u' = l_i \cdot \frac{du}{dy}$$

여기서, l_i : 순간 혼합거리

이것은 x 방향의 파동속도는 l_i 만큼 떨어져 있는 두 층 사이의 평균속도의 차이만큼의 크기를 나타낸다.

두 층 사이에서 운동량의 교환에 의하여 생기는 난류 전단응력은 단위면적당 운동량의 순간 전달량과 동일하다. 단위면적당 교환 질량은 $\rho v'$이며 순간 난류 전단응력은,

$$(\tau_t)_i = \rho u' v' = \rho v' \cdot l_i \cdot \frac{du}{dy}$$

평균 난류전단응력은

$$\tau_t = \overline{\rho u' v'}$$

이며, 프란틀은 u'와 v'를 동일한 크기로 가정하여

$$\tau_t = \rho \left(l \frac{du}{dy} \right)^2$$

으로 표시하였으며, 이때 l은 평균 혼합길이이다.

그림에서 전단응력은 층류 및 난류 전단응력의 합으로 되어 있으며, 층류유동에서 전단응력은

$$\tau_l = \mu \frac{du}{dy}$$

이므로, 전체 전단응력은

$$\tau = \tau_l + \tau_t = \mu \frac{du}{dy} + \rho \left(l \frac{du}{dy} \right)^2$$

$$= \mu \frac{du}{dy} + \rho l^2 \cdot \frac{du}{dy} \cdot \frac{du}{dy}$$

$$= \left(\mu + \rho l^2 \frac{du}{dy} \right) \cdot \frac{du}{dy}$$

$$= (\mu + \eta) \cdot \frac{du}{dy}$$

이다. 여기서 $\eta = \rho l^2 \dfrac{du}{dy}$ 이며 와점성계수(渦粘性係數, eddy viscosity)라 하며, 임의의 단면에서 유체에 작용하는 전단응력은 유체 입자의 점성, 와점성계수, 평균속도의 기울기의 함수로 되어 있음을 표시한다. 혼합길이는 벽으로부터의 거리의 함수이다.

(2) 관 속의 난류유동

베르누이 방정식은 유체가 유동 중에 에너지 손실이 전혀 없는 것으로 가정하여 유도한 식이며, 실제로는 적용할 수 없다.

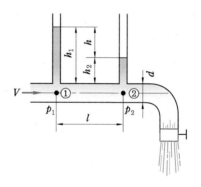

그림 5-10

그림 5-10에서 보는 바와 같이 관 내에서 유동하는 유체의 압력은 단면 ①과 ② 사이를 유동하는 동안 $(p_1 - p_2)$의 손실이 발생하지만 베르누이의 정리에 의하면,

$$\frac{V_1^{\,2}}{2g} + \frac{p_1}{\gamma} = \frac{V_2^{\,2}}{2g} + \frac{p_2}{\gamma}$$

$$\frac{p_1 - p_2}{\gamma} = \frac{V_2^{\,2} - V_1^{\,2}}{2g}$$

이며, 관지름 $d = $ 일정하므로, $Q = A_1 V_1 = A_2 V_2$ 에서 $V_1 = V_2$ 이므로

$$\frac{p_1 - p_2}{\gamma} = \frac{V_2^{\,2} - V_1^{\,2}}{2g} = 0$$

이 된다. 유동하는 모든 유체는 대부분이 난류유동에 의한 상호 충돌과 점성에 의한 마찰의 영향으로 에너지가 손실되며, 이러한 손실의 합을 그림에서 h 라고 할 때 베르누이의 방정식은

$$\frac{p}{\gamma} + \frac{V_2}{2g} + z = h_2 + h$$

로 표시할 수 있다.

그림에서 단면 ①과 ②에서 발생하는 전압력 손실은 유동의 역방향으로 작용하는 마찰저항 R와 같으므로, 다음과 같이 쓸 수 있다.

$$R = (p_1 - p_2) \cdot \frac{\pi d^2}{4} = \gamma h A$$

프루드(Froude)는 평판상에 유동하는 유체의 마찰저항을 다음과 같이 표현하였다.

$$R = \mu \cdot S V^2$$

여기서, μ : 마찰계수, S : 평판 면적

S는 접수(接水) 면적이며, 접수 길이를 l_w, 유동 거리를 l 이라 하면,

$$S = l_w \cdot l$$

$$\gamma h A = \mu \cdot l_w l \cdot V^2$$

$$\therefore \ h = \frac{\mu}{\gamma} \cdot \frac{l_w}{A} \cdot l V^2$$

유동 단면적 A를 접수 길이 l_w로 나눈 값을 수력반지름(hydraulic radius) 또는 유체의 평균깊이라 하며, 원형 단면의 경우 다음과 같다.

$$\text{수력반지름} \ R_h = \frac{A}{l_w} = \frac{\dfrac{\pi d^2}{4}}{\pi d} = \frac{d}{4}$$

$$\therefore \ h = \frac{4\mu}{\gamma} \cdot \frac{l}{d} \cdot V^2$$

$\dfrac{4\mu}{\gamma}$ 는 상수로서 $\dfrac{4\mu}{\gamma} = \dfrac{f}{2g}$ (f : 상수)로 놓을 수 있으므로,

$$h = f \cdot \frac{l}{d} \cdot \frac{V^2}{2g}$$

이 된다. 이 식은 관로유동에서 압력 손실수두(마찰 손실수두)를 계산하는 식으로 다르시-바이스바흐(Darcy-Weisbach)의 식 또는 관마찰 손실식이라 한다.

관마찰 계수 f 는 하겐-푸아죄유(Hagen-Poiseuille)의 식으로부터,

$$V = \frac{\Delta p \cdot R^2}{8\mu l}, \quad \Delta p = \gamma h$$

$$\therefore \ h = \frac{8 V \mu l}{\gamma R^2} = \frac{64\mu}{\rho V d} \cdot \frac{l}{d} \cdot \frac{V^2}{2g}$$

$$= \frac{64}{Re} \cdot \frac{l}{d} \cdot \frac{V^2}{2g} \left(= f \cdot \frac{l}{d} \cdot \frac{V^2}{2g} \right)$$

$$\therefore f = \frac{64}{Re}$$

가 된다. 관마찰계수 f 는 유속과 지름이 주어지면 구할 수 있다. 원관 흐름에서는 마찰계수가 레이놀즈수와 $\frac{e}{d}$ 의 어떤 함수라는 결론을 얻는다. e 는 관벽면의 조도(粗度, 거칠기)이며, $\frac{e}{d}$ 를 상대조도라 한다.

(3) 무디(Moody) 선도

미국의 무디(Lewis F. Moody)는 공업용관을 실험한 결과를 그림 5-11과 같은 선도로 만들었다. 실험결과에서 표면의 조도는 유동에 큰 영향을 미치고 있으며, 조활(粗滑)한 흐름 영역에서는 조도의 간격 역시 마찰손실에 아주 중요한 요인으로 나타났다.

Nikuradse의 실험에서는 모래알을 아주 조밀하게 부착하여 모래알 사이의 간격은 거의 모래알의 지름과 동일한 정도였다. 마찰계수 f 는 결국 모래알 사이의 간격 S 와 모래알의 지름 d 의 비인 $\frac{S}{d}$ 에 관계됨을 보여주기 위한 것이었다.

큰 관에서는 f 에 영향을 주는 것이 표면의 굴곡에 의한 것이며, 이러한 여러 가지 요인을 통합하여 볼 때, 무디 선도가 가장 실용적임을 알 수 있다.

무디는 다음과 같은 식을 제시하였다.

$$f = 0.001375 \left\{ 1 + \left(20000 \frac{e}{d} + \frac{10^6}{Re} \right)^{\frac{1}{3}} \right\}$$

이 식은 계산이 번거롭기 때문에 흔히 마찰계수를 다음과 같이 나타내기도 한다.

$$f = \frac{a}{Re^n}$$

여기서, a 와 n 은 상대조도와 레이놀즈수에 의존하고 유체흐름의 열역학적 고찰에서 구해진다.

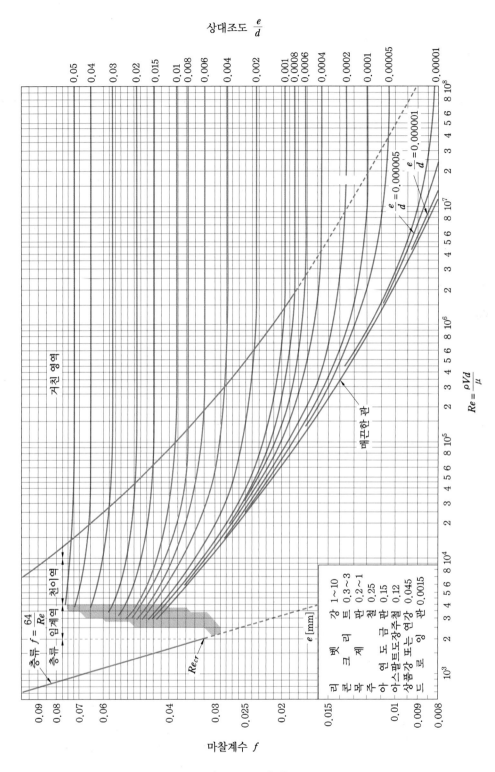

그림 5-11 무디 선도

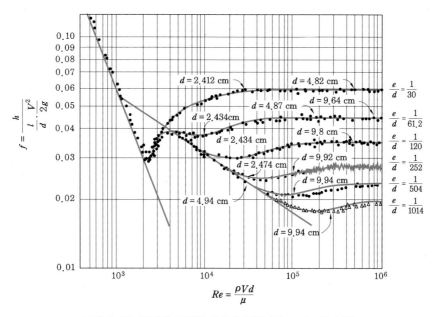

그림 5-12 관벽의 모래알 조도에 대한 Nikuradse의 실험

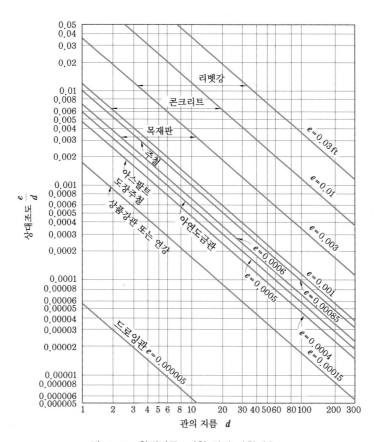

그림 5-13 완전난류, 거친 관의 마찰계수 (f)

예제 6. 난류 경계층의 두께는 다음과 같이 표시할 수 있다. 동점성계수가 1.45×10^{-5} m^2/s인 공기가 30 m/s의 속도로 흐르고 있을 때 레이놀즈수가 2×10^6인 곳에서의 경계층 두께(cm)를 구하시오.

$$\delta = 0.37 \left(\frac{\nu}{V}\right)^{\frac{1}{5}} \cdot l^{\frac{4}{5}}$$

해설 $Re = \dfrac{Vl}{\nu}$

$$l = \frac{Re \cdot \nu}{V} = \frac{2 \times 10^6 \times 1.45 \times 10^{-5}}{30} = 0.967 \text{ m}$$

$$\delta = 0.37 \left(\frac{1.45 \times 10^{-5}}{30}\right)^{\frac{1}{5}} \times 0.967^{\frac{4}{5}} = 0.37 \times 0.545 \times 0.9735$$

$$= 0.196 \text{ m} = 19.6 \text{ cm}$$

또는 $\delta = \dfrac{0.37l}{Re^{\frac{1}{5}}} = \dfrac{0.37 \times 0.967}{(2 \times 10^6)^{\frac{1}{5}}} = 0.196 \text{ m}$

예제 7. 저장 용기로부터 10℃의 물을 길이 300 m, 지름 900 mm인 콘크리트 수평원관을 통하여 공급하고 있다. 유량이 $1.25 \text{ m}^3/\text{s}$일 때 원관에서의 압력강하를 계산하시오. (단, 동점성계수는 $\nu = 1.31 \times 10^{-6} \text{ m}^2/\text{s}$이고 부분적 손실은 무시한다.)

해설 $V = \dfrac{1.25}{\dfrac{\pi}{4} \times 0.9^2} = 1.9 \text{ m/s}$

표에서 $e = 0.3 \sim 3 \text{ mm}$이므로, 산술평균값을 써서 $e = 1.7 \text{ mm}$로 하면

상대조도 $\dfrac{e}{d} = \dfrac{1.7}{900} = 0.0019$

$$Re = \frac{\rho Vd}{\mu} = \frac{Vd}{\nu} = \frac{1.96 \times 0.9}{1.31 \times 10^{-6}} = 1.35 \times 10^6$$

따라서, 난류이다.

무디 선도에서 $f = 0.023$이므로 손실수두 h_L은

$$h_L = f \cdot \frac{l}{d} \cdot \frac{V^2}{2g} = 0.023 \times \frac{300}{0.9} \times \frac{1.96^2}{2 \times 9.8} = 1.5 \text{ m}$$

∴ 압력강하 $\Delta p = \rho g \cdot h_L = 1000 \times 9.8 \times 1.5 = 14700 \text{ N/m}^2$

$$= 14.7 \text{ kPa}$$

∽ 연습문제 ∽

1. 비중이 0.9, 점성계수가 0.25 P인 기름이 지름 50 cm인 원관 속을 흐르고 있다. 유량이 0.2 m^3/s일 때 유동 형태에 대하여 쓰시오.

2. 지름이 120 mm인 원관에서 유체의 레이놀즈수가 20000이다. 관지름이 240 mm일 때 레이놀즈수를 구하시오.

3. 동점성계수가 1.0×10^{-6} m^2/s인 물이 지름 5 cm인 원관 속을 흐르고 있다. 유량이 0.001 m^3/s일 때 레이놀즈수를 구하시오.

4. 37.5℃인 원유가 0.3 m^3/s로 원관에 흐르고 있다. 임계 레이놀즈수가 2100일 때 층류로 흐를 수 있는 관의 최소지름을 구하시오.(단, 원유가 37.5℃에서 $\nu = 6 \times 10^{-5}$ m^2/s이다.)

5. 비중 0.8, 점성계수 5×10^{-3} kgf·s/m^2인 기름이 지름 15 cm의 원관 속을 0.6 m/s의 속도로 흐르고 있을 때 레이놀즈수를 구하시오.

6. 다음 그림에서 지름이 75 mm인 관의 $Re = 20000$일 때, 지름이 150 mm인 관에서 Re를 구하시오.(단, 모든 손실은 무시한다.)

7. 20℃의 물이 지름 2 cm인 원관 속을 흐르고 있다. 층류로 흐를 수 있는 최대의 평균유속과 유량을 구하시오.(20℃의 물의 동점성계수는 1.006×10^{-6} m^2/s이다.)

8. 지름 d인 수평원관 속을 물이 층류로 흐를 때 유량 Q를 구하시오.(단, u_{max}는 관의 중심속도이다.)

9. 글리세린(glycerin)이 지름 2 cm인 관에 흐르고 있다. 이때 단위길이당 압력강하가 200 kPa/m일 때 유량 Q (m^3/s)를 구하시오.(단, 글리세린의 점성계수는 $\mu = 0.5$ N·s/m^2이고, 동점성계수는 $\nu = 2.7 \times 10^{-4}$ m^2/s이다.)

10. 지름이 4 mm이고, 길이가 10 m인 원형관 속에 20℃의 물이 흐르고 있다. 10 m 길이에서 압력강하가 $\Delta p = 0.1$ kgf/cm^2 (0.098 bar)이며, $\mu = 1.02 \times 10^{-8}$ kgf·s/cm^2 (9.996×10^{-8} N·s/cm^2)일 때 유량을 구하시오.

11. 지름이 50 mm, 길이 800 m인 매끈한 원관을 써서 매분 135 l의 기계유를 수송할 때 가해 주어야 할 오일 펌프의 압력을 구하시오.(단, 기름의 비중은 0.92, 점성계수를 0.56 P로 한다.)

12. 0.002 m³/s의 유량으로 지름 4 cm, 길이 10 m인 관 속을 기름($S = 0.85$, $\mu = 0.56$ P)이 흐르고 있다. 이 기름을 수송하는 데 필요한 펌프의 압력을 구하시오.

13. 관 길이 50 m, 지름 10 cm인 원관이 수평과 30°기울어져 있다. 이 관 속을 유체가 층류로 흐를 때 양쪽 끝의 압력차가 245 Pa이었다. 유체의 비중량이 9130 N/m³일 때 관벽에서의 전단응력을 구하시오.

14. 틈새가 40 cm인 평판 사이에 유체가 흐르고 있을 때 12 m 사이의 압력차가 980 Pa이었다. 평판벽에 작용하는 전단응력과 평균속도를 구하시오.(단, $\mu = 0.196$ N · s/m²인 기름이 흐른다.)

15. 지름 40 cm 관에 물이 난류 상태로 흐르고 있다. 물의 속도분포 $u = 10 + \ln y$(m/s)로 주어질 때 관벽으로부터 0.1 m인 곳의 와점성계수 η(N · s/m²)를 구하시오.(단, y(m)는 벽면으로부터 잰 수직거리이고, 0.1 m에서 전단응력은 14.7 Pa이다.)

16. 폭 3 m, 길이 30 m인 매끈한 판이 정지하고 있는 물 속을 6.1 m/s의 속도로 끌려가고 있다. 경계층이 층류로부터 난류로 바뀌어지는 점의 위치를 구하시오.(단, 물의 동점성계수는 1.011×10^{-6} m²/s이다.)

17. 층류에서 속도분포는 포물선을 그리게 된다. 이때 전단응력의 분포 곡선도는 어떻게 되는지 설명하시오.

18. 어떤 유체가 반지름 R인 수평원관 속을 층류로 흐르고 있다. 속도가 평균속도와 같게 되는 위치는 관의 중심에서 얼마나 떨어져 있는지 구하시오.

19. 관 내 유동의 임계 Re가 2320일 때 20℃ 공기의 임계속도(m/s)를 구하시오.(단, 20℃ 때의 공기 동점성계수는 $\nu = 1.843 \times 10^{-2}$ St이다.)

20. 지름이 60 cm인 원관 속에 물이 흐르고 있다. 이 관의 길이 60 m에 대한 수두손실이 9 m였다. 이 관에 대하여 관벽면으로부터 10 cm 떨어진 점에서의 전단응력의 크기를 구하시오.

21. 지름이 60 cm인 수평원관에 유체가 흐를 때 50 m 길이에서 78.4 kPa의 압력강하가 생겼다. 관벽에서의 전단응력(N/m²)을 구하시오.

22. 380 l/min의 유량으로 기름($S = 0.9$, $\mu = 0.0575$ N $\cdot$ s/m²)이 지름 75 mm인 관 속을 흐르고 있다. 관의 길이가 300 m일 때 손실수두 h_L(m)를 구하시오.

23. 지름이 100 mm인 원관에서 유속은 층류로 흐르고 있고, 관 속의 최대속도는 25 m/s이다. 관 중심에서 25 mm 떨어진 곳의 유속을 구하시오.

24. 지름 50 mm인 원관 속을 물이 난류로 흐르고 관 중심의 속도가 10 m/s이다. 이때 관벽에서 20 mm되는 지점의 유속(m/s)을 구하시오.

25. 동점성계수가 0.839×10^{-4} m²/s인 기름이 지름 30 cm 관 속에서 층류로 흐르고 있고, 이 관의 중심에서의 속도는 4.5 m/s이다. 이때 이 관의 벽면으로부터 중심방향으로 4 cm인 곳에서의 전단응력을 구하시오.(단, 이 기름의 비중량은 8467.2 N/m³이다.)

26. 반지름 R인 관에 층류가 흐르고 있다. 층류 속도분포의 식으로부터 평균속도와 같게 되는 점 r, 즉 중심으로부터의 거리를 구하시오.

27. 관손실 이외의 모든 손실을 무시할 때 다음 그림과 같은 관에서의 유량 Q를 구하시오.

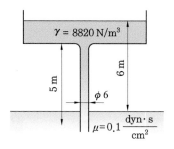

28. 다음 그림에서 $h = 10$ m, $l = 20$ m, $\theta = 30°$, $d = 8$ mm, $\gamma = 10000$ N/m³, $\mu = 80 \times 10^{-3}$ N$\cdot$s/m²일 때, 단위길이당 손실수두와 유량을 구하시오.

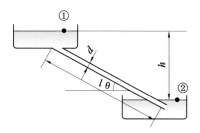

29. 길이 3 m인 두 평판이 5 cm 간격을 두고 평행으로 놓여 있다. 이 사이에 점성계수가 15.14 P인 피마자 기름이 5 l/s로 흐를 때 압력강하는 몇 kPa인지 구하시오.

연습문제 풀이

1. $Re = \dfrac{\rho\, Vd}{\mu} = \dfrac{4\rho\, Qd}{\pi d^2\mu} = \dfrac{4\rho\, Q}{\pi d\mu}$

$$= \dfrac{4\times1000\times0.9\times0.2}{\pi\times0.5\times0.025} = 18344$$

레이놀즈수가 상임계 레이놀즈수인 4000보다 크므로 난류이다.

2. $Q \propto Vd^2,\ V \propto \dfrac{Q}{d^2}$ 이므로

$$Re \propto Vd,\ Re \propto \dfrac{Q}{d}$$

$$\therefore\ Re = 20000\times\dfrac{120}{240} = 10000$$

3. 유속 $V = \dfrac{Q}{A} = \dfrac{4Q}{\pi d^2}$

$$\therefore\ Re = \dfrac{Vd}{\nu} = \dfrac{4Qd}{\pi d^2\nu} = \dfrac{4Q}{\pi d\nu}$$

$$= \dfrac{4\times0.001}{\pi\times0.05\times1.0\times10^{-6}} \fallingdotseq 25476$$

4. $V = \dfrac{Q}{\frac{\pi}{4}d^2} = \dfrac{0.3}{\frac{\pi}{4}d^2} = \dfrac{0.382}{d^2}(\text{m/s})$

$$Re = \dfrac{Vd}{\nu} = 2100 \text{에서}\ \ 2100 = \dfrac{\frac{0.382}{d^2}\times d}{6\times10^{-5}}$$

$$\therefore\ d = 3.03\,\text{m}$$

5. $\gamma = 0.8\times10^3\,\text{kgf/m}^3$ 에서

밀도는

$$\rho = \dfrac{\gamma}{g} = \dfrac{0.8\times10^3}{9.8} = 81.5\,\text{kgf}\cdot\text{s}^2/\text{m}^4$$

동점성계수는

$$\nu = \dfrac{\mu}{\rho} = \dfrac{\mu g}{\gamma} = \dfrac{5\times10^{-3}\times9.8}{0.8\times10^3}$$

$$= 6.13\times10^{-5}\,\text{m}^2/\text{s}$$

$$\therefore\ Re = \dfrac{Vd}{\nu} = \dfrac{0.6\times0.15}{6.13\times10^{-5}} = 1468.2$$

6. $Re = \dfrac{Vd}{\nu} = \dfrac{\frac{Q}{\frac{\pi}{4}d^2}d}{\nu} = \dfrac{4Q}{\pi\nu d}$

그림 ①과 ②에서 레이놀즈수는

$$Re_1 = \dfrac{4Q}{\pi\nu d_1},\ Re_2 = \dfrac{4Q}{\pi\nu d_2}$$

$$\dfrac{Re_2}{Re_1} = \dfrac{\frac{4Q}{\pi\nu d_2}}{\frac{4Q}{\pi\nu d_1}} = \dfrac{d_1}{d_2} \text{이므로}$$

$$\therefore\ Re_2 = Re_1\dfrac{d_1}{d_2} = 20000\times\dfrac{75}{150} = 10000$$

7. $\nu = 1.006\times10^{-6}\,\text{m}^2/\text{s}$ 이므로 층류로 흐를 수 있

는 $Re = 2320$ 에서 $2320 = \dfrac{V\times0.02}{1.006\times10^{-6}}$ 이므로

$$\therefore\ V = 0.117\,\text{m/s}$$

$$\therefore\ Q = 0.117\times\dfrac{\pi}{4}\times0.02^2$$

$$= 3.67\times10^{-5}\,\text{m}^3/\text{s}$$

8. $u = -\dfrac{dp}{4\mu dl}(R^2 - r^2) = u_{\max}\left\{1 - \left(\dfrac{r}{R}\right)^2\right\}$

$$\therefore\ Q = \int_0^R u\,2\pi r dr = 2\pi u_{\max}\int_0^R\left(1 - \dfrac{r^2}{R}\right)r dr$$

$$= \dfrac{2\pi u_{\max}}{R^2}\int_0^R(R^2 - r^2)r dr$$

$$= \dfrac{2\pi u_{\max}}{R^2}\left(\dfrac{R^4}{2} - \dfrac{R^4}{4}\right)$$

$$= \dfrac{\pi R^2 u_{\max}}{2} = \dfrac{\pi d^2 u_{\max}}{8}$$

9. 이 흐름을 층류라 가정하면 하겐-푸아죄 유 방정식에서 유량은

$$Q = \dfrac{\Delta p\pi d^4}{128\mu l} = \dfrac{200\times10^3\times\pi\times0.02^4}{128\times0.5\times1}$$

$$= 1.57\times10^{-3}\,\text{m}^3/\text{s}$$

평균속도는

$$V = \dfrac{Q}{A} = \dfrac{1.57\times10^{-3}}{\frac{\pi}{4}\times0.02^2} = 5\,\text{m/s}$$

$$\therefore Re = \frac{Vd}{\nu} = \frac{5 \times 0.02}{2.7 \times 10^{-4}}$$

$$= 370 < 2100$$

따라서, 이 흐름은 층류이므로 하겐-푸아죄유 방정식을 사용할 수 있다.

10. 하겐-푸아죄유의 방정식으로부터

유량 $Q = \dfrac{\Delta p \pi R^4}{8\mu l}$

$$= \frac{\pi \times 0.2^4 \times 0.098 \times 10}{8 \times 1.02 \times 10^{-8} \times 1000}$$

$$= 6.15 \text{ cm}^3/\text{s}$$

11. 우선 흐름이 층류인가 난류인가를 판단하기 위하여 레이놀즈수를 구한다.

$Re = \dfrac{\rho Vd}{\mu}$ 에서

$$V = \frac{Q}{A} = \frac{\dfrac{0.135}{60}}{\dfrac{\pi}{4} \times 0.05^2} = 1.146 \text{ m/s}$$

$1P = \dfrac{1}{10} \text{ N} \cdot \text{s/m}^2$이므로

$$\mu = \frac{0.56}{10} = 0.056 \text{ N} \cdot \text{s/m}^2$$

$$\rho = \frac{\gamma}{g} = \frac{0.92 \times 9800}{9.8} = 920 \text{ N} \cdot \text{s}^2/\text{m}^4$$

$$\therefore Re = \frac{Vd\rho}{\mu} = \frac{1.146 \times 0.05 \times 920}{0.056}$$

$$= 941.4 < 2100$$

층류의 흐름이 확인되었으므로 하겐-푸아죄유의 방정식에 대입하면

$$\Delta p = \frac{128\mu l Q}{\pi d^4} = \frac{128 \times 0.056 \times 800}{3.14 \times 0.05^4} \times \frac{0.135}{60}$$

$$= 143816 \text{ N/m}^2 = 143.816 \text{ kPa}$$

12. 평균속도 $V = \dfrac{Q}{A} = \dfrac{0.002}{\dfrac{\pi}{4} \times 0.04^2} = 1.6 \text{ m/s}$

여기서,

$$\mu = 0.56 \text{ P} = 0.56 \text{ dyn} \cdot \text{s/cm}^2$$

$$= 0.056 \text{ N} \cdot \text{s/m}^2$$

$$\rho = \rho_w S = 1000 \times 0.85 = 850 \text{ kg/m}^3$$

$$= 850 \text{ N} \cdot \text{s/m}^4$$

따라서, 레이놀즈수는

$$Re = \frac{850 \times 1.6 \times 0.04}{0.056} = 971 < 2100$$

$$\therefore \text{ 층류}$$

하겐-푸아죄유 방정식에서

$$\therefore \Delta p = \frac{128\mu l Q}{\pi d^4}$$

$$= \frac{128 \times 0.056 \times 10 \times 0.002}{\pi \times 0.04^4}$$

$$= 17834 \text{ N/m}^2 = 17.834 \text{ kPa}$$

13. $\tau = -\dfrac{r}{2} \cdot \dfrac{d}{dl}(p + \gamma h)$

$$= -\frac{0.05}{2} \times \left(-\frac{25 + 9130 \times 50 \sin 30°}{50} \right)$$

$$= 114.23 \text{ N/m}^2$$

14. $\tau = -\dfrac{dp}{dl} \cdot h$

$$\tau = \frac{\Delta p}{l} h = \frac{980}{12} \times \frac{0.4}{2} = 16.3 \text{ N/m}^2$$

$-\dfrac{dp}{dl} \sim \dfrac{\Delta p}{l} = \dfrac{100}{2}$ 이므로

$$V = \frac{\Delta p h^2}{12\mu l} = \frac{980 \times 0.4^2}{12 \times 12 \times 0.0196} = 55.6 \text{ m/s}$$

15. 속도구배 $\dfrac{du}{dy} = \dfrac{1}{y} = \dfrac{1}{0.1} = 10$

따라서, $\tau = \eta \dfrac{du}{dy} : 14.7 = \eta(10)$

$$\therefore \eta = 1.47 \text{ N} \cdot \text{s/m}^2$$

16. 천이지점까지의 선단으로부터의 거리를 x 라 하고, 이 천이가 일어나는 임계 레이놀즈수를 5×10^5이라고 하면,

$Re_x = \dfrac{u_\infty x}{\nu} = 5 \times 10^5$ 에서

$$x = \frac{5 \times 10^5 \times \nu}{u_\infty} = \frac{5 \times 10^5 \times 1.011 \times 10^6}{6.1}$$

$$= 0.083 \text{ m} = 8.3 \text{ cm}$$

17. 속도분포 u가 포물선이면 $u = C_1 y^2 + C_2$에서 C_1, C_2는 일반상수이다.

$$\therefore \frac{du}{dy} = 2C_1 y$$

뉴턴의 점성법칙에 대입하면

$$\tau = \mu \frac{du}{dy} = 2C_1 \mu y = C'y$$

즉, τ 는 y 만의 함수이므로 반드시 직선이다.

18. 속도분포 $u = -\frac{1}{4}\mu \cdot \frac{dp}{dl}(R^2 - r)$

평균속도 $V = \frac{Q}{\pi R^2} = \frac{R^2 \Delta p}{8\mu l}$

속도 u 가 평균속도 V 와 같을 때의 r 값을 구하면

$$-\frac{1}{4\mu} \cdot \frac{dp}{dl}(R^2 - r^2) = \frac{R^2 \Delta p}{8\mu l}$$

여기서, $\left(-\frac{dp}{dl}\right)$ 는 $\frac{\Delta p}{l}$ 이므로

$$R^2 - r^2 = \frac{R^2}{2} \quad \therefore r = \frac{R}{\sqrt{2}}$$

19. $\gamma = \frac{p}{RT} = \frac{1.0332 \times 10^4}{29.27 \times 293} = 1.2 \text{ kg/m}^3$

$$\nu = \frac{\mu}{\rho} = \frac{1.843 \times 10^{-6}}{0.1928} = 1.50 \times 10^{-5} \text{ m}^2/\text{s}$$

$$V = \frac{2320 \times 1.501 \times 10^{-5}}{0.01} = 3.48 \text{ m/s}$$

20. $\tau_0 = \left(\frac{\gamma h_L}{l}\right)\frac{R}{2} = \frac{9800 \times 9}{60} \times \frac{0.3}{2}$

$$= 220.5 \text{ N/m}^2$$

그런데 τ 와 r 와 직선적인 관계에 있으며, $r = 0$ 에서 0이고, $r = R$ 에서 최대값이 된다. 따라서, $r = 10 \text{ cm}$ 에서의 τ 의 값은

$$\tau = \frac{0.2}{0.3} \times 220.5 = 147 \text{ N/m}^2$$

21. $p_1 A - (p_1 - \Delta p)A - \tau A_0 = 0$

$$\tau_0 = \frac{A\Delta p}{A_0} = \frac{\frac{\pi}{4}d^2 \Delta p}{\pi dl} = \frac{d \cdot \Delta p}{4l}$$

$$= \frac{0.6 \times 78400}{4 \times 50} = 235.2 \text{ N/m}^2$$

22. $Q = 380 \, l/\text{min} = \frac{0.38}{60} \text{ m}^3/\text{s} = 6.33 \times 10^{-3}$ m^3/s이므로

유속 $V = \frac{Q}{A} = \frac{6.33 \times 10^{-3}}{\frac{\pi}{4} \times 0.075^2} = 1.43 \text{ m/s}$

그러므로 $Re = \frac{\rho Vd}{\mu}$

$$= \frac{(1000 \times 0.9) \times 1.43 \times 0.075}{0.0575}$$

$$= 1683 < 2000$$

층류이므로 하겐-푸아죄유 방정식을 적용하면

$$\therefore Q = \frac{\Delta p \pi d^4}{128 \mu l}$$

여기서 $\Delta p = \gamma h_L$ 이므로

$$\therefore h_L = \frac{128 \mu l Q}{\pi \gamma d^4}$$

$$= \frac{128 \times 0.0575 \times 300 \times (6.33 \times 10^{-3})}{\pi \times (9800 \times 0.9) \times 0.075^4}$$

$$= 15.94 \text{ m}$$

23. $V = V_{\max}\left\{1 - \left(\frac{r}{R}\right)^2\right\} = 25\left\{1 - \left(\frac{25}{50}\right)^2\right\}$

$$= 25\left(1 - \frac{1}{4}\right)$$

$$= 25(1 - 0.25) = 25 \times 0.75 = 18.75 \text{ m/s}$$

24. 카르만-프란틀의 $\frac{1}{7}$ 제곱 법칙에 의하여

$$u = u_{\max}\left(\frac{y}{R}\right)^{\frac{1}{7}} = 10 \times \left(\frac{0.02}{0.025}\right)^{\frac{1}{7}} \fallingdotseq 9.69 \text{ m/s}$$

25. 수평원관 속에서 층류의 흐름이 있을 때 속도분포는

$$u = -\frac{1}{4\mu} \cdot \frac{dp}{dl}(R^2 - r^2), \quad r = 0 \text{일 때 } u \text{ 는}$$

$u_{\max}$ 가 된다.

$$u_{\max} = -\frac{dp}{dl} \cdot \frac{R^2}{4\mu}, \quad -\frac{dp}{dl} = \frac{4\mu}{r^2}u_{\max}$$

$$\tau_0 = \frac{R}{2}\left(-\frac{dp}{dl}\right) = \frac{2\mu}{R}u_{\max}$$

$$= \frac{2 \times 4.5 \times 0.839 \times 10^4 \times 8467.2}{0.15 \times 9.8}$$

$$= 4.349 \text{ N/m}^2 = 4.349 \text{ Pa}$$

$$\therefore \tau = \tau_0 \times \frac{11}{15} = 0.4438 \times \frac{11}{15} = 3.19 \text{ Pa}$$

26. 층류의 흐름이므로 하겐－푸아죄유의 식을 이용하면

$$V = \frac{Q}{A} = -\frac{dp}{dl} \times \frac{\pi R^4}{8\mu} \times \frac{1}{\pi R^2}$$

$$= \frac{-dp}{dl} \times \frac{R^2}{8\mu}$$

한편, 층류 속도분포는

$$u = -\frac{1}{4\mu} \times \frac{dp}{dl}(R^2 - r^2)$$

여기서, 평균속도 V와 속도분포 u를 같게 놓으면

$$V = u, \ 즉$$

$$-\frac{dp}{dl} \times \frac{R^2}{8\mu} = -\frac{1}{4\mu} \times \frac{dp}{dl}(R^2 - r^2)$$

$$\therefore \ r = 0.707\,R$$

27. 이 흐름을 층류로 가정하면 하겐－푸아죄유 방정식에서 유량 $Q = \dfrac{\Delta p\pi d^4}{128\mu l}$

여기서,

$\Delta p = \gamma h = 8820 \times 6 = 52920\,\text{N/m}^2, \ l = 5\,\text{m},$
$d = 6\,\text{mm} = 6 \times 10^{-3}\text{m}$
$\mu = 0.1\,\text{dyn} \cdot \text{s}/\text{cm}^2 = 0.01\,\text{N} \cdot \text{s}/\text{m}^2$

그러므로

$$Q = \frac{52920 \times \pi \times (6 \times 10^{-3})^4}{128 \times 0.01 \times 5}$$

$$= 3.365 \times 10^{-5}\text{m}^3/\text{s} = 3.365 \times 10^{-2}\,l/\text{s}$$

$$V = \frac{Q}{A} = \frac{3.365 \times 10^{-5}}{\frac{\pi}{4}(6 \times 10^{-3})^2} = 1.19\,\text{m/s}$$

$$Re = \frac{\rho V d}{\mu} = \frac{\frac{8820}{9.8} \times 1.19 \times (6 \times 10^{-3})}{0.01}$$

$$= 642.6 < 2100$$

따라서, 층류이므로 하겐－푸아죄유 방정식을 적용할 수 있다.

28. 그림에서 ①과 ②에 베르누이 방정식을 적용하면

$$\frac{p_1}{\gamma} + \frac{V_1^2}{2g} + z_1 = \frac{p_2}{\gamma} + \frac{V_2^2}{2g} + z_2 + h_L$$

(여기서 $p_1 = p_2 = $ 대기압, $V_1 = V_2 = 0$, $z_1 - z_2 = h_L$이므로)

$$\therefore \ h_L = z_1 - z_2 = h = 10\,\text{m}$$

단위길이당 손실수두 : $\dfrac{h_L}{l} = \dfrac{10}{20} = 0.5\,\text{m/m}$

하겐－푸아죄유 방정식에서 유량 Q는

$$Q = \frac{\Delta p\pi d^4}{128\mu l}$$

$$= \frac{(1000 \times 10) \times \pi \times 0.008^4}{128 \times (80 \times 10^{-3}) \times 20}$$

$$= 6.28 \times 10^{-6}\,\text{m}^3/\text{s}$$

하겐－푸아죄유 방정식의 적용 여부를 알기 위해서는 흐름이 층류인가 난류인가를 알아 보아야 한다. 평균속도 V는

$$V = \frac{Q}{A} = \frac{6.28 \times 10^{-6}}{\frac{\pi}{4} \times 0.008^2} = 0.125\,\text{m/s}$$

$$\therefore \ Re = \frac{\frac{10000}{9.8} \times 0.125 \times 0.008}{80 \times 10^{-3}}$$

$$= 12.75 < 2100$$

따라서, 이 흐름은 층류이므로 하겐－푸아죄유 방정식을 적용할 수 있다.

29. $\Delta p = \dfrac{3}{2} \cdot \dfrac{\mu l Q}{h^3}$

$$= \frac{3}{2} \times \frac{\frac{15.14}{98} \times 3 \times 5 \times 10^{-3}}{\left(\frac{0.05}{2}\right)^3}$$

$$= 2180.2\,\text{N/m}^2 \fallingdotseq 2.18\,\text{kPa}$$

제6장   관로유동

유체의 관로유동(管路流動)은 대부분 난류유동이며, 유체의 유동 거리에 따라 압력 손실이 발생하고 있음을 다르시–바이스바흐(Darcy–Weisbach)의 식에서 알 수 있었다. 이러한 성질은 관의 성질에 따라 크게 다르며, 특히 관 내벽의 조도(粗度, roughness)와 유속은 압력손실에 가장 큰 영향을 미치는데 이러한 제반 관로유동 손실을 마찰손실이라 한다.

6-1 관마찰 손실계수

원형관에서 다르시–바이스바흐(Darcy–Weisbach)의 식은

$$h_L = f \cdot \frac{l}{d} \cdot \frac{V^2}{2g}$$

이고, 관 속의 흐름이 층류일 때 하겐–푸아죄유(Hagen–Poiseuille)의 압력강하식과 다르시–바이스바흐의 압력손실이 같으므로 두 식으로부터

$$f = \frac{64}{Re}$$

이었다. 층류구역($Re < 2100$)에서 관마찰계수 f는 Re만의 함수이고, 천이구역($2100 < Re < 4000$)에서는 f가 상대조도 $\frac{e}{d}$와 Re의 함수이다. 난류구역($Re > 4000$)에서는 다음과 같이 실험에 의해서 구하여진다.

① Blausius의 실험식 : 매끈한 관

$$f = 0.3164 \, Re^{-\frac{1}{4}}, \quad 3000 < Re < 1.5 \times 10^5$$

② Nikuradse의 실험식 : 거친 관

$$\frac{1}{\sqrt{f}} = 2 \log_{10} \left(3.71 \frac{d}{e} \right)$$

③ Colebrook의 실험식 : 중간 영역의 관

$$\frac{1}{\sqrt{f}} = -0.86 \cdot \ln\left[\frac{\left(\frac{e}{d}\right)}{3.71} + \frac{2.51}{Re \cdot \sqrt{f}}\right]$$

예제 1. 안지름 15 cm, 길이 1000 m인 원관 속을 물이 50 L/s의 비율로 흐르고 있다. 관 마찰계수 $f = 0.02$로 가정할 때 마찰 손실수두(m)를 구하시오.

[해설] 관 속의 평균유속 $V = \dfrac{Q}{A} = \dfrac{4Q}{\pi d^2} = \dfrac{4 \times 0.05}{\pi \times 0.15^2} = 2.83 \, \text{m/s}$

구하는 손실수두를 h_L 라 하면

$$h_L = \frac{\Delta p}{\gamma} = \frac{f \cdot \dfrac{l}{d} \cdot \dfrac{\gamma V^2}{2g}}{\gamma} = f \cdot \frac{l}{d} \cdot \frac{V^2}{2g}$$

$$= 0.02 \times \frac{1000}{0.15} \times \frac{2.83^2}{2 \times 9.8} = 54.5 \, \text{m}$$

예제 2. 안지름이 10 cm인 관 속에 한 변의 길이가 5 cm인 정사각형 관이 중심을 같이하고 있다. 원관과 정사각형관 사이에 평균유속 1 m/s인 물이 흐를 때 관의 길이 10 m 사이에서 압력 손실수두(m)를 구하시오.(단, 마찰계수는 0.04이다.)

[해설] $R_h = \dfrac{\pi \times 5^2 - 5^2}{10\pi + 4 \times 5} = \dfrac{53.5}{51.4} = 1.04 \, \text{cm}$

$$\therefore \ h = f \cdot \frac{l}{4R_h} \cdot \frac{V^2}{2g} = 0.04 \times \frac{10}{4 \times 1.04 \times 10^{-2}} \times \frac{1}{2 \times 9.8}$$

$$= 0.49 \, \text{m}$$

6-2 부차적(副次的) 손실(minor losses)

단면적이 일정한 곧은 관에서의 손실은 앞서 보았듯이, 단면적의 변화로 인한 부차적 손실(minor losses)도 무시할 수 없다. 관로(pipe line 또는 conduit)의 단면적 변화는 관의 입구와 출구, 밸브, 이음부, 곡관, 점차 확대 또는 축소관, 돌연 확대 또는 축소관 등에서 발생한다. 부차적 손실은 ① 속도수두의 항, ② 관로에서의 손실에 해당하는 관의 길이 등 두 가지 형태로 나타낼 수 있다.

① 속도수두의 항으로 표시

$$h_L = K \cdot \frac{V^2}{2g}$$

여기서, K : 부차적 손실계수

이 식은 부차적 손실계수 K 값을 구하는 것이며, K 값은 Re 의 증가에 따라 감소한다고 보지만 근본적으로는 유로(流路) 단면의 기하학적 형상에 관계된다.

② 곧은 관로에서의 손실에 해당하는 관의 길이로 표시 : 다르시−바이스바흐(Darcy−Weisbach)의 방정식으로부터

$$f \cdot \frac{l_e}{d} \cdot \frac{V^2}{2g} = K \cdot \frac{V^2}{2g}$$

$$\therefore \ l_e = K \cdot \frac{d}{f}$$

여기서, l_e : 등가(等價)길이 또는 상당(相當)길이

이 식은 등가길이(equivalent length) l_e 를 실제의 관 길이에 더해 줌으로써 부차적 손실을 고려하게 되는 것이다.

예제 3. 지름 150 mm의 강관에 완전난류가 흐르고 있다. 만일 이 관로의 부차적 손실계수의 총합이 12라고 하면 다르시의 방정식을 사용하여 전손실수두를 구하기 위하여 실제 관 길이에 더해야 할 상당 길이는 얼마인지 구하시오.

해설 강관에 대하여 $e = 0.046 \times 10^{-3}$ m, $d = 150 \times 10^{-3}$ m 이므로,

상대조도 $\dfrac{e}{d} = \dfrac{0.046}{150} \times 0.0003$

완전난류 구역에서는 f 가 $\dfrac{e}{d}$ 에 의해 구해지므로 $f = 0.015$

$$\therefore \ l_e = K \frac{d}{f} = 12 \times \frac{150 \times 10^{-3}}{0.015} = 120 \, \text{m}$$

(1) 돌연 확대관에서의 손실

그림 6-1에서 보는 바와 같이 유로(流路) 단면이 갑자기 확대된 부분에서는 와류가 발생하고, 마찰손실이 크기 때문에 속도수두가 줄어든 만큼 압력수두가 상승하지 못한다. 발생된 큰 와류가 사라지면서 다시 정상난류로 회복되는 거리는 관지름의 약 50배 정도가 된다.

확대된 단면을 ②, 확대되기 전의 상류의 단면을 ①이라 하고, 두 단면 사이에 베르누이 방정식과 운동량 방정식을 적용하면,

$$\frac{p_1}{\gamma} + \frac{V_1^2}{2g} + z_1 = \frac{p_2}{\gamma} + \frac{V_2^2}{2g} + z_2 + h_L$$

$p_1 = p_2$, $z_1 = z_2$ 이므로,

$$h_L = \frac{V_1^2 - V_2^2}{2g}$$

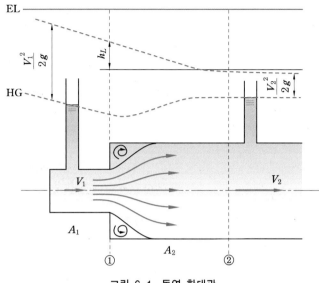

그림 6-1 돌연 확대관

이 되며, 연속방정식 $A_1 V_1 = A_2 V_2$를 적용하면,

$$h_L = \left(1 - \frac{A_1}{A_2}\right) \cdot \frac{V_1^2}{2g}$$

$$= K \cdot \frac{V_1^2}{2g}$$

이 되며, 확대 단면적 A_2가 저수지와 같이 A_1에 비하여 무한히 크다면 $\frac{A_1}{A_2} = 0$이 되어 $K = 1$이 되고, 따라서 부차적 손실수두 h_L은 속도수두 $\frac{V_1^2}{2g}$과 같게 된다.

예제 4. 안지름이 각각 300 mm와 450 mm의 원관이 직접 연결되어 있다. 300 mm관에서 450 mm 관의 방향으로 매초 230 L의 물이 흐르고 있을 때 돌연 확대 부분에서의 손실을 구하시오.

해설 돌연 확대관에서의 손실 $h_L = K\dfrac{V_1^2}{2g}$이므로

$$K = 1 - \left(\frac{d_1}{d_2}\right)^2 = 1 - \left(\frac{300}{450}\right)^2 = 0.556$$

$$V_1 = \frac{0.230}{\dfrac{\pi \times 0.3^2}{4}} = 3.255 \text{ m/s}$$

$$\therefore \; h_L = 0.556 \times \frac{3.255^2}{2 \times 9.8} = 0.3003 \text{ m}$$

예제 5. 그림과 같은 돌연 확대관에 물이 $0.2 \, \text{m}^3/\text{s}$의 유량으로 흐르고 있다. 작은 관에서 압력 p_1이 $100 \, \text{kPa}$라 하면 지름 $300 \, \text{mm}$인 관에서 압력 $p_2 \, (\text{kPa})$는 얼마인지 구하시오.(단, 관마찰은 무시한다.)

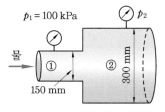

$$p_1 = 100 \, \text{kPa}$$

물 ① ② 300 mm

150 mm

해설 유속 V_1과 V_2는

$$V_1 = \frac{Q}{A_1} = \frac{0.2}{\frac{\pi}{4} \times 0.15^2} = 11.32 \, \text{m/s}, \quad V_2 = \frac{Q}{A_2} = \frac{0.2}{\frac{\pi}{4} \times 0.3^2} = 2.83 \, \text{m/s}$$

돌연 확대 손실수두 h_L은

$$h_L = \frac{(V_1 - V_2)^2}{2g} = \frac{(11.32 - 2.83)^2}{2 \times 9.8} = 3.67 \, \text{m}$$

①과 ②에 베르누이 방정식을 적용하면

$$\frac{100 \times 10^3}{9800} + \frac{11.32^2}{2 \times 9.8} = \frac{p_2}{9800} + \frac{2.83^2}{2 \times 9.8} + 3.67$$

$$\therefore \ p_2 = 124100 \, \text{N/m}^2 = 124.1 \, \text{kPa}$$

(2) 돌연 축소관에서의 손실

그림 6-2와 같이 단면이 갑자기 축소된 관을 유체가 흐를 때 단면 A_c의 수축부가 만들어진다.

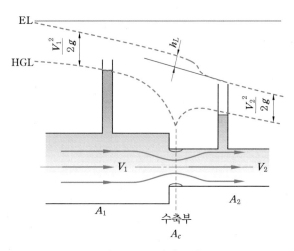

그림 6-2 돌연 축소관

수축부에서의 속도를 V_c라 하면, 손실수두 h_L은 앞에서 구한 것과 같이 다음 식으로 나타낼 수 있다.

$$h_L = \left(1 - \frac{A_{1c}}{A_2}\right)^2 \cdot \frac{V_c^2}{2g}$$

여기서, $\dfrac{A_c}{A_2} = C_c$라 하면 $A_c V_c = A_2 V_2$의 연속방정식으로부터 $V_c = \dfrac{V_2}{C_c}$이므로,

$$h_L = (1 - C_c)^2 \left(\frac{1}{C_c}\right)^2 \cdot \frac{V_2^2}{2g} = \left(\frac{1}{C_c} - 1\right)^2 \cdot \frac{V_2^2}{2g}$$

$$\therefore \ h_L = K \cdot \frac{V_2^2}{2g}$$

과 같이 된다. $C_c = \dfrac{A_c}{A_2}$를 수축(또는 축소)계수라 하고, $K = \left(\dfrac{1}{C_c} - 1\right)^2$을 돌연 축소관에서의 부차적 손실계수라 한다.

표 6-1 A_2/A_1에 대한 수축계수와 손실계수

A_2/A_1	0	0.1	0.2	0.3	0.4	0.5	0.6	0.7	0.8	0.9	1.0
C_c	0.617	0.624	0.632	0.643	0.659	0.681	0.712	0.755	0.813	0.892	1.0
K	0.50	0.46	0.41	0.36	0.30	0.24	0.18	0.12	0.06	0.02	0

$\dfrac{A_2}{A_1} = 0$은 단면이 큰 저장 용기의 정지 상태에 있던 유체가 상대적으로 작은 관을 통하여 흐르게 되는 경우이다.

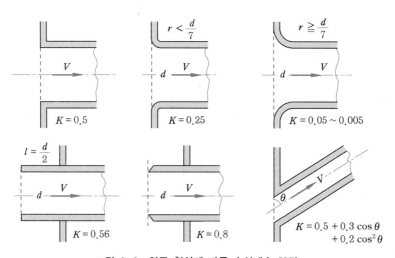

그림 6-3 입구 형상에 따른 손실계수 K 값

예제 6. 안지름이 450 mm인 원관이 안지름이 300 mm인 원관에 직접 연결되어 있다. 이러한 큰 관에서 작은 관으로 물이 매초 230 L의 율로 흐르고 있다면 축소 부분에서의 손실수두를 구하시오.

해설 돌연 축소 부분에서의 손실은 $h_L = K \dfrac{V_2^2}{2g}$

여기에서 $\dfrac{A_2}{A_1} = \left(\dfrac{300}{450}\right)^2 = 0.444$ 일 때 표로부터 $K = 0.273$

$$V_2 = \frac{Q}{A} = \frac{0.230}{\dfrac{\pi \times 0.3^2}{4}} = 3.255 \text{ m/s}$$

$$\therefore h_L = 0.273 \times \frac{3.255^2}{2 \times 9.8}$$

$$= 0.148 \text{m}$$

(3) 점차 확대관에서의 손실

손실을 적게 하면서 속도수두를 압력수두로 바꾸어 높은 압력을 얻고자 할 때 점차 확대관(diffuser)을 사용한다.

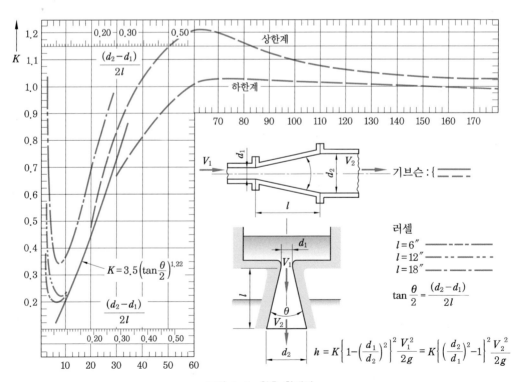

그림 6-4 원추 확대관

그림 6-4는 기브슨(Gibson)의 원추 확대관과 러셀(Russel)의 점차 확대관에 대한 실험 결과로서 원추각 7° 부근에서 손실계수가 가장 작고, 62° 부근에서 최대가 되며 이때 돌연 확대관보다 더 큰 손실이 일어날 것으로 예측된다. 손실수두는 길이 l에 걸친 벽면에서의 마찰손실도 포함된 것이다.

(4) 점차 축소관에서의 손실

점차 축소관에서는 축소각이 작을 경우 일반적으로 마찰손실 이외의 손실은 일어나지 않으며, 보통 원추각이 30° 이하이면 벽면 마찰 이외의 손실은 무시된다. 하지만 속도가 매우 크거나 압력이 진공압력일 경우에는 유리(遊離)된 공기나 증기가 발생하여 손실이 발생한다. 즉, 소방용 노즐은 마찰손실을 포함하여 $K = 0.03 \sim 0.05$로 사용한다.

(5) 밴드(band)와 엘보(elbow)에서의 손실계수

밴드(band, 곡관)와 엘보는 유체 흐름의 방향을 바꾸어 주면서 그림 6-5와 같이 흐름의 관성에 의하여 벽면 안쪽에 박리(separation) 현상이 일어나거나 2차적 흐름이 발생하여 큰 와류와 함께 손실을 증가시킨다. 곡관에서의 손실수두는

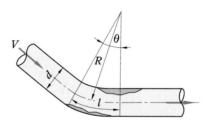

그림 6-5 곡관 속의 흐름

$$h_L = \left(K + f \frac{l}{d} \right) \frac{V^2}{2g}$$

이고, 바이스바흐(Weisbach)에 의하면 손실계수 K는

$$K = \left\{ 0.131 + 0.1632 \left(\frac{d}{R} \right)^{3.5} \right\} \frac{\theta°}{90}$$

이며, $\theta = 90°$인 90° 곡관의 경우, $\dfrac{d}{R} = 0.5 \sim 2.5$인 범위에서는

$$K + f \frac{l}{d} = 0.175$$

이다. 표 6-2는 곡관에서 $\dfrac{R}{d}$와 θ에 대한 손실계수이며, 길이 l에 걸친 벽면에서의 손실을 포함한다.

표 6-2 곡관의 손실계수(K)

벽 면	θ \ R/d	1	2	4	6	10
매끈한 곡 관	15	0.030	0.030	0.030	0.030	0.030
	22.5	0.045	0.045	0.045	0.045	0.045
	45	0.140	0.090	0.080	0.080	0.070
	60	0.190	0.120	0.095	0.085	0.070
	90	0.210	0.135	0.100	0.085	0.105
거친 곡관	90	0.510	0.300	0.230	0.180	0.200

여기서, 매끈한 벽면 $Re = 2.25 \times 10^5$, 거친 벽면 $Re = 1.46 \times 10^5$

엘보는 곡관의 곡률 반지름 $R = 0$인 경우로서 θ와 K값이 표 6-3에 주어져 있다.

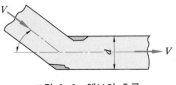

그림 6-6 엘보의 흐름

표 6-3 엘보의 손실계수(K)

θ (°)	K	
	매끈한 벽면	거친 벽면
5	0.016	0.024
10	0.034	0.044
15	0.042	0.062
22.5	0.066	0.154
30	0.130	0.165
45	0.236	0.320
66	0.471	0.687
90	1.129	1.265

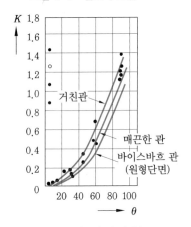

그림 6-7 엘보의 손실계수 (K)

(6) 관 부속의 부차적 손실

관로를 흐르는 유체의 유량이나 흐름의 방향을 제어하기 위하여 각종 밸브나 콕이 사용되는데 밸브가 달린 부분에서 흐름의 단면적이 변하기 때문에 에너지의 손실이 생긴다.

$$h_L = K \frac{V^2}{2g}$$

① 슬루스 밸브 : 슬루스 밸브(sluice valve)는 밸브 단의 직후에서 흐름의 단면적이 돌연 확대되기 때문에 손실이 발생한다. 이때 $\dfrac{x}{d}$가 작을수록 손실은 커져서 관로의 유량이 감소한다.

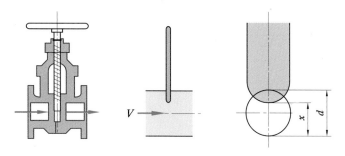

그림 6-8 슬루스 밸브

표 6-4 슬루스 밸브의 K값

호칭 구의 지름(in)	x/d					
	1/8	1/4	3/8	1/2	3/4	1
1/2	374.0	53.6	18.26	7.74	2.204	0.808
3/4	303.0	40.3	10.15	4.23	0.920	0.280
1	211.0	34.9	9.81	3.54	0.882	0.233
2	146.0	22.5	7.15	3.22	0.739	0.175
4	67.2	13.0	4.62	1.93	0.412	0.164
6	87.3	17.1	9.12	2.64	0.522	0.145
8	66.3	13.5	4.92	2.19	0.464	0.103
10	96.2	17.4	5.61	2.29	0.414	0.047

② 글로브 밸브 : 글로브 밸브(glove valve)에 있어서 $\dfrac{x}{d}$ 가 클수록 글로브 밸브의 손실 계수 값은 작아지지만 전개하였을 때는 표 6-5의 값을 가진다.

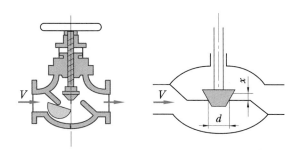

그림 6-9 글로브 밸브

표 6-5 글로브 밸브의 K값

x/d	1/4	1/2	3/4	1
K	16.3	10.3	7.36	6.09

③ 콕(cock) : 콕에 있어서 각 θ 가 증가하면 흐름의 단면적도 커져서 손실이 증대한다. 표 6-6은 원형과 사각형에 대하여 원형 콕의 손실계수값을 나타낸 것이다.

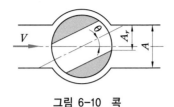

그림 6-10 콕

표 6-6 원형의 콕 K 값

구 분		$\theta°$	5	10	15	20	30	40	50	55	60
원 형	A_r/A		0.93	0.85	0.77	0.69	0.52	0.38	0.29	0.91	0.14
	K		0.05	0.25	0.75	1.56	5.47	17.30	52.60	106.00	206.00
사각형	A_r/A		0.93	0.85	0.77	0.69	0.52	0.35	0.19	0.11	—
	K		0.05	0.31	0.88	1.84	6.15	20.70	95.30	275.000	—

6-3 관로에서의 흐름

지금까지 다루어 온 크고 작은 관로들이 복합적으로 결합된 유로에 대한 문제는 매우 복잡하며 더욱이 다지관(多枝管)이나 관로망 등에 관한 문제는 시행착오법(error and try method)에 의한 근사적인 해답을 구할 수밖에 없다. 그리고 문제의 복잡성을 덜기 위하여 상대적으로 작은 양이면 부분적 손실을 무시하거나 속도수두를 무시하기도 하였다. 속도수두를 무시하면 EL과 HGL은 일치하게 된다.

(1) 직렬관로에서의 손실

크기가 다른 2개 이상의 관로가 한 줄로 연결된 것을 직렬관(直列管)이라 하며, 그림 6-11과 같이 두 탱크를 연결한 관로를 통하여 물이 흐르는 경우에 대하여 A 탱크의 물이 관로를 통한 다음 B 탱크의 물이 되었다면 물이 흐르면서 갖게 된 전(全)손실수두는 두 탱크의 수위차 h 이다. 그림에서,

$$h = K_1 \frac{V_1^2}{2g} + f_1 \frac{l_1}{d_1} \cdot \frac{V_1^2}{2g} + K_2 \frac{V_2^2}{2g} + f_2 \frac{l_2}{d_2} \cdot \frac{V_2^2}{2g} + K_3 \frac{V_2^2}{2g}$$

$\dfrac{A_2}{A_1} = \alpha \cdot V_1 = \alpha \cdot V_2, \quad K_1 = 0.5, \quad K_3 = 1$ 이라면,

$$h = \frac{V_2}{2g} \left(0.5\alpha^2 + f_1 \frac{l_1}{d_1} \cdot \alpha^2 + K_2 + f_2 \frac{l_2}{d_2} + 1 \right)$$

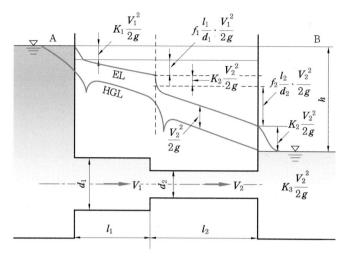

그림 6-11 직렬관에서의 관로손실

여기서, α에 대한 K_2의 값은 앞 절의 돌연 축소관의 표 6-1에서 구할 수 있다. 위의 식에서 관마찰계수 f_1과 f_2를 알면 수면차 h에 대한 속도 V_2와 유량을 구할 수 있으며, 유량이 주어지면 수면차 h를 구할 수 있다.

만약, V_2와 f_1, f_2가 주어지지 않는다면 무디 선도를 이용하는 시행착오법을 써서 가정된 f값으로 구해진 V_2로 Re를 계산하고, 이 Re와 상대조도 $\dfrac{e}{d}$로 f를 구하여 가정한 f값과 비교한다. 식에서 l_1과 l_2가 큰 값이라면 부차적 손실을 무시하고 전손실수두는 관마찰에 의한 손실수두만의 합으로 표시된다.

예제 7. 23℃의 물이 지름이 25 cm인 리벳한 관에 흐르고 있다. 이 관의 표면조도가 $e = 0.004$ m이고, 손실수두가 400 m의 길이에 6 m이었다. 유량을 구하시오.

해설 상대조도를 계산하면 $\dfrac{e}{d} = \dfrac{0.004}{0.25} = 0.016$

여기에서 Q와 f가 다같이 미지수이므로 시행착오법을 써야 한다.

먼저 $f = 0.04$로 가정한다.

$$h_L = f\frac{l}{d}\cdot\frac{V^2}{2g} \text{에서 } 6 = 0.04\times\frac{400}{0.25}\times\frac{V^2}{2\times 9.8}$$

$$\therefore\ V = 1.36\,\mathrm{m/s}$$

20℃ 물에 대하여 표로부터 $\nu = 1.0\times10^{-6}\mathrm{m^2/s}$이므로

$$Re = \frac{0.25\times 1.36}{1.0\times10^{-6}} = 3.4\times10^5$$

$Re = 3.4\times10^5$, $\dfrac{e}{d} = 0.016$의 값은 무디 선도에서 $f = 0.0422$를 얻는다.

따라서, $f = 0.04$이므로 가정은 약간 틀린다. $f = 0.0422$로 가정한다.

$$h_L = \frac{l}{d} \cdot \frac{V^2}{2g} \text{에서 } 6 = 0.0422 \times \frac{40}{0.25} \times \frac{V^2}{2 \times 9.8}$$

$$\therefore \ V = 1.32 \text{ m/s}$$

$$Re = \frac{0.25 \times 1.32}{1.0 \times 10^{-6}} = 3.3 \times 10^5$$

$Re = 3.3 \times 10^5$, $\frac{e}{d} = 0.016$으로부터 무디 선도를 읽으면 $f = 0.0422$이다.

그러므로 두 번째의 가정은 옳다.

$$\therefore \ V = 1.32 \text{ m/s}$$

$$\therefore \ Q = AV = \frac{\pi}{4} \times 0.25^2 \times 1.32$$
$$= 6.47 \times 10^{-2} \text{ m}^3/\text{s}$$

(2) 병렬관로에서의 손실

관로가 한 곳에서 여러 개로 갈라졌다가 다시 하나의 관로로 합쳐진 것을 병렬관(竝列管)이라 한다.

그림 6-12와 같이 A점에서 유체가 가지는 기계적 에너지는 어느 경로로 가든지 같다. B점에서 생각하면 어느 경로로 흘러왔던 간에 같은 에너지를 갖는 유체가 된다. 다시 말하면 경로에 관계없이 단위중량의 유체가 손실로 잃는 에너지는 같아야 하므로, 각 관로의 손실수두는 같다.

병렬관에서는 다음 방정식이 성립한다.

$$h_{L1} = h_{L2} = h_{L3} = \left(\frac{p_A}{\gamma} + z_A \right) - \left(\frac{p_B}{\gamma} + z_B \right)$$

$$Q = Q_1 + Q_2 + Q_3$$

부차적 손실을 무시하고, 손실수두를 유량으로 표시하면, $h_{L1} = h_{L2} = h_{L3}$에서

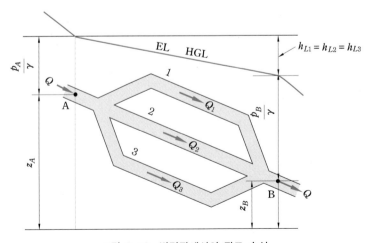

그림 6-12 병렬관에서의 관로 손실

$$f_1 \cdot \frac{l_1}{d_1} \cdot \frac{V_1{}^2}{2g} = f_2 \cdot \frac{l_2}{d_2} \cdot \frac{V_2{}^2}{2g} = f_3 \cdot \frac{l_3}{d_3} \cdot \frac{V_3{}^2}{2g}$$

$$f \cdot \frac{l}{d} \cdot \frac{V^2}{2g} = f \cdot \frac{l}{d} \cdot \frac{1}{2g}\left(\frac{Q^2}{A^2}\right) = f \cdot \frac{l}{d} \cdot \frac{1}{2g} \cdot \frac{16Q^2}{\pi^2 d^4} = f \cdot \frac{8l \cdot Q^2}{d^5 \cdot \pi^2 \cdot g}$$

$$\therefore \left(\frac{f_1 \cdot l_1}{\pi^2 d_1{}^5}\right) \cdot Q_1{}^2 = \left(\frac{f_2 \cdot l_2}{\pi^2 d_2{}^5}\right) \cdot Q_2{}^2 = \left(\frac{f_3 \cdot l_3}{\pi^2 d_3 d^2}\right) \cdot Q_3{}^2$$

각 항의 계수를 α^2, β^2, γ^2이라면,

$$\alpha^2 \cdot Q_1{}^2 = \beta^2 \cdot Q_2{}^2 = \gamma^2 \cdot Q_3{}^2$$

$$\therefore \alpha \cdot Q_1 = \beta \cdot Q_2 = \gamma \cdot Q_3$$

가 된다.

예제 8. 그림과 같은 병렬관에서 관로 ①, ②의 마찰계수는 0.03으로 같고, 총유량 $Q = 0.04\,\mathrm{m^3/s}$일 때, 각 관로의 유량 Q_1, Q_2를 구하시오.

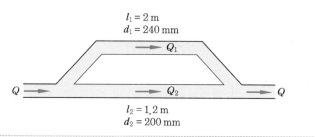

해설 $h_L = f_1 \cdot \dfrac{l_1}{d_1} \cdot \dfrac{V_1{}^2}{2g} = f_2 \cdot \dfrac{l_2}{d_2} \cdot \dfrac{V_2{}^2}{2g}$ 에서,

$$0.03 \times \frac{2}{0.24} \times \frac{V_1{}^2}{2g} = 0.03 \times \frac{1.2}{0.2} \times \frac{V_2{}^2}{2g}$$

$$\therefore V_2 = \frac{5\sqrt{2}}{6} V_1 \quad \left(\frac{Q_2}{A_2} = \frac{Q_1}{A_1} \to Q_2 = \frac{A_2}{A_1} \cdot Q_1\right)$$

$$Q_2 = \left(\frac{d_2}{d_1}\right)^2 \cdot \frac{5\sqrt{2}}{6} \cdot Q_1 = \left(\frac{200}{240}\right)^2 \times \frac{5\sqrt{2}}{6} \cdot Q_1 \fallingdotseq 0.818411\, Q_1$$

$$Q_1 + Q_2 = 0.04$$

두 식에서 $Q_2 = \dfrac{0.818411 \times 0.04}{1 + 0.818411} = 0.018\,\mathrm{m^3/s}$

$$Q_1 = 0.04 - Q_2 = 0.04 - 0.018 = 0.022\,\mathrm{m^3/s}$$

(3) 다지관(多枝管)에서의 손실

한 곳으로부터 여러 관로가 각각 저장 용기에 연결된 것을 다지관이라 하며, 그림 6-13 과 같은 3수조 문제에 대한 흐름의 유량 관계식은 다음과 같다.

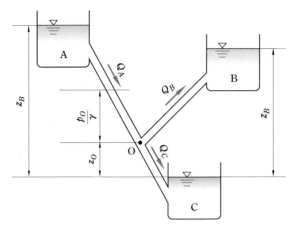

그림 6-13 3수조에서의 손실

$Q_A = Q_B + Q_C$: A에서 B와 C로 흐른다.

$Q_A = Q_C,\ Q_B = 0$: A에서 C로 흐르고, B로는 흐르지 않는다.

$Q_A + Q_B = Q_C$: A와 B에서 C로 흐른다.

공통점 O에서의 전수두를 수력 구배선의 높이로 잡고, 속도수두는 무시한다. 공통점 O에서 전수두를 $\left(\dfrac{p_O}{\gamma} + z_O\right)$라고 하면,

$$h_{LA} = z_A - \left(\frac{p_O}{\gamma} + z_O\right) = z_A - h_{LO} = f_A \cdot \frac{l_A}{d_A} \cdot \frac{V_A^2}{2g}$$

$$h_{LB} = z_B - h_{LO} = f_B \cdot \frac{l_B}{d_B} \cdot \frac{V_B^2}{2g}$$

$$h_{LC} = h_{LO} - z_C = f_C \cdot \frac{l_C}{d_C} \cdot \frac{V_C^2}{2g}$$

이 된다. 각 관로의 속도를 구하려면 $\dfrac{p_O}{\gamma} + z_O$를 가정하여 속도를 계산하고, 이 속도로 유량 관계식이 만족되도록 값을 정하면 된다.

6-4 관로망(管路網, pipe networks)

도시의 상수도나 대형 생산 공장의 배관 구조는 매우 복잡하다. 마치 그물처럼 복잡하게 얽힌 배관망을 관로망이라 하며, 그 해석도 복잡하여 수치 계산을 반복하여 근사값을 얻는다.

그림 6-14와 같은 단순 회로망에서 A와 B 사이의 손실수두는 경로에 관계없이 일정하므로,

$$h_{L(ABC)} = h_{L(ABC)}$$

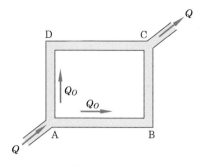

그림 6-14 관로망

이 식은 일반적으로 생각하면 하나의 폐회로를 순환하는 손실수두의 총합은 0이 된다. $H_{L(ABC)} - H_{L(ABC)} = 0$의 흐름 방향과 반대 방향의 손실수두를 $(-)$로 하면 손실수두와 유량 관계식은 $h_L = KQ^n$으로 한다.

▶ Hardy Cross의 방법

각 지관의 접합점에서 연속방정식을 만족시키도록 유량과 그 방향을 가정한 다음, 위에서 설명한 손실수두에 대한 지수방정식을 이용하여 가정된 유량을 점차적으로 수정하여 나가는 단계로 이루어진다.

① 각 지관의 접합점에서 연속방정식을 만족시킬 수 있도록 각 관로에 대한 유량 Q_O를 가정한다.

② 각 관에 대하여 손실수두 $h_L = KQ^n$을 계산하고, 관로로 연결된 폐회로에 대하여 $\sum h_L = \sum (KQ_O^n)$을 계산한다. 이때 가정한 유량이 실제유량이면 $\sum h_L = 0$이 된다.

③ 가정유량의 수정값 ΔQ를 계산하기 위하여 각 폐회로에 대하여 $\sum Kn Q_O^{n-1}$을 계산한다.

④ 유량의 수정값 ΔQ를 계산한다.

$$\Delta Q = \frac{\sum KQ_O^n}{\sum Kn Q_O^{n-1}}$$

⑤ 수정값 ΔQ를 이용하여 각 관로에서의 유량을 수정한다.

⑥ ΔQ의 값이 거의 0이 될 때까지 위의 단계를 반복 계산한다.

$$Q = Q_O + \Delta Q, \; h_L = KQ^n = K(Q_O + \Delta Q)^n = K(Q_O^n + n Q_O^{n-1} \Delta Q + \cdots\cdots)$$

여기서, $\Delta Q \ll Q$이므로 전개식의 제 2 항 이후부터는 무시해도 좋다.

따라서 한 개의 폐회로에 대해서 정리하면

$$\sum h_L = \sum (KQ_O^n) = \sum (KQ_O^n) + \Delta Q \sum (Kn Q_O^{n-1}) = 0$$

이고, 유량의 수정값 ΔQ에 대해서 풀면

$$\Delta Q = \frac{\sum K Q_O^n}{\sum K n Q_O^{n-1}}$$

이 된다. 여기서 ΔQ는 회로망 해석시에 같은 방향이면 $+$가 되고, 반대 방향이면 $-$의 값을 갖는다.

6-5 직렬관에서의 상당길이

부차적 손실을 관마찰손실로 환산하기 위한 상당길이($=$ 등가길이)를 $l_e = K \cdot \dfrac{d}{f}$ 로 표시했다. 그러나 직렬관에서도 크기가 다른 관로를 하나의 관로로 통일해서 생각할 수 있는 등가길이를 구할 수 있다.

지름 d_1, 길이 l_1 인 관에서의 손실수두와 같은 크기의 손실수두를 갖는 지름 d_2 인 관에서 길이를 l_{1e} 라면,

$$h = f_1 \cdot \frac{l_1}{d_1} \cdot \frac{V_1^2}{2g} = f_2 \cdot \frac{l_{1e}}{d_2} \cdot \frac{V_2^2}{2g}$$

$$\therefore \ l_{1e} = l_1 \cdot \frac{f_1}{f_2} \cdot \frac{d_2}{d_1} \cdot \left(\frac{V_1}{V_2}\right)^4$$

이며, 연속방정식으로부터 $\left(\dfrac{V_1}{V_2}\right)^2 = \left(\dfrac{d_2}{d_1}\right)^4$ 이므로,

$$\therefore \ l_{1e} = l_1 \cdot \frac{f_1}{f_2} \cdot \left(\frac{d_2}{d_1}\right)^5$$

이다. 지름 d_1 인 관에서의 손실수두는 지름 d_2 인 관길이에 상당길이 l_{1e} 를 더하여 손실을 구한다.

예제 9. 그림에서 $d_1 = 200\ \mathrm{mm}$, $d_2 = 100\ \mathrm{mm}$, $l_1 = 800\ \mathrm{m}$, $l_2 = 1200\ \mathrm{m}$, $f_1 = 0.03$, $f_2 = 0.02$, 수면차가 $60\ \mathrm{m}$일 때 유량과 관길이 l_2에 가할 관길이 l_1의 등가길이 l_{1e} 를 구하시오.

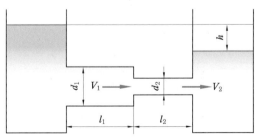

해설 ① $\dfrac{A_2}{A_1} = \left(\dfrac{d_2}{d_1}\right)^2 = \dfrac{1}{4}$

표에서 $K_2 = 0.39$, $V_1 = \dfrac{V_2}{4}$ 이므로,

$$h = \dfrac{V_2^{\,2}}{2g}\left(0.5\alpha^2 + f_1\dfrac{l_1}{d_1}\alpha^2 + K_2 + f_2\dfrac{l_2}{d_2} + 1\right)$$

$$\alpha = \dfrac{A_2}{A_1}$$

$$60 = \dfrac{V_2^{\,2}}{2g}\left(0.5 \times \dfrac{1}{16} + 0.03 \times \dfrac{800}{0.2} \times \dfrac{1}{16} + 0.39 + 0.02 \times \dfrac{1200}{0.1} + 1\right)$$

$$V_2^{\,2} = 60 \times 19.6 \times \dfrac{1}{249} = 4.72$$

$$\therefore\ V_2 = \sqrt{4.72} = 2.17\,\text{m/s}$$

$$\therefore\ Q = A_2 V_2 = \dfrac{\pi}{4} \times 0.1^2 \times 2.17$$

$$= 0.017\,\text{m}^3/\text{s} = 17\,\text{L/s}$$

② $l_{1e} = l_1 \dfrac{f_1}{f_2}\left(\dfrac{d_2}{d_1}\right)^5$

$$= 800 \times \dfrac{0.03}{0.02} \times \left(\dfrac{1}{2}\right)^5 = 37.5\,\text{m}$$

∽ 연습문제 ∽

1. 유동단면 10 cm×10 cm인 매끈한 관 속에 어떤 액체($\nu = 10^{-5}$ m²/s)가 가득 차 흐른다. 이 액체의 평균속도가 2 m/s일 때 10 m당 손실수두(m)를 구하시오.(단, 관마찰계수는 블라시우스의 공식을 이용한다.)

2. 수평 원통관 속에서 일차원 층류흐름일 때 압력손실을 구하시오.(단, μ는 점성계수, l은 관의 길이, Q는 유량, d는 관의 지름이다.)

3. 지름 5 cm인 매끈한 관에 동점성계수가 1.57×10^{-5} m²/s인 공기가 0.5 m/s의 속도로 흐른다. 관의 길이 100 m에 대한 손실수두(m)를 구하시오.

4. 레이놀즈수가 1800인 유체가 매끈한 원관 속을 흐를 때 관마찰계수를 구하시오.

5. 동점성계수가 1.15×10^{-6} m²/s인 물이 안지름 25 cm인 주철관 속을 평균유속 1.5 m/s로 흐를 때 관마찰계수를 구하시오.(단, 무디 선도를 써서 구한다.)

6. 다음 그림과 같이 지름 30 cm인 파이프에서 0.4 m³/s의 물이 흐르고 있다. 1에서 압력계가 900 kPa를 가리키고 있을 때 압력 p_2(kPa)를 구하시오.(단, 관마찰계수 f는 0.02로 가정한다.)

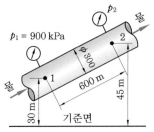

7. 점성계수 0.95 Pa·s, 비중 0.95인 기름을 매분 100 L씩 안지름 100 mm 원관을 통하여 30 km 떨어진 곳으로 수송할 때 필요한 동력(kW)을 구하시오.

8. 안지름이 70 mm의 곧은 관 속에 풍속 30 m/s의 공기를 보내고 있다. 이때 관의 길이 1 m 사이에서 정압차가 16 mmAq를 나타냈을 때 관의 마찰계수를 구하시오.(단, 공기의 비중량은 12 N/m³가 된다.)

9. 지름이 30 cm인 주철관이 300 m 거리에 있는 두 저수지에 연결되어 있고, 두 저수지의 표고차가 15 m이다. 물의 온도가 20℃일 때 이 관을 통해서 흐를 수 있는 유량을 구하시오.

10. 점성계수 0.625×10^{-2} P, 비중 0.85인 기름이 안지름 100 mm인 곧은 강관 속을 50 L/s로 흐르고 있다. 관 길이 100 m에 대한 압력손실(kPa)을 구하시오.

11. 절대압력 100 kPa, 온도 15℃, 동점성계수 $0.15 \times 10^{-4} \, \text{m}^2/\text{s}$인 공기를 평균유속 2 m/s로 가로 200 mm, 세로 300 mm인 직사각형 도관을 통하여 수평거리 1500 m인 곳으로 수송할 때 압력강하는 몇 Pa인지 구하시오.(단, 도관의 벽면은 매끈하다.)

12. 부차적 손실이 생기는 이유를 설명하시오.

13. 안지름이 각각 300 mm와 450 mm의 원관이 직접 연결되어 있다. 지름 300 mm 관에서 450 mm 관의 방향으로 매초 230 L의 물이 흐르고 있을 때 돌연 확대 부분에서의 손실을 구하시오.

14. 지름이 150 mm인 원관과 지름이 400 mm인 원관이 직접 연결되어 있다. 작은 관에서 큰 관쪽으로 매초 300 L의 물을 보낼 때 연결부의 손실수두(mAq)를 구하시오.

15. 다음 그림과 같은 수평관에서 압력계의 읽음이 490 kPa이다. 관의 안지름은 60 mm이고 관의 끝에 달린 노즐의 지름은 20 mm이다. 이때의 노즐의 분출속도를 구하시오.(단, 노즐에서의 손실은 무시할 수 있고 관마찰계수는 0.025이다.)

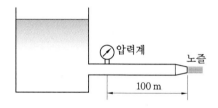

16. 다음 그림과 같은 관에서의 손실수두를 구하시오.

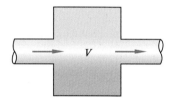

17. 다음 그림과 같이 상하의 두 저수지를 지름 d, 길이 l인 원관으로 직결시킬 때 원관 내의 평균유속을 구하시오.(단, 관마찰계수를 f라 하고, 기타의 미소손실은 무시한다.)

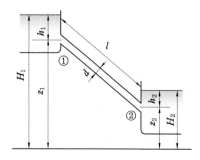

18. 지름이 10 cm, 길이 100 m인 수평원관 속을 10 L/s의 유량으로 기름($\nu = 1 \times 10^{-4}$ m^2/s, $S = 0.8$)을 수송하려고 한다. 관 입구와 관 출구 사이에 필요한 압력차(kg/m^2)를 구하시오.

19. 지름 10 cm인 매끈한 원관에 물(동점성계수 $\nu = 10^{-6}$ m^2/s)이 0.02 m^3/s의 유량으로 흐르고 있을 때 길이 100 m당 손실수두(m)를 구하시오.

20. 다음 그림과 같이 15℃인 물($\rho = 998.6$ kg/m^3, $\mu = 1.12$ kg/m·s)이 200 kg/min으로 관 속을 흐르고 있다. 이때 마찰계수 f를 구하시오.

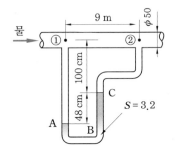

21. 표고 30 m인 저수지로부터 표고 75 m인 지점까지 0.6 m^3/s의 물을 송수시키는 데 필요한 펌프 동력을 구하시오.(단, 전손실수두는 12 m이다.)

22. 깨끗한 단연철(wrought iron) 관을 통하여 0.2 m^3/s의 기름을 운반하려고 한다. 기름의 동점성계수는 0.7×10^{-5} m^2/s이고, 관의 길이 1000 m에서 손실수두를 8 m로 하는 관의 지름을 구하시오.

23. 안지름 200 mm인 관이 안지름 350 mm로 돌연 확대될 때 유량 0.3 m^3/s가 흐르면 손실수두는 몇 m가 되는지 구하시오.

24. 다음 그림과 같은 관에서 흐르는 유량(m^3/s)을 구하시오.(단, 관마찰계수는 0.027이다.)

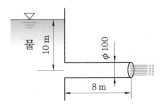

25. 다음 그림과 같은 펌프의 관의 안지름은 10 cm이고, 관 속에서의 평균유속은 2 m/s이다. 이 관의 수직길이는 3 m로서 그 중 1 m는 물 속에 잠겨져 있고, 90° 엘보를 거쳐 수평으로 연결된 관의 길이는 4 m이다. 이때 펌프 입구에서의 압력을 구하시오.(단, 관마찰계수는 0.025이다.)

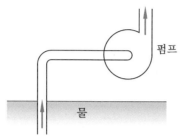

26. 지름 d인 균일한 관로를 유량 Q가 흐를 때 상당 기울기를 구하시오.

27. 지름이 d인 원형관과 한 변의 길이가 b인 정사각형 단면의 관이 있다. 두 관의 길이 l, 단면 A, 유량 Q, 관마찰계수 f가 모두 같을 때 두 관에서의 압력 손실비를 구하시오.

28. 다음 그림에서 관에 흐르는 유량(m^3/s)을 구하시오.

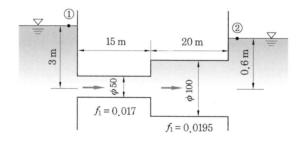

29. 관에서 유속을 줄일 때 유속 V_1을 직접 V_2로 감속시켜 주는 것보다는 관의 굵기를 적당히 중간에 조정하여 중간감속 V를 이용하면 손실을 최소로 줄일 수 있다. 그렇다면 이때의 방정식과 직접 V_1을 V_2로 감속시키는 경우보다 얼마나 작게 할 수 있는지 구하시오.

30. 속도 V_1인 흐름을 V_2로 바꿀 때 중간 굵기의 관을 사용하여 2단으로 감속함으로써 1단으로 감속할 때보다 손실수두를 줄일 수가 있다. 중간 굵기의 관에서 속도 V를 어떻게 하면 손실수두가 가장 작은지 구하시오. 또, 최소 손실수두는 1단으로 감속할 때의 손실수두에 비해 얼마로 줄어드는지 구하시오.

연습문제 풀이

1. ① 수력 반지름
$$R_h = \frac{10 \times 10}{10 \times 2 + 10 \times 2} = 2.5 \text{ cm} = 0.025 \text{ m}$$

② 레이놀즈수
$$Re = \frac{V(4R_h)}{\nu} = \frac{2 \times (4 \times 0.025)}{10^{-5}} = 20000$$

블라시우스 공식에서 마찰계수 f를 구하면
$$f = 0.3164 \, Re^{-\frac{1}{4}} = 0.3164 \times 20000^{-\frac{1}{4}}$$
$$= 0.0266$$

따라서, 다르시 방정식을 이용하면
$$h_L = f \frac{l}{4R_h} \cdot \frac{V^2}{2g}$$
$$= 0.0266 \times \frac{10}{4 \times 0.025} \times \frac{2^2}{2 \times 9.8}$$
$$= 0.542 \text{ m}$$

2. 하겐-푸아죄유의 방정식에 의하면 압력손실은 다음과 같다. 즉,
$$\Delta p = \frac{128 \mu l Q}{\pi d^4}$$

3. $Re = \dfrac{Vd}{\nu} = \dfrac{0.5 \times 0.05}{1.57 \times 10^{-5}}$
$$= 1592 < 2320$$
$$f = \frac{64}{Re} = \frac{64}{1592} = 0.0402$$
$$h_L = f \frac{l}{d} \cdot \frac{V^2}{2g}$$
$$= 0.0402 \times \frac{100}{0.05} \times \frac{0.5^2}{2 \times 9.81}$$
$$= 1.024 \text{ m}$$

4. 층류이므로 $f = \dfrac{64}{Re} = \dfrac{64}{1800} \fallingdotseq 0.0356$

5. $Re = \dfrac{1.5 \times 0.25}{1.15 \times 10^{-6}} \fallingdotseq 326087$

안지름 25 cm인 주철관의 상대조도는

$$\frac{e}{d} = 0.0008$$

이다. 따라서 무디 선도에서 $Re = 326087$과 $\dfrac{e}{d} = 0.0008$의 교점에서 관마찰계수 f를 읽으면
$$f \fallingdotseq 0.0187$$

6. ① 평균유속
$$V = \frac{Q}{A} = \frac{0.4}{\frac{\pi}{4} \times 0.3^2} = 5.66 \text{ m/s}$$

② 손실수두
$$h_L = f \cdot \frac{l}{d} \cdot \frac{V^2}{2g}$$
$$= 0.02 \frac{600}{0.3} \cdot \frac{5.66^2}{2 \times 9.8} = 65.38 \text{ m}$$

1과 2에 베르누이 방정식을 적용하면,
$$\frac{p_1}{\gamma} + \frac{V_1^2}{2g} + z_1 = \frac{p_2}{\gamma} + \frac{V_2^2}{2g} + z_2 + h_L$$

여기서, $p_1 = 900000 \text{ Pa}$, $V_1 = V_2 = V$, $z_1 = 30\text{m}$ $z_2 = 45 \text{ m}$, $h_L = 65.38 \text{ m}$ 이므로,
$$\therefore \frac{900000}{9800} + \frac{5.66^2}{5 \times 9.8} + 30$$
$$= \frac{p_2}{9800} + \frac{5.66^2}{2 \times 9.8} + 45 + 65.38$$
$$\therefore p_2 = 112276 \text{Pa} = 112.276 \text{ kPa}$$

7. 평균유속은
$$V = \frac{4Q}{\pi d^2} = \frac{4 \times 100 \times 10^{-3}}{\pi \times 0.1^2 \times 60} = 0.212 \text{ m/s}$$
$$Re = \frac{\rho Vd}{\mu} = \frac{9800 \times 0.95 \times 0.212 \times 0.1}{0.98 \times 9.8}$$
$$\fallingdotseq 20.55 < 2100 : 층류$$

따라서, 관마찰계수
$$f = \frac{64}{Re} = \frac{64}{20.55} \fallingdotseq 3.114$$

압력손실은
$$\Delta p = \gamma \cdot f \frac{l}{d} \cdot \frac{V^2}{2g}$$

$$= 9800 \times 0.95 \times 3.114 \times \frac{30 \times 10^3}{0.1} \times \frac{0.212^2}{2 \times 9.8}$$

$$\fallingdotseq 19943675\,\text{Pa}$$

소요동력 $P_L = \Delta p \cdot Q$

$$= \frac{19943675 \times 100 \times 10^{-3}}{60}$$

$$\fallingdotseq 33239\text{W} \fallingdotseq 33.2\,\text{kW}$$

8. 다르시의 방정식으로부터 곧은 관에 대한 손실은

$$h_L = f\frac{l}{d} \cdot \frac{V^2}{2g}$$

그런데 곧고 수평한 관에서의 압력손실과 손실수두와의 관계는 $\Delta p = \gamma h_L$이 되므로

$$\Delta p = f \cdot \frac{l}{d} \cdot \frac{\gamma V^2}{2g}$$

여기서, $\Delta p = 16\,\text{mmAq} = 156.8\,\text{N/m}^2$, $l = 1\,\text{m}$, $d = 0.07\,\text{m}$, $\gamma = 1.22\,\text{kg/m}^3$, $V = 30\,\text{m/s}$

$$\therefore f = \frac{156.8 \times 0.07 \times 2 \times 9.81}{1 \times 12 \times 30^2} = 0.02$$

9. 20℃의 물에 대하여 표로부터

$$\nu = 1.006 \times 10^{-6}\,\text{m}^2/\text{s}$$

$$Re = \frac{Vd}{\nu} = \frac{V \times 0.3}{1.006 \times 10^{-6}} = 298200\,V$$

손실수두 h_L이 15 m이므로

$$15 = \left(0.5 + f\frac{300}{0.3} + 1\right)\frac{V^2}{2g}$$

$f = 0.03$으로 가정하면

$$V = 3.055\,\text{m/s},\ Re = 298200 \times V = 911000$$

$$\frac{e}{d} = \frac{0.00026}{0.3} = 0.00086$$

무디 선도로부터 $f = 0.02$를 얻게 되어 가정은 약간 어긋났다. $f = 0.02$로 가정한다. 그러면

$$V = 3.7\,\text{m/s},\ Re = 298200 \times V = 1100000$$

$$\frac{e}{d} = 0.00086$$

무디 선도로부터 $f \fallingdotseq 0.02$를 얻으므로 가정이 옳았다. 따라서 $V = 3.7\,\text{m/s}$이다.

$$\therefore Q = A\,V = \frac{\pi \times 0.3^2}{4} \times 3.7$$

$$= 0.261\,\text{m}^3/\text{s}$$

10. 평균유속은

$$V = \frac{4Q}{\pi d^2} = \frac{4 \times 50 \times 10^{-3}}{\pi \times 0.1^2} \fallingdotseq 6.37\,\text{m/s}$$

점성계수는

$$\mu = 0.625 \times 10^{-2}\text{P} = \frac{0.625 \times 10^{-2} \times 9.8}{98}$$

$$= 0.625 \times 10^{-3}\,\text{Pa} \cdot \text{s}$$

$$\therefore Re = \frac{\rho Vd}{\mu} = \frac{0.85 \times 9800 \times 6.37 \times 0.1}{0.625 \times 10^{-3} \times 9.8}$$

$$= 866320\ > 2100 : 난류$$

지름 100 mm인 상업용 강관의 상대조도 $\frac{e}{d}$는 0.00043이므로 무디 선도에서 관마찰계수를 구하면 $f = 0.0165$이다. 따라서, 압력손실은

$$\Delta p = \gamma h_L = \gamma \cdot f\frac{l}{d} \cdot \frac{V^2}{2g}$$

$$= 9800 \times 0.85 \times 0.0165 \times \frac{100}{0.1} \times \frac{6.37^2}{2 \times 9.8}$$

$$\fallingdotseq 284546\text{Pa} \fallingdotseq 284.5\,\text{kPa}$$

11. 수력 반지름은

$$R_h = \frac{A}{P} = \frac{0.2 \times 0.3}{2 \times 0.2 + 2 \times 0.3} = 0.06\,\text{m}$$

$$Re = \frac{4R_h V}{\nu} = \frac{4 \times 0.06 \times 2}{0.15 \times 10^{-4}} = 32000$$

따라서, 흐름은 난류이다.

도관의 가로와 세로의 비는 $\frac{b}{a} = \frac{300}{200} = \frac{3}{2}$

즉, $\frac{1}{3} < \frac{b}{a} < 3$의 범위 내에 있으므로 원관의 관마찰계수를 적용할 수 있다. 따라서, 무디 선도를 이용하면 $Re = 32000$에서 $f = 0.023$이다. 또, 공기의 비중량은

$$\gamma = \frac{gp}{RT} = \frac{100 \times 10^3 \times 9.8}{287 \times (273 + 15)}$$

$$\fallingdotseq 11.86\,\text{N/m}^3$$

$$\therefore \Delta p = \gamma \cdot f\frac{l}{4R_h} \cdot \frac{V^2}{2g}$$

$$= 11.86 \times 0.023 \times \frac{1500}{4 \times 0.06} \times \frac{2^2}{2 \times 9.8}$$

$$= 348\,\text{Pa}$$

🖎 타원이나 도관과 같은 비원형 관로에 대한 관마찰계수는 흐름이 난류이고 단면의 가로, 세로의 비가 극히 작거나 큰 범위(실제로는 1 : 3과 3 : 1 사이의 범위)일 때는 원관의 관마찰계수와 일치하며 그 밖의 경우는 원관의 관마찰계수보다 조금 큰 값을 갖는다.

12. 부차적 손실은 일반적으로 속도의 변화(크기와 방향) 때문에 생기는데 이것을 속도 변화 또는 형상 변화에 의한 손실이라고 한다. 또 속도의 변화가 클 때에는 충돌손실이라고도 하며 관로 도중에 놓인 장애물의 뒷면에는 와류가 생기는데 이로 인해 생기는 손실을 와류손실이라고 한다.

13. $h_L = K \dfrac{V_1^2}{2g}$

$$K = \left\{ 1 - \left(\dfrac{d_1}{d_2} \right)^2 \right\}^2 = \left\{ 1 - \left(\dfrac{300}{450} \right)^2 \right\}^2 = 0.3086$$

$$V_1 = \dfrac{0.230}{\dfrac{\pi \times 0.3^2}{4}} = 3.255 \, \text{m/s}$$

$$\therefore \; h_L = 0.3086 \times \dfrac{3.255^2}{2 \times 9.81} = 0.167 \, \text{m}$$

14. $h_L = \left\{ 1 - \left(\dfrac{A_1}{A_2} \right) \right\}^2 \dfrac{V_1^2}{2g}$ 에서

$$\dfrac{A_1}{A_2} = \left(\dfrac{150}{400} \right)^2 = 0.11$$

$$V_1 = \dfrac{Q}{\dfrac{\pi d_1^2}{4}} = \dfrac{4 \times 0.3}{\pi \times 0.15^2} = 17 \, \text{m/s}$$

$$\therefore \; h_L = (1 - 0.11)^2 \times \dfrac{17^2}{2 \times 9.8} = 11.68 \, \text{m}$$

15. 압력계와 노즐 지점에 대하여 베르누이 방정식을 적용한다.

$$\dfrac{p_1}{\gamma} + \dfrac{V_1^2}{2g} = \dfrac{p_2}{\gamma} + \dfrac{V_2^2}{2g} + h_L$$

여기에서

$$p_2 = 0, \quad \dfrac{V_1}{V_2} = \left(\dfrac{d_2}{d_1} \right)^2$$

$$\therefore \; V_1 = V_2 \left(\dfrac{20}{60} \right)^2 = \dfrac{V^2}{9}$$

$$h_L = f \dfrac{l}{d} \cdot \dfrac{V_1^2}{2g} = f \dfrac{l}{d} \cdot \dfrac{V_2^2}{2g} \cdot \dfrac{1}{81}$$

$$\therefore \; \dfrac{490000 \times 10^4}{9800} + \dfrac{V_2^2}{2 \times 9.8 \times 81}$$

$$= 0 + \dfrac{V_2^2}{2 \times 9.8}$$

$$+ 0.025 \times \dfrac{100}{0.06} \times \dfrac{V_2^2}{2 \times 9.8} \times \dfrac{1}{81} \times 50$$

$$+ 0.00063 V_2^2$$

$$= 0 + 0.051 V_2^2 + 0.0263 V_2^2$$

$$\therefore \; V_2^2 = 652$$

$$\therefore \; V_2 = 25.5 \, \text{m/s}$$

16. 탱크의 유입 측에서 $K_L = 1.0$, 탱크의 유출 측에서 $K_c = 0.5$

$$\therefore \; 전손실 \; h_L = (1 + 0.5) \dfrac{V^2}{2g}$$

$$= 1.5 \dfrac{V^2}{2g}$$

17. ①, ②에 대하여 베르누이 방정식을 대입시키면

$$\dfrac{V^2}{2g} + \dfrac{p_1}{\gamma} + z_1$$

$$= \dfrac{V_2^2}{2g} + \dfrac{p_2}{\gamma} + z_2 + f \dfrac{l}{d} \cdot \dfrac{V^2}{2g}$$

여기서, $V_1 = V_2 = V$, $p_1 = \gamma h_1$, $p_2 = \gamma h_2$ 이므로,

$$f \dfrac{l}{d} \cdot \dfrac{V^2}{2g} = z_1 + h_1 - (z_2 + h_2)$$

$$= h_1 - h_2$$

$$\therefore \; V = \sqrt{\dfrac{2gd(h_1 - h_2)}{fl}}$$

18. 평균유속은

$$V = \dfrac{Q}{A} = \dfrac{0.01}{\dfrac{\pi}{4} \times 0.1^2}$$

$$= 1.27 \, \text{m/s}$$

레이놀즈수는

$$Re = \frac{Vd}{\nu} = \frac{1.27 \times 0.1}{1 \times 10^{-4}}$$

$$= 1270 < 2100 : 층류$$

따라서, 마찰계수 $f = \dfrac{64}{Re} = \dfrac{64}{1270} = 0.05$

그러므로 손실수두는

$$h_L = f\frac{l}{d} \cdot \frac{V^2}{2g}$$

$$= 0.05 \frac{100}{0.1} \cdot \frac{1.27^2}{2 \times 9.8}$$

$$= 4.11 \text{ m}$$

따라서, 압력차는

$$\Delta p = \gamma h_L$$

$$= (9800 \times 0.8) \times 4.11$$

$$= 32222.4 \text{ N/m}^2$$

19. 평균유속은

$$V = \frac{Q}{A} = \frac{0.02}{\frac{\pi}{4} \times 0.1^2}$$

$$= 2.547 \text{ m/s}$$

레이놀즈수는

$$Re = \frac{Vd}{\nu} = \frac{2.547 \times 0.1}{10^{-6}} = 254700$$

블라시우스 공식에서

$$f = 0.3164 Re^{\frac{1}{4}} = 0.3164 (254700)^{\frac{1}{4}}$$

$$= 0.014$$

손실수두는

$$h_L = f \cdot \frac{l}{d} \cdot \frac{V^2}{2g}$$

$$= 0.014 \times \frac{100}{0.1} \times \frac{2.547^2}{2 \times 9.8} = 4.66 \text{ m}$$

20. 시차 액주계에서 $p_A = p_B$이므로

$$p_1 + 9800(1 + 0.48)$$

$$= p_2 + 9800 \times 1 + 9800 \times 3.2 \times 0.48$$

$$\therefore \frac{p_1 - p_2}{9800} = (3.2 - 1) \times 0.48$$

$$= 1.056 \text{ m}$$

평균유속 V는 $\dot{m} = \rho A V$에서

$$V = \frac{\dot{m}}{\rho A} = \frac{\frac{200}{60}}{998.6 \times \frac{\pi \times 0.05^2}{4}} = 1.7 \text{ m/s}$$

그림의 ①과 ②에 베르누이 방정식을 적용하면

$$\frac{p_1}{9800} + \frac{1.7^2}{2 \times 9.8} = \frac{p_2}{9800} + \frac{1.7^2}{2 \times 9.8} + h_L$$

$$\therefore h_L = \frac{p_1 - p_2}{9800} = 1.056 \text{ m}$$

다르시 방정식에서

$$h_L = f \cdot \frac{l}{d} \cdot \frac{V^2}{2g}$$

$$1.056 \text{ m} = f \times \frac{9}{0.05} \times \frac{1.7^2}{2 \times 9.8}$$

$$\therefore f = 0.03978$$

21. $\dfrac{p_1}{\gamma} + \dfrac{V_1^2}{2g} + z_1 + E_P$

$$= \frac{p_2}{\gamma} + \frac{V_2^2}{2g} + z_2 + h_L$$

$p_1 = p_2 = 0$이라면 $z_1 = z_2$이므로

$$h_L = 12 \text{ m}, \ z_1 = 30 \text{ m}, \ z_2 = 75 \text{ m}$$

$$E_P = (z_2 - z_1) + h_L = (75 - 30) + 12 = 57 \text{ m}$$

펌프 동력은

$$P_P = \frac{\gamma Q E_P}{75}$$

$$= \frac{9800 \times 0.6 \times 57}{735.5} = 456 \text{ PS}$$

22. 다르시 방정식을 다시 정리하면

$$h_L = f\frac{l}{d} \cdot \frac{V^2}{2g}$$

$$= f\frac{l}{d} \cdot \frac{Q^2}{2g\left(\frac{d^2\pi}{4}\right)^2}$$

$$\therefore d^5 = \frac{8l}{h_L g\pi^2} Q^2 f = C_1 f$$

주어진 값을 대입시키면

$$Re = \frac{8 \times 10^3 \times 0.2^2}{8 \times 9.8 \times \pi^2} \times f$$

$$= 0.414 f$$

그런데 $Vd^2 = \dfrac{4Q}{\pi}$이므로

$$Re = \frac{Vd}{\nu} = \frac{4Q}{\pi\nu} \cdot \frac{1}{d}$$

$$Re = \frac{0.2 \times 4}{\pi \times 0.7 \times 10^{-5} \times d} = \frac{3.64 \times 10^4}{d}$$

단연철관에서 $e = 4.57 \times 10^{-5}$, $f = 0.02$로 가정한다. 그리고 이 값을 대입하면 다음과 같이 된다.

$$d = 0.383\,\text{m}, \quad Re = 95000, \quad \frac{e}{d} = 0.0012$$

이 값들로부터 선도에서 $f = 0.019$를 읽으면 가정된 값과 약간 틀린다. 다시 $f = 0.019$로 가정한다.

$$d = 0.38\,\text{m}, \quad Re = 95800, \quad \frac{e}{d} = 0.00012$$

무디 선도로부터 $f = 0.019$를 읽으면, 이 값은 앞에서 가정한 값과 같다. 따라서, $d = 38\,\text{cm}$ 이다.

23. $V_1 = \dfrac{4Q}{\pi d_1^{\,2}} = \dfrac{4 \times 0.3}{\pi \times 0.2^2}$

$\qquad \fallingdotseq 9.554\,\text{m/s}$

$\quad V_2 = \dfrac{4Q}{\pi d_2^{\,2}} = \dfrac{4 \times 0.3}{\pi \times 0.35^2}$

$\qquad \fallingdotseq 3.12\,\text{m/s}$

$\quad \therefore$ 손실수두 $h_L = \dfrac{(V_1 - V_2)^2}{2g}$

$\qquad\qquad\qquad = \dfrac{(9.554 - 3.12)^2}{2 \times 9.8}$

$\qquad\qquad\qquad \fallingdotseq 2.11\,\text{m}$

24. 손실수두는

$$h_L = 0.5 \times \frac{V^2}{2g} + 0.027 \times \frac{8}{0.1} \times \frac{V^2}{2g}$$

$$= 2.66 \times \frac{V^2}{2g}$$

물의 자유표면과 노즐 끝단에 베르누이 방정식을 적용하면

$$0 + 0 + 10 = 0 + \frac{V^2}{2g} + 0 + 2.66 \frac{V^2}{2g}$$

$$\therefore \ V = 7.318\,\text{m/s}$$

$$\therefore \ Q = \frac{\pi \times 0.1^2}{4} \times 7.318$$

$$= 0.0575\,\text{m}^3/\text{s}$$

25. 수면과 펌프의 흡입구에 대하여 베르누이 방정식을 적용시키면

$$\frac{p}{\gamma} = -\frac{V^2}{2g} - z - \frac{V^2}{2g}\left(f\frac{l}{d} + 0.5 + 0.9\right)$$

$$= -\frac{2^2}{2 \times 9.8} - 2$$

$$\quad -\frac{2^2}{2 \times 9.8}\left(0.025 \times \frac{7}{0.1} + 0.5 + 0.9\right)$$

$$= -2.85\,\text{mAq}$$

26. 균일한 관로의 관마찰계수를 일정하다고 하면 마찰 손실수두는

$$h_L = f\frac{l}{d} \cdot \frac{V^2}{2g} \tag{a}$$

수력 구배선이 수평선과 θ 만큼 기울어졌다면 수력 기울기의 정의에 의해서

$$i = \tan\theta \fallingdotseq \frac{h_L}{l} \tag{b}$$

여기서, h_L은 관의 길이 l에 대한 손실수두이다.

식 (a), (b)에서

$$i \fallingdotseq \frac{h_L}{l} = \frac{f}{d} \cdot \frac{V^2}{2g}$$

$$\therefore \ V = \sqrt{\frac{2g}{f}di}$$

이 식은 관로의 흐름에 대한 Chézy의 식이라고 한다. 연속의 식에서

$$Q = \frac{\pi}{4}d^2 V = \frac{\pi}{4}d^2 \cdot \sqrt{\frac{2g}{f}di}$$

$$= \frac{\pi}{4}\sqrt{\frac{2g}{f}d^5 i}$$

$$\therefore \ i = \frac{16 f Q^2}{\pi^2 2g d^5} = \frac{8}{\pi^2 g} \cdot \frac{f Q^2}{d^5}$$

$$\fallingdotseq 0.0828\frac{f Q^2}{d^5}$$

만약 $f = 0.03$이라고 하면

$$i = 0.0025\frac{Q^2}{d^5}$$

27. 원형 및 정사각형 단면에서의 압력손실을 각각 Δp_1, Δp_2라고 할 때

$$\Delta p_1 = \gamma h_{L1} = f \cdot \frac{l}{d} \cdot \frac{V_1^{\,2}}{2g} \cdot \gamma$$

$$\Delta p_2 = \gamma h_{L2} = f \cdot \frac{l}{4R_h} \cdot \frac{V_2^{\,2}}{2g} \cdot \gamma$$

여기에서 단면적이 같으므로 $AV_1 = AV_2$ 즉, $V_1 = V_2$

$$R_h = \frac{b^2}{4b} = \frac{b}{4} \text{이므로} \quad \frac{\Delta p_1}{\Delta p_2} = \frac{4R_h}{d} = \frac{b}{d}$$

그런데 단면적은 $b^2 = \dfrac{\pi}{4}d^2$

$$\therefore \; \frac{b}{d} = \sqrt{\frac{\pi}{4}} = 0.886$$

28. 손실수두는

$$h_L = 0.5\frac{V_1{}^2}{2g} + f_1\frac{l_1}{d_1}\cdot\frac{V_1{}^2}{2g} + \frac{(V_1-V_2)^2}{2g}$$
$$+ f_2\frac{l_2}{d_2}\cdot\frac{V_2{}^2}{2g} + \frac{V_2{}^2}{2g}$$

여기서, $V_1 = 4V_2$이므로

$$h_L = 0.5\frac{16V_2{}^2}{2g} + 0.017\frac{15}{0.05}\cdot\frac{16V_2{}^2}{2g}$$
$$+ \frac{9V_2{}^2}{2g} + 0.0195\frac{20}{0.1}\cdot\frac{V_2{}^2}{2g} + \frac{V_2{}^2}{2g}$$
$$= 103.5\frac{V_2{}^2}{2g}$$

그림의 ①과 ②에 베르누이 방정식을 적용하면

$$0+0+3 = 0+0+0.6+103.5\frac{V_2{}^2}{2g}$$
$$\therefore \; V_2 = 0.674\,\mathrm{m/s}$$
$$\therefore \; Q = \frac{\pi\times 0.1^2}{4}\times 0.674$$
$$= 5.3\times 10^{-3}\,\mathrm{m^3/s}$$

29. 일단 속도 V_1을 V로 줄인 다음 다시 V_2로 감속시킬 때 전손실수두 h_L은

$$h_L = \frac{(V_1-V)^2}{2g} + \frac{(V-V_1)^2}{2g}$$

여기서, h_L을 최소로 하는 중간속도 V는

$$V = \frac{dh_L}{dV} = 0 - (V_1-V) + (V-V_2)$$
$$= 0$$
$$\therefore \; V = \frac{V_1+V_2}{2}$$

$$h_L = \frac{\left(V_1 - \dfrac{V_1+V_2}{2}\right)^2}{2g}$$
$$+ \frac{\left(\dfrac{V_1+V_2}{2} - V_2\right)^2}{2g}$$
$$= \frac{(V_1-V_2)^2}{4g}$$

따라서, 중간속도 V를 이용하면 손실수두를 $\dfrac{1}{2}$로 줄일 수 있다.

30. ① 속도 V_1에서 V로 감속할 때의 손실수두와 속도 V에서 V_2로 감속할 때의 손실수두의 합이 전체 손실수두이다. 돌연확대관을 써서 감속하는 경우이므로

$$h_L = \frac{(V_1-V)^2}{2g} + \frac{(V-V_2)^2}{2g}$$

최소 손실수두를 갖는 V의 값은 $\dfrac{dh_L}{dV} = 0$으로 놓으면

$$-(V_1-V) + (V-V_2) = 0$$
$$\therefore \; V = \frac{V_1+V_2}{2}$$

② $V = \dfrac{V_1+V_2}{2}$일 때가 최소 손실수두이다.

$$h_L = \frac{\left(V_1 - \dfrac{V_1+V_2}{2}\right)^2}{2g}$$
$$+ \frac{\left(\dfrac{V_1+V_2}{2} - V_2\right)^2}{2g}$$
$$= \frac{(V_1-V_2)^2}{4g}$$

따라서, 최소 손실수두는 1단으로 감속하는 경우의 손실수두 $\dfrac{(V_1-V_2)^2}{2g}$의 $\dfrac{1}{2}$이 된다.

제7장   차원해석과 상사법칙

7-1   상사법칙(相似法則)

유체역학에서는 유동 현상을 연구함에 있어 모형(模型, model type)을 사용하는 경우가 많다. 이 모형은 원형(原型, proto type)에 비하여 작으므로 시간과 비용이 적게 들어 경제적이지만, 모형을 사용하는 것도 해석적인 방법에 비하면 비경제적이다. 그러므로 해석적인 방법으로 믿을만한 해답을 얻을 수 없는 경우에만 모형 실험을 하는 것이 보통이다.

이와 같은 모형 실험을 할 때는 모형과 원형 사이에 서로 상사(相似)가 되어야 할 뿐만 아니라 모형에 미치는 유체의 상태, 즉 속도 분포나 압력 분포의 상태가 실물에 미치는 유체의 상태와 꼭 상사가 되도록 할 필요가 있다. 모형 실험이 실제의 현상과 상사가 되기 위해서는 기하학적 상사, 운동학적 상사 및 역학적 상사의 세 가지 조건이 필요하다.

(1) 기하학적 상사(geometric similitude)

크기를 확대하여 실물을 제작하는 것은 모형과 기하학적 상사 관계의 문제이다. 원형과 모형은 동일한 모양이어야 하고, 원형과 모형 사이에는 서로 대응하는 모든 차수비가 같아야 한다.

모형과 원형에 각각 첨자 m과 p를 붙이면,

$$길이 : l_r = \frac{L_m}{L_p} = L = 상수$$

$$면적 : A_r = \frac{A_m}{A_p} = L^2 = 상수$$

$$체적 : V_r = \frac{V_m}{V_p} = L^3 = 상수$$

(2) 운동학적 상사(kinematic similitude)

원형과 모형 주위에 흐르는 유체의 유동이 기하학적으로 상사할 때, 즉 유선이 기하학적으로 상사할 때 원형과 모형은 운동학적 상사가 존재한다. 그러므로 운동학적으로 상

사하는 두 유동 사이에는 서로 대응하는 점에서의 속도가 평행하여야 하고, 속도의 크기
비는 모든 대응점에서 같아야 한다.

$$\text{속도비} : V_r = \frac{V_m}{V_p} = \frac{\dfrac{L_m}{T_m}}{\dfrac{L_p}{T_p}} = \frac{L_r}{T_r} = \text{상수}$$

$$\text{가속도} : a_r = \frac{a_m}{a_p} = \frac{\dfrac{L_m}{T_m^{\,2}}}{\dfrac{L_p}{T_p^{\,2}}} = \frac{L_r}{T_r^{\,2}} = \text{상수}$$

$$\text{유 량} : Q_r = \frac{Q_m}{Q_p} = \frac{\dfrac{L_m^{\,3}}{T_m}}{\dfrac{L_p^{\,3}}{T_p}} = \frac{L_r^{\,3}}{T_r} = \text{상수}$$

(3) 역학적 상사(dynamic similitude)

기하학적으로 상사하고, 또 운동학적으로 상사한 두 원형과 모형 사이에 서로 대응하
는 점에서의 힘(전단력, 압력, 관성력, 표면장력, 탄성력, 중력 등)의 방향이 서로 평행
하고 크기의 비가 같을 때 모형과 원형은 역학적 상사가 존재한다고 한다.

$$\text{힘} : F_r = \frac{F_m}{F_p} = F = \text{상수}$$

$$\text{응력} : \sigma_r = \frac{\sigma_m}{\sigma_p} = \sigma = \text{상수}$$

점성력을 F_v, 압축력을 F_c, 인장력을 F_t, 탄성력을 F_e 라 하면,

$$\frac{(F_v)_m}{(F_v)_p} = \frac{(F_c)_m}{(F_c)_p} = \frac{(F_t)_m}{(F_t)_p} = \frac{(F_e)_m}{(F_e)_p} = \text{상수}$$

$$\frac{(F_v)_m}{(F_v)_p} = \frac{(F_c)_m}{(F_c)_p} \rightarrow \frac{(F_v)_m}{(F_c)_m} = \frac{(F_v)_p}{(F_c)_p} = \text{상수}$$

$$\frac{(F_c)_m}{(F_c)_p} = \frac{(F_t)_m}{(F_t)_p} \rightarrow \frac{(F_e)_m}{(F_t)_m} = \frac{(F_c)_p}{(F_t)_p} = \text{상수}$$

7-2 차원해석(次元解析)

어떤 물리적인 현상에 대한 방정식의 의미, 단위의 변환, 관계식 변수의 배열을 결정
하기 위하여 계통적인 실험 계획 등에 사용되는 수학적인 해석 방법을 차원해석(dimen-

sional analysis)이라 한다.

모든 물리량은 질량 M, 길이 L, 시간 T의 기본적 인자들로 나타낼 수 있으며, 차원해석은 차원의 동차성(同次性)의 원리(principle of dimensional homogeneity), 즉 물리적 관계를 나타내는 방정식이 좌변과 우변의 차원, 방정식의 가감 시 각 항은 동차(同次)가 되어야 한다는 원리를 이용하고 있다. 즉, 어떤 물리 현상에 관한 방정식이 $A = B$일 때 A의 차원과 B의 차원은 같아야 한다.

예를 들면, 힘($F\,[\mathrm{kg \cdot m/s^2}]$)이 속도($V\,[\mathrm{m/s}]$), 거리($l\,[\mathrm{m}]$), 밀도($\rho\,[\mathrm{kg/m^3}]$)의 세 가지 요소에 의하여 정의되는 물리적인 함수 관계에 있다면, F, l, V, ρ의 관계식은 다음과 같이 쓸 수 있다.

$$F \propto l^a V^b \rho^c$$

차원의 방정식으로 표시하면,

$$MLT^{-2} = (L)^a (LT^{-1})^b (ML^{-3})^c$$
$$= M^c \cdot L^{a+b-3c} \cdot T^{-b}$$

양변이 동일한 차원의 방정식이 되기 위해서는 지수가 같아야 하므로,

$$c = 1, \; 1 = a+b-3c, \; -2 = -b$$
$$\therefore \; a = 2, \; b = 2, \; c = 1$$
$$\therefore \; F \propto l^2 \cdot V^2 \cdot \rho$$

힘 F가 l, V, ρ 이외의 다른 요소들과는 달리 완전 독립적이라면,

$$F = \rho \, l^2 \, V^2$$

과 같이 쓸 수 있다. 이와 같이 독립변수 3개인 경우는 간단히 지수를 구할 수 있으나 4개 이상일 때는 매우 복잡하게 된다.

7-3 버킹엄(Buckingham)의 Π

주어진 물리적인 변수들의 관계를 나타내는 방정식에서 독립변수가 4개 이상인 경우는 변수들을 몇 개의 그룹으로 나누어 해석한다.

n개의 물리적인 양을 포함하고 있는 임의의 물리적인 관계에서 기본 차원의 수를 m개라고 할 때, 이 물리적인 관계는 $(n-m)$개의 서로 독립적인 무차원 함수로 나타낼 수 있다.

무차원 양의 개수 = 측정 물리량의 개수 − 기본 차원의 개수

어떤 물리적인 현상에 물리량 $A_1, \; A_2, A_3, \cdots A_n$이 관계되어 있다면,

$$f\left(A_1,\ A_2,\ A_3,\ \cdots A_n\right) = 0$$

으로 표시된다.

기본 차원의 개수를 m개라고 할 때,

$$\Pi_1,\ \Pi_2,\ \Pi_3,\ \cdots \Pi_{n-m}$$

의 $(n-m)$개의 독립 무차원 함수로 고쳐 쓸 수 있다.

$$f\left(\Pi_1,\ \Pi_2,\ \Pi_3,\ \cdots \Pi_{n-m}\right) = 0$$

여기서, Π는 무차원 함수, n은 물리적 양의 수, m은 기본 차원의 수이다.

무차원수 $\Pi_1,\ \Pi_2,\ \Pi_3,\ \cdots \Pi_{n-m}$을 구하는 방법은 n개의 물리량 중에서 기본 차원의 수 m개만큼 반복변수를 결정한다. 즉, 기본 차원이 $M,\ L,\ T$라면 물리량 중에서 M, L, T를 포함하는 물리량 3개를 반복변수로 결정하고, 그 반복변수를 이용하여 독립 무차원의 매개변수를 다음과 같이 결정한다.

$$\Pi_1 = A_1^{\,x_1} A_2^{\,y_1} A_3^{\,z_1} A_4$$

$$\Pi_2 = A_1^{\,x_2} A_2^{\,y_2} A_3^{\,z_2} A_5$$

$$\Pi_3 = A_1^{\,x_3} A_2^{\,y_3} A_3^{\,z_3} A_6$$

$$\vdots$$

$$\Pi_{n-m} = A_1^{\,x_{n-m}} A_2^{\,y_{n-m}} A_3^{\,z_{n-m}} A_{n-m}$$

여기서, $A_1,\ A_2,\ A_3$는 반복변수로서 nm의 물리량 중에서 택한 임의의 3개의 변수로 적어도 기본 차원 $M,\ L,\ T$를 모두 포함하고 있어야 한다.

어떤 문제의 차원해석을 위해서는 다음의 3단계로 해석해야 한다.

① 적절한 변수들을 선정해야 한다.

② Π 정리에 의하여 무차원의 Π 변수를 구해야 한다.

③ Π 변수들의 함수 관계를 실험적으로 결정하여야 한다.

버킹엄의 Π 정리를 응용하여 유체의 물리적인 현상을 함수 관계식으로 유도하기 위해서는 유체 유동에 영향을 미치는 모든 매개변수들을 찾아낼 수 있는 사전 지식이 필요하다.

무차원의 Π 그룹을 결정하기 위해서는 다음 6단계의 절차가 필요하다.

① 관련된 모든 매개변수를 나열한다.

② 기본 차원을 결정한다. 즉, MLT 또는 FLT 중 하나의 기본 차원을 선정한다.

③ 기본 차원으로서 모든 변수를 차원으로 나열한다.

④ 차원으로 표기된 변수들로부터 기본 차원의 수와 동일한 반복변수의 수를 결정한다.

⑤ ④에서 결정된 반복변수들과 나머지 다른 변수들과 교대로 조합하여 무차원 그룹을 형성하기 위한 차원의 방정식을 세운다.

⑥ 구해진 각 그룹의 무차원 여부를 점검한다. 즉, MLT로 해석하였다면 FLT로 점검한다.

예를 들어 보면, 정상유동, 비압축성 점성유체의 관 내에서의 압력강하 Δp는 관의 길이 l, 평균속도 V, 점성계수 μ, 관의 지름 d, 밀도 ρ, 평균조도(粗度) e 의 함수로 되어 있을 때, 실험값과 연관하여 무차원 그룹을 결정하여 보자.

압력강하 $\Delta p = f(p, V, d, l, \mu, e)$

무차원 그룹을 결정하기 위해 다음 6단계를 적용한다.

① 1단계 : 변수의 수 $n = 7$

② 2단계 : 기본 차원 ; MLT

③ 3단계 : 변수들을 차원으로 나열

$$\Delta p = \mathrm{N/m}^2 = FL^{-2} = ML^{-1}\,T^{-2}$$

$$\rho = \mathrm{kg/m}^3 = ML^{-3}$$

$$\mu = \mathrm{kg \cdot m \cdot s} = ML^{-1}\,T^{-1}$$

$$V = \mathrm{m/s} = LT^{-1}$$

$$l = \mathrm{m} = L$$

$$d = \mathrm{m} = L$$

$$e = \mathrm{m} = L$$

기본 차원수 $m = 3$

④ 4단계 : 반복변수의 수 $r = m = 3 : p,\ V,\ d$

⑤ 5단계 : 차원 방정식의 수립 : $n - m = 4$ 개의 무차원 그룹 ; $\Pi_1,\ \Pi_2,\ \Pi_3,\ \Pi_4$

(가) $\Pi_1 = A_1^{\,a}\,A_2^{\,b}\,A_3^{\,c}\,A_4$

$\quad = \rho^a\,V^b d^c \cdot \Delta p = (ML^{-3})^a\,(LT^{-1})^b\,(L)^c\,(ML^{-1}\,T^{-2})$

$\quad = M^0 L^0\,T^0$

지수 비교 : $\begin{pmatrix} \therefore\ a+1 = 0 \\ -3a+b+c-1 = 0 \\ -b-2 = 0 \end{pmatrix} a = -1,\ b = -2,\ c = 0$

$\therefore\ \Pi_1 = \rho^{-1}\,V^{-2}d^{\,0} \cdot \Delta \rho = \dfrac{\Delta p}{\rho V^2}$

(나) $\Pi_2 = \rho^d\,V^e d^f \cdot \mu = (ML^{-3})^d\,(LT^{-1})^e\,(L)^f\,(ML^{-1}\,T^{-1})$

$\quad = M^0\,L^0\,T^0$

$$\left. \begin{array}{l} \therefore \ d+1=0 \\ -3d+e+f-1=0 \\ -e-1=0 \end{array} \right\} d=-1, \ e=-1, \ f=-1$$

$$\therefore \ \Pi_2 = \rho^{-1} V^{-1} d^{-1} \cdot \mu = \frac{\mu}{\rho V d}$$

(다) $\Pi_3 = p^g V^h d^i \cdot l = (ML^{-3})^g (LT^{-1})^h (L)^i (L)$

$$= M^0 L^0 T^0$$

$$\left. \begin{array}{l} \therefore \ g=0 \\ -3g+h+i+1=0 \\ h=0 \end{array} \right\} g=0, \ h=0, \ i=-1$$

$$\therefore \ \Pi_3 = \rho^0 V^0 d^{-1} \cdot l$$

$$= \frac{l}{d}$$

(라) $\Pi_4 = \rho^j V^k d^l \cdot e = (ML^{-3})^j (LT^{-1})^k (L)^l \cdot L$

$$= M^0 L^0 T^0$$

$$\left. \begin{array}{l} \therefore \ j=0 \\ -3j+k+l+1=0 \\ -k=0 \end{array} \right\} j=0, \ k=0, \ l=-1$$

$$\therefore \ \Pi_4 = \rho^0 V^0 d^{-1} \cdot e$$

$$= \frac{e}{d}$$

⑥ 6단계 : 각 그룹의 무차원 여부 점검(FLT계)

$$\Pi_1 = \frac{\Delta p}{\rho V^2} = (FL^{-2})(F^{-1} L^4 T^{-2})(L^{-2} T^2) = 1 \ \text{(무차원)}$$

$$\Pi_2 = \frac{\mu}{\rho V d} = (FL^{-2} T)(F^{-1} L^4 T^{-2})(L^{-1} T)(L^{-1}) = 1$$

$$\Pi_3 = \frac{l}{d} = (L)(L^{-1}) = 1$$

$$\Pi_4 = \frac{e}{d} = (L)(L^{-1}) = 1$$

$$\therefore \ \Pi_1 = f(\Pi_2, \ \Pi_3, \ \Pi_4)$$

$$\therefore \ \frac{\Delta p}{\rho V^2} = f\left(\frac{\mu}{\rho V d}, \ \frac{l}{d}, \ \frac{e}{d} \right)$$

7-4 무차원수(無次元數)

(1) 레이놀즈(Reynolds)수

레이놀즈수는 관성력과 점성력의 상대적 크기를 나타내는 무차원수로서, 점성력에 대한 관성력의 비로 정의한다. 레이놀즈수는 점성력이 지배하는 유동에서 매우 중요한 무차원수이다.

$$Re = \frac{관성력}{점성력} = \frac{\rho V^2 \times l^2}{\frac{\mu V}{l} \times l} = \frac{\rho Vl}{\mu} = N_{Re}$$

(2) 프루드(Froude)수

프루드수는 중력에 대한 관성력의 비로 정의하며, 개수로 문제와 자유표면 문제에서 중요하다.

$$Fr = \sqrt{\frac{관성력}{중력}} = \sqrt{\frac{ma}{mg}} = \sqrt{\frac{V \times \frac{V}{l}}{g}} = \sqrt{\frac{V^2}{gl}}$$
$$= \frac{V}{\sqrt{gl}} = N_{Fr}$$

(3) 오일러(Euler)수

오일러수는 관성력에 대한 전압력의 비로서 정의하며, 두 점 사이의 압력차가 매우 큰 경우에 대한 무차원수이다.

$$Eu \,(= C_p : 압력계수) = \frac{압축력}{관성력} = \frac{\Delta p}{\rho V^2} = N_{Eu}$$

(4) 마하(Mach)수

마하수는 압축력에 대한 관성력의 비로서, 유체유동에서 압축률을 나타내는 중요한 변수이다.

$$M = \frac{관성력}{압축력} = \frac{V}{a} = \sqrt{\frac{\rho V^2}{\rho a^2}} \;\; 또는 \;\; \frac{V}{\sqrt{\frac{K}{\rho}}} = N_M$$

(5) 코시(Cauchy)수

코시수는 탄성력에 대한 관성력의 비로서, 유체의 압축성이 중요하게 작용하는 문제에서 다루어진다.

$$Ch = \frac{관성력}{탄성력} = \frac{\rho V^2 l^2}{K l^2} = \frac{V^2}{\dfrac{K}{\rho}} = N_{Ch}$$

(6) 웨버(Weber)수

웨버수는 표면장력에 대한 관성력의 비로서 정의되며, 두 유체의 접촉면을 갖는 문제에서 다루어지는 무차원수이다.

$$We = \frac{관성력}{표면장력} = \frac{\rho V^2 l^2}{\rho l} = \frac{\rho V^2 l}{\rho} = N_{We}$$

(7) 기타 무차원수

$$양력계수\ \ C_L = \frac{양력(揚力)}{전동압(全動壓)} = \frac{F_L}{\dfrac{1}{2}\rho V^2 A} \quad : 공기역학, \ 수력학$$

$$항력계수\ \ C_D = \frac{항력(抗力)}{전동압(全動壓)} = \frac{F_D}{\dfrac{1}{2}\rho V^2 A} \quad : 공기역학, \ 수력학$$

표 7-1 역학적 상사의 적용

실험 내용	역학적 상사율
관(원관 운동) 익형(비행기의 양력과 항력) 경계층 잠수함 압축성 유체의 유동(단, 유동 속도가 $M < 0.3$일 때)	레이놀즈수 $(Re)_m = (Re)_p$
개방 수력 구조물(하수로, 위어, 강수로, 댐) 수력 도약 수력 선박의 조파 저항	프루드수 $(F)_m = (F)_p$
풍동 실험 유체기계 (단, 축류 압축기와 가스 터빈에서는 마하수가 중요 무차원수가 된다.)	레이놀즈수, 마하수

예제 1. 잠수함이 12 km/h로 잠수하는 상태를 관찰하기 위해서 1/10인 길이의 모형을 만들어 해수에 넣어 탱크에서 실험을 하려 한다. 모형의 속도(km/h)를 구하시오.

해설 역학적 상사를 만족하기 위해서는 레이놀즈수와 같아야 한다. 즉, $(Re)_p = (Re)_m$이므로

$$\left(\frac{Vl}{\nu}\right)_p = \left(\frac{Vl}{\nu}\right)_m$$

$$\therefore \ V_m = V_p \frac{\nu_m}{\nu_p} \cdot \frac{l_p}{l_m}$$

여기서, $\nu_p = \nu_m$ 이므로 $V_m = V_p \dfrac{l_p}{l_m} = 12 \times 10$

$$= 120 \ \text{km/h}$$

예제 2. 전길이가 150 m인 배가 8 m/s의 속도로 진행하는 것을 모형으로 실험할 때 속도를 구하시오.(단, 모형 전길이는 3 m이다.)

해설 $(fr)_m = (fr)_p$ 에서 $\dfrac{V_m}{\sqrt{l_m g}} = \dfrac{V_p}{\sqrt{l_p g}}$ 이므로

$$V_m = V_p \sqrt{\frac{l_m}{l_p}} = 8 \times \sqrt{\frac{3}{150}} = 1.13 \ \text{m/s}$$

예제 3. 지름이 5 cm인 수평관에서 유체 실험을 물로 하였을 때 0.2 m/s의 속도였고 압력손실은 관의 100 cm 길이에서 압력강하가 40 N/m^{2}로 나타났다. 지름이 30 cm인 수평관에 비중이 0.855인 기름(동점성계수 $\nu = 1.15 \times 10^{-5}$ m^2/s)이 실제 흐를 때 역학적인 상사를 이루기 위해서는 기름의 속도를 얼마로 해야 하며, 압력강하는 얼마나 생기는지 구하시오.(단, 물의 동점성계수 $\nu = 1.31 \times 10^{-6}$ m^2/s)

해설 기름의 속도는 $(Re)_p = (Re)_m$ 이므로

$$\left(\frac{V_p d_p}{\nu_p}\right) = \left(\frac{V_m d_m}{\nu_m}\right)$$

$$\therefore \ V_p = \frac{\nu_p d_m}{\nu_m d_p} V_m = \frac{1.15 \times 10^{-5} \times 5 \times 0.2}{1.31 \times 10^{-6} \times 30}$$

$$= 2.93 \ \text{m/s}$$

압력강하는 $(Eu)_p = (Eu)_m$ 이므로

$$\left(\frac{\Delta p_p}{\rho_p V_p^2}\right) = \left(\frac{\Delta p_m}{\rho_m V_m^2}\right)$$

$$\therefore \ \Delta p_p = \frac{\Delta p_m \rho_p V_p^2}{\rho_m V_m^2} = 40 \times \frac{87.1}{102} \times \frac{2.95^2}{0.2^2}$$

$$= 7430 \ \text{N/m}^2$$

∽ 연습문제 ∾

1. 어떤 유체공학적 문제에서 10개의 변수가 관계되고 있음을 알았다. 기본 차원을 M, L, T로 하고 버킹엄의 Π 정리로서 차원해석을 할 때 얻을 수 있는 Π 의 개수를 구하시오.

2. 관 속에서 난류로 유체가 흐르고 있을 때 단위길이당의 손실 $\dfrac{\Delta h}{l}$ 는 속도 V, 지름 d, 중력의 가속도 g, 점성계수 μ, 밀도 ρ의 함수가 된다. 이때 차원해석법으로 손실수두에 대한 방정식을 유도하시오.

3. 원심 펌프로 윤활유를 압송하고 있다. 이 펌프의 회전속도는 1200 rpm이고, 윤활유의 동점성 계수는 0.0009 m²/s이다. 이 원심 펌프의 모형을 만들어서 20℃의 공기를 이용하여 모형 실험을 하려고 한다. 모형 펌프의 지름을 원형 펌프의 3배로 하였을 때 모형 펌프의 회전수를 구하시오.

4. 해면에 떠 있는 배의 길이가 120 m이다. 이 배의 모형을 만들어서 시험하기 위하여 모형배의 길이를 3 m로 만들었다. 배의 항해 속도가 10 m/s라면 역학적 상사를 이루기 위한 모형배의 속도와 모형배의 시험에서 배의 저항력이 9 kgf(88.2 N)일 때 원형배의 항력을 구하시오.

5. 회전속도가 1200 rpm인 원심 펌프로 동점성계수가 1.05×10^{-3}인 기름을 수송하고 있다. 원심 펌프의 모형을 만들어 동점성계수가 1.56×10^{-4} m²/s인 유체로 모형 실험을 하려고 한다. 모형 펌프의 지름을 실형의 2배로 하였을 때 모형 펌프의 회전수(rpm)를 구하시오.

6. 안지름이 250 mm, 길이가 100 m의 원관 내를 비중이 0.88인 기름($\nu = 3.3 \times 10^{-5}$ m²/s)이 평균속도 3 m/s로 흐르고 있다. 조도가 같고 안지름이 25 mm, 길이가 10 m인 원관에 물($\nu = 1.15 \times 10^{-5}$ m²/s)을 유동하여 실험했을 때 역학적 상사가 되기 위해서는 속도는 얼마로 해야 하며, 25 mm인 관에서 손실압력이 9800 N/m²일 때 250 mm 관에서의 손실압력을 구하시오.

7. 지름이 5 cm인 모형관에서 물의 속도가 매초 9.6 m이면 실물의 지름이 30 cm인 관에서 역학적 상사를 이루기 위해서는 물의 속도가 몇 m/s이어야 하며 30 cm 관에서 압력강하가 19.6 N/m²이면 모형관의 압력강하는 얼마인지 구하시오.

8. 개수로에서 유량을 측정하기 위하여 위어를 설치하였다. 이때 개수로의 위어로 측정한 유량이 $600 \, \mathrm{m^3/s}$이었다. 그런데 $15 : 1$의 비로 축소된 모형 개수로를 만들고자 할 때 역학적 상사를 만족시키려면 모형에서의 유량은 얼마로 해야 하는지 계산하시오.(단, 위어에서의 마찰 효과는 무시한다.)

9. 차원해석에 있어서 반복변수를 설명하시오.

10. 압력강하 Δp, 밀도 ρ, 길이 l, 유량 Q에서 얻을 수 있는 무차원수를 구하시오.

11. 수력기계의 문제에서 모형과 원형 사이에 역학적 상사를 이루려면 어느 함수를 주로 고려하여야 하는지 설명하시오.

12. 압축성을 무시할 수 있는 유체기계에서 모형과 실형 사이에 역학적 상사가 되려면 어떤 무차원수가 같아야 하는지 설명하시오.

13. 길이 $300 \, \mathrm{m}$인 유조선을 $1 : 25$인 모형배로 시험하고자 한다. 유조선이 $12 \, \mathrm{m/s}$로 항해한다면 역학적 상사를 얻기 위해서 모형은 몇 m/s로 끌어야 하는지 구하시오.(단, 점성마찰은 무시한다.)

14. 동점성계수가 $1.004 \times 10^{-6} \, \mathrm{m^2/s}$인 물이 지름 $150 \, \mathrm{mm}$인 관 속을 유속 $3.5 \, \mathrm{m/s}$로 흐른다. 또 동점성계수가 $2.96 \times 10^{-6} \, \mathrm{m^2/s}$인 기름이 $75 \, \mathrm{mm}$인 관 속을 흐른다고 하면 두 흐름이 역학적 상사를 이루기 위한 기름의 유속을 구하시오.

15. 모형비가 $1/36$인 개수로가 있고, 모형에서 수력도약 후의 깊이가 $100 \, \mathrm{mm}$이었다. 역학적 상사를 만족할 때 실형에서 수력도약 후의 깊이(m)를 구하시오.

16. 지름 $80 \, \mathrm{cm}$인 관에 원유($\nu = 1 \times 10^{-5} \, \mathrm{m^2/s}$, $S = 0.86$)가 $4 \, \mathrm{m/s}$로 흐르고 있다. 이 흐름 상태를 조사하기 위해 지름 $5 \, \mathrm{cm}$인 모형관에 물($\nu = 1 \times 10^{-6} \, \mathrm{m^2/s}$)을 흘려보낼 때 물의 평균유속을 구하시오.

17. 해면에 떠 있는 배의 길이가 $120 \, \mathrm{m}$이다. 이 배의 모형으로 실험하기 위하여 모형배의 길이를 $3 \, \mathrm{m}$로 만들었다. 배의 항해 속도가 $10 \, \mathrm{m/s}$라면 역학적 상사를 이루기 위한 모형배의 속도는 얼마이며, 모형배의 실험에서 배의 저항력이 $9 \, \mathrm{kg}$일 때 원형배의 항력은 몇 kg인지 각각 구하시오.

18. $\rho = 40\,\mathrm{kg/m^3}$, $\mu = 0.0002\,\mathrm{N \cdot s/m^2}$인 기체가 지름이 $1.2\,\mathrm{m}$인 관을 통하여 $25\,\mathrm{m/s}$로 흐르고 있고, 역학적 상사를 만족하는 모형관에 $20℃$인 물을 $75\,\mathrm{L/s}$로 흘려보냈다. 이 때 모형관의 지름(cm)을 구하시오.(단, $20℃$인 물의 동점성계수 $\nu = 1.007 \times 10^{-6}\,\mathrm{m^2/s}$ 이다.)

19. 안지름이 $75\,\mathrm{mm}$인 관 속을 $30℃$인 물이 평균유속 $15\,\mathrm{cm/s}$로 흐르고 있다. 안지름 이 $25\,\mathrm{mm}$인 관에 피마자 기름(동점성계수 : $4.5 \times 10^{-4}\,\mathrm{m^2/s}$)이 흐를 때 기름의 속도를 구하시오.(단, 물의 점성계수 $\mu = 8.16 \times 10^{-5}\,\mathrm{kg \cdot s/m^2}$)

20. 실형의 1/16인 모형배가 물 위를 $2\,\mathrm{m/s}$로 움직일 때 조파항력(wave drag)이 $10\,\mathrm{N}$이었 다. 실형배가 물 위에서 역학적 상사를 만족하기 위한 속도와 조파항력을 구하시오.

21. 실형의 길이가 $100\,\mathrm{m}$인 배를 길이 $4\,\mathrm{m}$인 모형으로 시험하려고 한다. 실형의 배가 $50\,\mathrm{km/h}$로 움직인다면 실형과 모형 사이에 역학적 상사를 만족하기 위해서 모형은 몇 km/h가 되어야 하며, 모형의 항력이 $5\,\mathrm{kg}$이면 실형의 항력은 몇 kg인지 구하시오.(단, 실형과 모형은 같은 유체에서 실험한다.)

연습문제 풀이

1. 변수가 10개이므로 $n = 10$, 기본차원의 수 $m = 3$이므로 $(n-m)$, 즉 (10^{-3})개의 무차원 함수를 얻을 수 있다.

2. 주어진 변수를 포함하는 방정식은

$$f\left(\frac{\Delta h}{l},\ V,\ d,\ \rho,\ \mu,\ g\right) = 0\text{이다.}$$

변수들의 차원을 표로 만들면

양	기 호	차 원
단위길이당의 손실	$\dfrac{\Delta h}{l}$	없음
속 도	V	LT^{-1}
지 름	d	L
밀 도	ρ	ML^{-3}
점성계수	μ	$ML^{-1}T^{-1}$
중력 가속도	g	LT^{-2}

여기에서 $\dfrac{\Delta h}{l}$는 이미 무차원 함수이므로 한 개의 π가 된다. 반복변수로 $V,\ d,\ \rho$를 잡으면

$$\Pi_1 = V^{x1}d^{y1}\rho^{y1}\rho^{z1}\mu$$
$$= (LT^{-1})^{x1}(L)y(L)^{y1}(ML^{-3})^{z1}$$
$$\cdot ML^{-1}T^{-1}$$

지수에 대한 방정식을 세우면 L에 대하여
$$x_1 + y_1 - 3z_1 - 1 = 0$$
M에 대하여 $z_1 + 1 = 0$
T에 대하여 $-x_1 - 1 = 0$
$$\therefore\ x_1 = -1,\ y_1 = -1,\ z_1 = -1$$
$$\Pi_2 = V^{x_2}d^{y_2}\rho^{z_2}g$$
$$= (LT^{-1})^{x_2}(L)^{y_2}(ML^{-3})^{z_2}LT^{-2}$$

지수에 대한 방정식을 세우면 L에 대하여
$$x_2 + y_2 - 3z_2 + 1 = 0$$
M에 대하여 $z_2 = 0$
T에 대하여 $-x_2 - 2 = 0$
$$\therefore\ x_2 = -2,\ y_2 = 1,\ z_2 = 0$$

위에서 구한 지수를 대입시켜 π를 구하면

$$\Pi_1 = \frac{\mu}{Vd\rho},\ \pi_2 = \frac{gd}{V^2},\ \pi_3 = \frac{\Delta h}{l}$$

함수로 묶어서 표시하면

$$f\left(\frac{Vd\rho}{\mu},\ \frac{V^2}{gd},\ \frac{\Delta h}{l}\right) = 0$$

여기에서 Π_1, Π_2를 Re, Fr(Froude number)로 각각 표시하면

$$f\left(Re,\ Fr,\ \frac{\Delta h}{l}\right) = 0$$

손실수두에 대하여 풀면

$$\therefore\ \frac{\Delta h}{l} = f_1(Re,\ Fr)$$
$$= f(Re)\frac{l}{d}\cdot\frac{V^2}{2g}$$

3. 이 경우에 역학적 상사를 만족시키는데 필요한 무차원 함수는 레이놀즈수이다.
$$(Re)_p = (Re)_M$$
그런데 여기에서 속도를 회전차의 원주속도로 잡아야 한다. 각속도를 ω라고 할 때 선속도는 $r\omega$가 된다. 따라서,

$$\left(\frac{\frac{d}{2}\omega d}{0.0009}\right)_p = \left(\frac{\frac{3}{2}d\times\omega\times 3d}{1.56\times 10^{-4}}\right)_M$$
$$\therefore\ \omega_p = 52\,\omega_M$$

그러므로 모형 펌프의 회전수는

$$\frac{1200}{52} \fallingdotseq 23\,\text{rpm}$$

4. 모형과 원형에 대하여 프루드수를 같게 놓으면

$$(Fr)_p = (Fr)_M,\ \text{즉}\ \left(\frac{V^2}{lg}\right)_p = \left(\frac{V^2}{lg}\right)_M$$
$$\frac{10^2}{120\times 9.8} = \frac{V^2}{3\times 9.8}$$

$$\therefore \; V = 1.58\,\mathrm{m/s}$$

항력에 대한 무차원 함수를 모형과 원형에 대하여 같게 놓으면

$$\left(\frac{d}{\rho\,V^2 l^2}\right)_p = \left(\frac{d}{\rho\,V^2 l^2}\right)_m$$

같은 유체이므로 ρ를 소거하면

$$\frac{9}{1.58^2\times 3^2} = \frac{d_p}{10^2\times 120^2}$$

$$\therefore \; d_p = 576.8\times 10^3\,\mathrm{kg}$$

[SI 단위]

$$\frac{88.2}{1.58^2\times 3^2} = \frac{d_p}{10^2\times 120^2}$$

$$\therefore \; d_p = 5.65\times 10^6\,\mathrm{N}$$

5. 역학적 상사가 이루어지려면 레이놀즈 상사 법칙이 성립해야 한다. 따라서,

$$\left(\frac{Vd}{\nu}\right)_p = \left(\frac{Vd}{\nu}\right)_m$$

여기서 속도는 회전차의 원주속도를 사용해야 하므로 각속도를 ω라고 하면 원주속도는 $r\omega$이다. 즉, $\left(\dfrac{r\omega d}{\nu}\right)_p = \left(\dfrac{r\omega d}{\nu}\right)_m$ 이므로

$$\frac{\omega_m}{\omega_p} = \frac{r_p}{r_m}\cdot\frac{d_p}{d_m}\cdot\frac{\nu_m}{\nu_p}$$

$$= \frac{1}{2}\times\frac{1}{2}\times\frac{1.56\times 10^{-4}}{1.05\times 10^{-3}} \fallingdotseq 0.0371$$

$$\therefore \; N_m = N_p\times 0.0371 = 1200\times 0.0371 \fallingdotseq 45\,\mathrm{rpm}$$

6. $\left(\dfrac{Vd}{\nu}\right)_p = \left(\dfrac{Vd}{\nu}\right)_m$ 에서

$$V_m = \frac{d_p\nu_m}{d_m\nu_p}\times V_p$$

$$= \frac{250\times 1.15\times 10^{-5}\times 3}{25\times 3.3\times 10^{-5}} = 10.45$$

$\left(\dfrac{\Delta p}{\rho\,V^2}\right)_p = \left(\dfrac{\Delta p}{\rho\,V^2}\right)_n$ 에서

$$\Delta p = p_1 - p_2$$

$$\Delta p_1 = \frac{9800\times\rho_p V_p^2}{\rho_m\times V_m^2}$$

$$= \frac{9800\times 880\times 3^2}{1000\times 10.45^2} = 710.75\,\mathrm{N/m^2}$$

7. 관 속의 흐름에서 역학적 상사 조건은

$(Re)_m = (Re)_p$ 에서 $\left(\dfrac{Vd}{\nu}\right)_m = \left(\dfrac{Vd}{\nu}\right)_p$

$$\therefore \; V_p = \frac{V_m d_m}{d_p} = \frac{5\times 9.6}{30} = 1.6\,\mathrm{m/s}$$

$(Eu)_m = (Eu)_p$

$\left(\dfrac{\Delta p}{\rho\,V^2}\right)_m = \left(\dfrac{\Delta p}{\rho\,V^2}\right)_p$ 에서

$$\left(\frac{\Delta p}{9.6^2}\right)_m = \left(\frac{19.6}{1.6^2}\right)_p$$

$$\therefore \; \Delta p_m = \frac{9.6^2\times 19.6}{(1.6)^2} = 705.6\,\mathrm{N/m^2}$$

8. $(Fr)_p = (Fr)_m$

$$\therefore \; \left(\frac{V^2}{l\,g}\right)_p = \left(\frac{V^2}{l\,g}\right)_m$$

여기서, $V = \dfrac{Q}{l^2}$를 대입하고 전개하면

$$\left(\frac{Q}{l^2\sqrt{l\,g}}\right)_p = \left(\frac{Q}{l^2\sqrt{l\,g}}\right)_m$$

또는, $\left(\dfrac{Q}{l^{\frac{5}{2}}g^{\frac{1}{2}}}\right)_p = \left(\dfrac{Q}{l^{\frac{5}{2}}g^{\frac{1}{2}}}\right)_m$

$$\therefore \; Q_m = 600\times\left(\frac{1}{15}\right)^{\frac{5}{2}} = 0.69\,\mathrm{m^3/s}$$

9. 물리량이 n개, 기본차원수가 m개일 때, 반복 변수를 가정하는 데 주의해야 할 점은 다음과 같다.

① 반복 변수의 개수는 m개이고, 반복 변수 속에는 기본차원(대개 M, L, T)이 모두 포함되어 있어야 한다.

② 종속 변수는 반복 변수로 택해서는 안 된다.

③ 가능하면 기하학적 상사, 운동학적 상사, 역학적 상사를 만족하는 변수를 반복 변수로 택한다. (예 d, V, ρ)

10. 각 물리량의 차원은 $\Delta p = [ML^{-1}T^{-2}]$, $\rho = [ML^{-3}]$, $l = [L]$, $Q = [L^3 T^{-1}]$

기본차원은 M, L, T의 3개이므로

(물리량의 수)－(기본차원의 수)＝4－3＝1

$$\therefore \ \Pi = \Delta p^a \cdot \rho^b \cdot l^c \cdot Q$$
$$= [ML^{-1}T^{-2}]^a \cdot [ML^{-3}]^b \cdot [L]^c \cdot [L^3 T^{-1}]$$

$M : a+b = 0$, $L : -a-3b+c+3 = 0$,
$T : -2a-1 = 0$

$$\therefore \ a = -\frac{1}{2}, \ b = \frac{1}{2}, \ c = -2$$

$$\Pi = \frac{\rho^{\frac{1}{2}} Q}{\Delta p^{\frac{1}{2}} l^2} = \sqrt{\frac{\rho}{\Delta p} \cdot \frac{Q}{l^2}}$$

11. 수력기계에는 러너 또는 임펠러 등의 수차에 있어서 가중부에서의 속도 벡터, 점성력에 의한 저항 등이 역학적 상사를 이루는 데 중요한 고려 요소가 되며, 특히 고속회전시에는 유체의 압축성이 고려되어야 하므로 주로 레이놀즈수와 마하수가 중요하게 된다.

12. 유체기계 문제에서는 레이놀즈수와 마하수가 중요하지만 압축성을 무시할 수 있을 경우에는 레이놀즈수만 고려하면 된다.

13. 역학적 상사를 만족하기 위해서 프루드수가 같아야 한다.

$F_p = F_m$이므로 $\left(\dfrac{V}{\sqrt{lg}}\right)_p = \left(\dfrac{V}{\sqrt{lg}}\right)_m$

$$\therefore \ V_m = V_p \sqrt{\frac{l_m}{l_p}} = 12 \sqrt{\frac{1}{25}} = 2.4\,\text{m/s}$$

14. 양쪽 흐름이 역학적 상사를 이루려면 레이놀즈수가 같아야 하므로

$$\left(\frac{Vd}{\nu}\right)_p = \left(\frac{Vd}{\nu}\right)_m$$

따라서, 기름의 유속은

$$V_m = V_p \left(\frac{\nu_m}{\nu_p}\right)\left(\frac{d_p}{d_m}\right)$$
$$= 3.5 \times \frac{2.96 \times 10^{-6}}{1.004 \times 10^{-6}} \times \frac{150}{75}$$
$$\fallingdotseq 2.64\,\text{m/s}$$

15. 실형과 모형의 수력도약 후의 깊이는 다음과 같다.

$$(y_2)_p = \frac{(y_1)_p}{2}\left[-1 + \sqrt{1 + 8\left(\frac{V_1^2}{gy_1}\right)}\right]$$
$$(y_2)_m = \frac{(y_1)_m}{2}\left[-1 + \sqrt{1 + 8\left(\frac{V_1^2}{gy_1}\right)_m}\right]$$

위의 두 식에서 근호 안에 있는 $\dfrac{V_1^2}{gy_1}$은 프루드수이다. 역학적 상사를 만족하려면 실형과 모형의 프루드수는 같아야 하므로 오른쪽 큰 괄호에 있는 값은 두 식에서 같다. 따라서,

$$\frac{(y_2)_p}{(y_2)_m} = \frac{(y_1)_p}{(y_1)_m} \rightarrow (y_2)_p = (y_2)_m \frac{(y_1)_p}{(y_1)_m}$$
$$(y_2)_p = 100 \times 36 = 3600\,\text{mm} = 3.6\,\text{m}$$

16. 역학적 상사를 만족하려면 모형과 실형 사이에 레이놀즈수가 같아야 한다. 즉,

$$(Re)_p = (Re)_m : \left(\frac{Vd}{\nu}\right)_p = \left(\frac{Vd}{\nu}\right)_m$$
$$\therefore \ V_m = V_p \cdot \frac{d_p \nu_m}{d_m \nu_p}$$
$$= 4 \times \frac{80}{5} \times \frac{10^{-6}}{1 \times 10^{-5}} = 6.4\,\text{m/s}$$

17. $(Fr)_p = (Fr)_m$

즉, $\left(\dfrac{V^2}{lg}\right)_p = \left(\dfrac{V^2}{lg}\right)_m$ 에서

$$\frac{10^2}{120 \times 9.8} = \frac{V^2}{3 \times 9.8}$$
$$\therefore \ V = 1.58\,\text{m/s}$$

항력에 대한 무차원 함수를 모형과 원형에 대하여 같게 놓으면

$$\left(\frac{D}{\rho V^2 l^2}\right)_p = \left(\frac{D}{\rho V^2 l^2}\right)_m \text{ 에서}$$

$$\frac{D_p}{10^2 \times 120^2} = \frac{9}{1.58^2 \times 3^2}$$

$$\therefore D_p = 576.8 \times 10^3 \text{kg}$$

[SI 단위] $\dfrac{D_p}{10^2 \times 120^2} = \dfrac{88.2}{1.58^2 \times 3^2}$

$$\therefore D_p = 5.65 \times 10^6 \text{N}$$

18. 모형관의 지름을 d_m이라고 놓으면 평균유속은

$$V_m = \frac{0.075}{\frac{\pi}{4} d_m^2}$$

역학적 상사를 만족하므로 레이놀즈수가 같아야 한다.

$(Re)_p = (Re)_m$ 이므로 $\left(\dfrac{\rho V d}{\mu}\right)_D = \left(\dfrac{\rho V d}{\mu}\right)_m$

$$\frac{40 \times 25 \times 1.2}{0.0002} = \frac{\frac{0.075}{\frac{\pi}{4} d_m^2} \times d_m}{1.007 \times 10^{-6} \times 1000}$$

$$\therefore d_m = 0.0158 \text{ cm}$$

19. $\nu_{\text{H}_2\text{O}} = \dfrac{8.16 \times 10^{-5}}{\rho_{\text{H}_2\text{O}}} = 8.04 \times 10^{-7} \text{ m}^2/\text{s}$

이므로

$$(Re)_p = (Re)_m, \quad \frac{V_p l_p}{\nu_p} = \frac{V_m l_m}{\nu_m}$$

$$\therefore V_m = \frac{l_p \cdot \nu_m \cdot V_p}{l_m \nu_p}$$

$$= \frac{75 \times 4.5 \times 10^{-4} \times 0.15}{25 \times 8.04 \times 10^{-7}} = 252 \text{ m/s}$$

20. 역학적 상사를 만족하려면 실형과 모형 사이의 프루드수가 같아야 한다. 즉, $F_p = F_m$ 이므로

$$\frac{V_p}{\sqrt{l_p g}} = \frac{V_m}{\sqrt{l_m g}}$$

$$\therefore V_p = V_m \sqrt{\frac{l_p}{l_m}} = 2\sqrt{16} = 8 \text{m/s}$$

역학적 상사를 만족하기 때문에 실형과 모형의 항력계수는 같아야 한다. 즉,

$$(C_D)_p = (C_D)_m$$

$$\left(\frac{F}{\frac{\rho A V^2}{2}}\right)_p = \left(\frac{F}{\frac{\rho A V^2}{2}}\right)_m$$

$$\therefore F_p = F_m \frac{A_p}{A_m}\left(\frac{V_p}{V_m}\right)^2$$

$$= F_m \left(\frac{L_p}{L_m}\right)^2 \left(\frac{V_p}{V_m}\right)^2$$

$$= 10 \times 16^2 \times \left(\frac{8}{2}\right)^2 = 40960 \text{N}$$

21. 프루드수가 같아야 하므로

$$\left(\frac{V}{\sqrt{lg}}\right)_p = \left(\frac{V}{\sqrt{lg}}\right)_m$$

$$\therefore V_m = V_p \cdot \sqrt{\frac{l_m}{l_p}}$$

$$= 50 \times \sqrt{\frac{4}{100}} = 10 \text{ km/h}$$

또, 항력계수가 같아야 하므로

$$(C_D)_p = (C_D)_m$$

$$\therefore \left(\frac{d}{\frac{\rho A V^2}{2}}\right)_p = \left(\frac{d}{\frac{\rho A V^2}{2}}\right)_m$$

$$\therefore d_p = d_m \cdot \left(\frac{\rho_p}{\rho_m}\right) \cdot \left(\frac{A_p}{A_m}\right) \cdot \left(\frac{V_p}{V_m}\right)^2$$

$$= d_m \cdot \left(\frac{\rho_p}{\rho_m}\right) \cdot \left(\frac{L_p}{L_m}\right)^2 \cdot \left(\frac{V_p}{V_m}\right)^2$$

$$= 5 \times 1 \times \left(\frac{100}{4}\right)^2 \times \left(\frac{50}{10}\right)^2 = 78125 \text{ kg}$$

제8장 개수로 유동

8-1 개수로의 흐름

자유표면을 가지며 밀폐되지 않은 공간, 즉 강이나 운하, 하수도, 관개용수로 등에서의 흐름을 개수로(開水路, open channel) 유동이라 한다.

개수로는 대개 불규칙적이며 단면 형상이고, 수심이 변하기 때문에 위치에 따라 흐름의 특성이 다르다. 관로에서의 유체의 흐름에 관한 일반적인 고찰 방법이 개수로에도 적용되지만 자유표면의 형상과 단면의 조건 변화들은 개수로 유동의 해석적 풀이를 어렵게 한다.

실용적인 공식이나 법칙들은 대부분 실험적인 방법으로 얻은 것이며, 문제 해결을 논리적으로 전개하기 위해서는 유동의 형태를 여러 가지로 구분하여야 한다. 즉, 정상류와 비정상류, 등류와 비등류, 상류와 사류 등으로 구분한다.

개수로에서의 흐름의 특징은 다음과 같다.

① 유체의 자유표면이 대기와 접해 있다.
② 수력 구배선(HGL)은 유체의 자유표면과 일치한다.

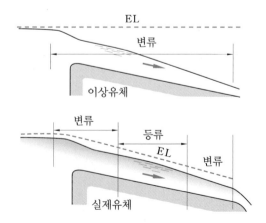

그림 8-1 이상유체와 실제유체에서의 개수로 흐름

③ 에너지선(EL)은 유체의 자유표면으로부터 속도수두만큼 위에 있다.

④ 손실수두는 수평선과 에너지선의 차이이다.

이상유체에 대한 개수로의 흐름은 하류 방향으로 갈수록 유속은 계속 증가하는 변류(비등류)이며, 실제유체에 대한 개수로의 흐름은 변류로 시작되지만 일정 구간에서는 등류 상태로 유지되다가 다시 변류가 된다.

8-2 개수로 흐름에서의 마찰

정상류의 등류(steady uniform flow)는 수로에 따라 흐름의 깊이와 경사가 일정하며, 자유표면은 수로의 바닥면과 평행하고 유량은 각 단면에서 시간에 관계없이 일정하다.

그림 8-2에서 보는 바와 같이 경사각은 α이며 등속도 흐름이고, 깊이가 일정하면 $V_1 = V_2$ 이므로 $\dfrac{V_1^{\,2}}{2g} = \dfrac{V_2^{\,2}}{2g} =$ 일정으로서 속도수가 일정하다. 단면 ①과 ② 사이의 거리가 l일 때 베르누이 방정식은 다음과 같다.

$$\frac{V_1^{\,2}}{2g} + \frac{p_1}{\gamma} + z_1 = \frac{V_2^{\,2}}{2g} + \frac{p_2}{\gamma} + z_2 + Sl$$

여기서, S : 단위거리당 손실수두

그림에서 보듯이 수로면과 자유표면, HGL, EL은 모두 직선이 HGL(수력 구배선)은 자유표면인 수면과 일치한다.

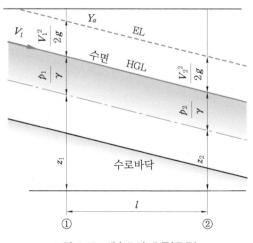

그림 8-2 개수로의 흐름(등류)

그림 8-3과 같이 일정한 유동단면과 기울기를 갖는 수로에서 단면 ①과 ② 사이의 흐름을 등류라 하고, 운동량 방정식을 적용하면,

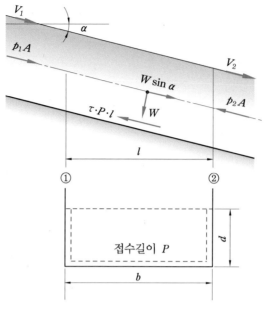

그림 8-3 사각단면의 수로

$$p_1 A + W \cdot \sin\alpha - p_2 A - \tau \cdot P \cdot l = 0$$

$p_1 = p_2$, $W = \gamma Al$ 이므로,

$$\tau \cdot P \cdot l = \gamma Al \cdot \sin\alpha$$

여기서, τ : 유체와 벽면 사이의 평균 전단력

$\quad\quad P$: 접수(接水)길이

$\quad\quad \gamma Al \cdot \sin\alpha$: 유체의 자중(自重)에 의한 흐름 방향의 분력

위의 식을 정리하면,

$$\tau = \frac{A}{P} \cdot \gamma \cdot \sin\alpha$$

이고 $\dfrac{A}{P}$ = 수력 반지름(hydraulic radius) = R_h 라 하고, α 가 매우 작은 각도로서 $\sin\alpha$ = $\tan\alpha \fallingdotseq \alpha$ 로서 $\sin\alpha$ 는 기울기 S 이다. 따라서, 벽면의 전단응력 τ 는 다음과 같이 된다.

$$\tau = \gamma \cdot R_h \cdot S$$

8-3 Chézy 계수

차원해석법에 의해 전단응력은 속도수두의 함수로 표시될 수 있으며, 관로의 흐름에서 전단응력은 무차원 수 φ 와 $\dfrac{\rho V^2}{2}$ 의 곱으로 표시할 수 있다. 따라서, $\tau = \gamma \cdot R_h \cdot S$

와 $\tau = \varphi \cdot \dfrac{\rho V^2}{2}$ 에서 τ를 소거하고 $\sqrt{\dfrac{2g}{\varphi}} = C$라 하면 유동 속도 V는,

$$V = C \cdot \sqrt{R_h \cdot S}$$

가 된다. 이 식을 Chézy의 방정식이라 하며, Chézy 계수 C는 상수가 아니며 레이놀즈수와 수로의 상대조도, 수로 단면의 형상에 따라 정해진다.

Chézy 계수 C는 다음의 여러 가지 식으로 구할 수 있다.

① Ganguillet – Kutler 식

$$C = \frac{\left(23 + \dfrac{0.00155}{S}\right) + \dfrac{1}{n}}{1 + \left(23 + \dfrac{0.00155}{S}\right) \cdot \dfrac{n}{\sqrt{R_h}}}$$

② Bazin 식

$$C = \frac{87}{1 + \dfrac{K}{\sqrt{R_h}}}$$

여기서, K : 벽면의 조도에 관계되는 수

③ Manning 식

$$C = \frac{1}{n} \cdot R_h^{\frac{1}{6}}$$

$$V = \frac{1}{n} R_h^{\frac{2}{3}} S^{\frac{1}{2}}$$

여기서, n : 상대조도에 관계되는 수

표 8-1 벽면 재료에 대한 n의 평균값

벽면 상태	n	벽면 상태	n
대패질한 나무	0.012	리벳한 강	0.018
대패질 안한 나무	0.013	주름진 금속	0.022
손질한 콘크리트	0.012	흙	0.025
손질 안한 콘크리트	0.014	잡 석	0.025
주 철	0.015	자 갈	0.029
벽 돌	0.016	돌 또는 잡초가 있는 흙	0.035

예제 1. 단면이 사각형인 수로에서 매초 $2.0\,\text{m}^3$의 물을 수송시키려고 한다. 경제적인 단면을 구하시오.(단, 벽면은 시멘트로서 조도계수는 0.014이며, 수로경사는 0.0001이다.)

[해설] 경제적인 단면이 되기 위한 조건은 $b = 2y$ 이다.

$$\therefore R_h = \frac{A}{P} = \frac{by}{b + 2y} = \frac{2y \times y}{2y + 2y} = \frac{y}{2}$$

또한 Chézy –Manning $Q = \dfrac{1}{n} A R_h^{\frac{2}{3}} S^{\frac{1}{2}}$ 을 이용하면 다음과 같다.

$$2 = \frac{1}{0.014} \times (2y \times y) \times \left(\frac{y}{2}\right)^{\frac{2}{3}} \times 0.0001^{\frac{1}{2}}$$

$$y^{\frac{8}{3}} = 2.22236, \quad \therefore y = 1.35\,\mathrm{m}$$

$$b = 2y = 2.70\,\mathrm{m}$$

예제 2. 벽돌로 만들어진 사각형 수로에서 등류 깊이가 3 m이고 폭이 6 m이며, 경사는 0.0001이다. 마찰계수 n 이 0.016일 때 이 수로에서의 유량을 구하시오.

[해설] $Q = \dfrac{1}{n} A R_h^{\frac{2}{3}} S^{\frac{1}{2}}$ 이므로 $R_h = \dfrac{A}{P} = \dfrac{6 \times 3}{6 + (2 \times 3)} = 1.5\,\mathrm{m}$

$$\therefore Q = \frac{1}{0.016} \times (6 \times 3) \times 1.5^{\frac{2}{3}} \times 0.0001^{\frac{1}{2}}$$

$$= 14.742\,\mathrm{m^3/s}$$

8-4 최적 수력단면

개수로의 유속은 기울기와 조도가 같을 때 수력 반지름 R_h 가 클수록 증가함을 표시하고 있으며, 단면적이 일정할 때는 수력 반지름이 클수록 유량이 증가하고 주어진 단면적에 대하여 수력 반지름이 최대가 되기 위해서는 접수길이 P 가 최소이어야 한다. 다시 말하면, 기하학적 형상과 흐름 단면적의 크기가 정해져 있다면 흐름의 속도가 최대로 될 때 유량이 최대로 될 것이고, 이 최적 조건은 매닝(Manning)의 식 $V = \dfrac{1}{n} R_n^{\frac{2}{3}} S^{\frac{1}{2}}$ 에서 R_h 가 최대일 때이다.

(1) 사각단면의 경우

그림 8-4에서 보는 바와 같이 폭 b, 깊이 h 인 사각단면에서 단면적 $A = by$, 수력 반지름 $R_h = \dfrac{A}{P} = \dfrac{by}{(b + 2y)}$ 이므로, 단면적 A 가 일정할 때 R_h 가 최대가 되는 경우는 접수길이 P 가 최소일 때 이므로,

$$P = b + 2y = \frac{A}{y} + 2y$$

단면적 A 를 상수로 보고, P 를 y 로 미분하여 P 의 극소값을 구하면,

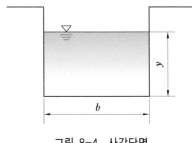

그림 8-4 사각단면

$$\frac{dP}{dy} = -\frac{A}{y^2} + 2 = 0 \quad (A = 2y^2)$$

$$\therefore y = \sqrt{\frac{A}{2}}$$

최소 접수길이 $P_{\min} = \dfrac{A}{y} + 2y = \sqrt{2A}$

이며, 폭 b와 깊이 y의 관계는

$$2y^2 = A = by$$

$$\therefore b = 2y$$

이다. 깊이가 폭의 $\dfrac{1}{2}$일 때 직사각형 단면의 흐름은 단면적이 같은 어떤 다른 직사각형 단면보다 접수길이가 작고, 수력 반지름은 크며 속도는 크다. 접수길이가 짧을수록 경제적으로 수로를 건설할 수 있다.

예제 3. 단면이 사각형인 수로에서 매초 $3.0\,\text{m}^3$의 물을 수송시키려고 한다. 경제적인 단면을 구하시오.(단, 벽면은 시멘트로서 조도계수는 0.0164이며, 수로 경사도는 0.0001이다.)

해설 $R_h = \dfrac{A}{P} = \dfrac{by}{b+2y} = \dfrac{2y \times y}{2y + 2y} = \dfrac{y}{2}$, $Q = \dfrac{1}{n} A R_h^{\frac{2}{3}} S^{\frac{1}{2}}$

$$3 = \frac{1}{0.0164} \times (2y \times y) \times \left(\frac{y}{2}\right)^{\frac{2}{3}} \times 0.0001^{\frac{1}{2}}$$

$$y^{\frac{8}{3}} = 3.905, \quad y = 1.667\text{m}$$

$$\therefore b = 2y = 3.334\,\text{m}$$

(2) 사다리꼴 단면의 경우

그림 8-5에서와 같이 폭을 b, 깊이를 y라 하면 단면적 A, 접수길이 P는

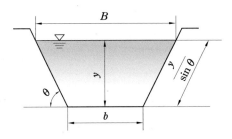

그림 8-5 사다리꼴 단면

$$A = y \cdot (b + y \cdot \cot\theta)$$

$$P = b + \frac{2y}{\sin\theta} = \left(\frac{A}{y} - y \cdot \cot\theta\right) + \frac{2y}{\sin\theta}$$

이며, P를 y에 대해서만 미분하고 P의 극소값을 구하면,

$$\frac{dP}{dy} = -\frac{A}{y^2} - \cot\theta + \frac{2}{\sin\theta} = 0$$

$$\frac{A}{y^2} = \frac{2 - \cos\theta}{\sin\theta}, \qquad y^2 = \frac{A\sin\theta}{2 - \cos\theta}$$

이고, y를 θ에 대하여 미분하고 y의 극소값을 구하면,

$$2y \cdot \frac{dy}{d\theta} = \frac{A \cdot \cos\theta(2 - \cos\theta) - A \cdot \sin\theta \cdot \sin\theta}{(2 - \cos\theta)^2} = 0$$

정리하면,

$$2\cos\theta = 1, \ \ \theta = 60°$$

$\theta = 60°$일 때 $A = y^2 \cdot \dfrac{2 - \cos\theta}{\sin\theta}$ 에 대입하면,

$$A = \frac{y^2 \cdot \left(2 - \dfrac{1}{2}\right)}{\dfrac{\sqrt{3}}{2}} = \sqrt{3} \cdot y^2$$

이 된다. 따라서, b와 y의 관계식은 다음과 같다.

$$A = b\,y(b + y \cdot \cot 60°) = y\left(b + y \cdot \frac{1}{\sqrt{3}}\right)$$

$$\therefore \ \ \sqrt{3} \cdot y^2 = y\left(b + y \cdot \frac{1}{\sqrt{3}}\right) \quad \therefore \ \ y = \frac{\sqrt{3}}{2}b$$

여기서, 측면부 길이 $= \dfrac{y}{\sin\theta} = \dfrac{\dfrac{\sqrt{3}}{2}b}{\dfrac{\sqrt{3}}{2}} = b$

따라서, 주어진 기울기와 유량을 갖는 사다리꼴 단면에서의 최적치수는 단면이 정육각형의 절반과 같은 형상일 때이다.

예제 4. 토사층의 토지에 새로운 운하가 그림과 같은 사다리꼴 단면을 하고 있다. 여기에 평균유속 0.85 m/s로서 매초 7.65 t의 물을 흐르게 하려고 한다. 이때 운하의 상태가 양호하다고 가정하고 필요로 하는 기울기를 산출하시오.(단, 마찰계수 n의 값은 0.025이다.)

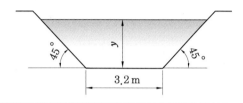

해설 운하의 수심 y는 단면적 A로부터 구할 수 있다.

$$A = \frac{Q}{V} = \frac{7.65}{0.85} = 9 \text{ m}^2$$

한편, 그림으로부터 $A = y(3.2 + y\cot 45°) = y(3.2 + y)$

$$\therefore y^2 + 3.2y - 9 = 0 \quad \therefore y = 1.8 \text{ 또는 } -5$$

접수길이 $P = 3.2 + (2 \times \sqrt{2} \times 1.8) = 8.29 \text{ m}$

$$\therefore \text{수력 반지름 } R_h = \frac{A}{P} = \frac{9}{8.29} = 1.0856 \text{ m}$$

$$Q = \frac{1}{n}AR_h^{\frac{2}{3}}S^{\frac{1}{2}} \text{에서 } 7.65 = \frac{1}{0.025} \times 9 \times 1.0856^{\frac{2}{3}}S^{\frac{1}{2}}$$

$$\therefore S = 0.0004$$

---

(3) 원형 단면의 경우

그림 8-6에서와 같이 치수를 정하고 매닝 방정식을 이용하여 유량비를 적용하면,

$$\text{유량비} = \frac{\text{덜 차서 흐를 때의 유량 } Q}{\text{가득 차 흐를 때의 유량 } Q_f}$$

$$= \frac{\frac{1}{n}A \cdot R_h^{\frac{2}{3}} \cdot S^{\frac{1}{2}}}{\frac{1}{n}A_f \cdot R_{hf}^{\frac{2}{3}} \cdot S^{\frac{1}{2}}} = \left(\frac{A}{A_f}\right)\left(\frac{R_h}{R_{hf}}\right)^{\frac{2}{3}}$$

$$= \left(\frac{A}{A_f}\right)\left(\frac{\frac{A}{P}}{\frac{A_f}{P_f}}\right)^{\frac{2}{3}} = \left(\frac{A}{A_f}\right)^{\frac{5}{3}} \cdot \left(\frac{P_f}{P}\right)^{\frac{2}{3}}$$

θ를 라디안으로 하면,

$$\text{단면적} \quad A = \left(\frac{\pi}{4} \cdot d^2\right)\left(\frac{\pi + 2\theta}{2\pi}\right) + \left(y - \frac{d}{2}\right)\left(\frac{d}{2} \cdot \cos\theta\right)$$

$$\text{접수길이} \quad P = \frac{\pi d \cdot \left(\dfrac{\pi}{2} + \theta\right)}{2\pi}$$

θ는 y와 D의 함수이므로,

$$\theta = \sin^{-1}\left(\frac{2y - d}{d}\right)$$

또, $\quad A_f = \dfrac{\pi d^2}{4}, \; P_f = \pi d$

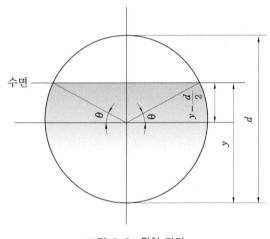

그림 8-6 원형 단면

이므로, 유량비와 속도비의 식에 대입하면,

$$\frac{Q}{Q_f} = \left\{\frac{\pi + 2\theta}{2\pi} + \frac{\cos\theta\,(2y - d)}{\pi d}\right\}^{\frac{5}{3}} \cdot \left(2\frac{\pi}{\pi + 2\theta}\right)^{\frac{2}{3}}$$

$$\frac{V}{V_f} = \frac{\dfrac{Q}{A}}{\dfrac{Q_f}{A_f}} = \left(\frac{\pi + 2\theta}{2\pi} + \frac{\cos\theta\,(2y - d)}{\pi d}\right)^{\frac{2}{2}} \cdot \left(2\frac{\pi}{\pi + 2\theta}\right)^{\frac{2}{3}}$$

$$= \left\{1 + \frac{2\cos\theta\,(2y - d)}{d \cdot (\pi + 2\theta)}\right\}^{\frac{2}{3}}$$

이 되며, 이 두 식은 $\dfrac{y}{d}$만의 함수이며, 이들 관계는 그림 8-7의 그래프와 같다. 그림에서 유량비는 $\dfrac{y}{d} = 0.94$일 때 최대이고, 속도비는 $\dfrac{y}{d} = 0.8$일 때 최대이다.

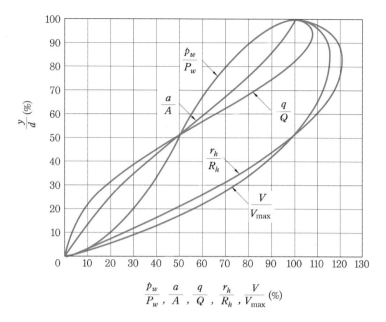

$$\frac{p_w}{P_w}, \frac{a}{A}, \frac{q}{Q}, \frac{r_h}{R_h}, \frac{V}{V_{\max}} (\%)$$

그림 8-7 원관의 개수로 흐름

예제 5. 반지름 R인 원형 개수로에서 유량을 최대로 하기 위한 수심 y를 구하시오.

해설 수면의 중심각을 θ라고 하면

접수길이 $P = R\theta$

단면적 $A = \dfrac{R^2}{2}(\theta - \sin\theta)$

유량 $Q = CA^{1.5} P^{-0.5} S^{0.5}$

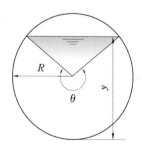

C와 S가 일정하다면 Q를 최대로 하기 위해서는
$A^{1.5} P^{-0.5}$를 최대로 할 필요가 있다.

또는 제곱해서 $A^3 P^{-1}$을 최대로 해도 좋다.

$$A^3 P^{-1} \propto \frac{(\theta - \sin\theta)^3}{\theta}$$

$\dfrac{d(A^3 P^{-1})}{d\theta} = 0$으로 놓으면

$$\frac{3(\theta - \sin\theta)^2(1 - \cos\theta)\theta - (\theta - \sin\theta)^3}{\theta^2} = 0$$

$$3\theta(1 - \cos\theta) - (\theta - \sin\theta) = 3\theta - 3\theta\cos\theta - \theta + \sin\theta = 0$$

이것을 풀면 $\theta = 308°$이다.

$$\therefore \text{수심 } y = R - R\cos\frac{\theta}{2} = R(1 - \cos154°) = R(1 + \cos26°) = 1.9R$$

8-5 비(比)에너지와 임계깊이

개수로 유동은 단면의 형상이 일정하더라도 단면마다 속도가 다르며, 수로 바닥면과 수면에서의 속도도 다르다. 유체의 운동 에너지를 평균속도로 표현하고자 하면 보정(補正) 계수 α를 도입하여 $\alpha \cdot \dfrac{V^2}{2g}$을 이용하면 된다.

만약, 단면에서의 속도가 일정하다면 $\alpha = 1$이며, 수로의 특성에 따라 1 또는 2를 얻을 수 있다.

그림 8-8에서와 같이 임의의 수평 기준면을 수로 바닥면으로 잡고 보정계수 $\alpha = 1$이라면 에너지 식은

$$E = y + \frac{V^2}{2g}$$

이며, E를 비(比)에너지(specific energy)라 한다.

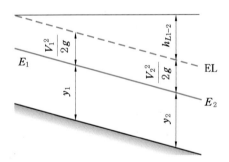

그림 8-8 개수로 유동에서의 비에너지

등류에서는 E가 일정하며, 비등류에서는 E가 증가, 또는 감소한다. $V + \dfrac{Q}{A}$, 단위폭 당 유량 $q = \dfrac{Q}{b} = Vy$라면 비에너지 식은 다음과 같다.

$$E = y + \frac{V^2}{2g} = y + \frac{1}{2g}\left(\frac{Q}{A}\right)^2 = y + \frac{1}{2g}\left(\frac{q}{y}\right)^2$$

그림 8-9 (a)는 식 $E = y + \dfrac{1}{2g}\left(\dfrac{q}{y}\right)^2$에서 q값이 일정할 때 E를 y의 함수로 그린 그래프로서 45°대각선은 y값에 대한 위치에너지를 나타내는 선이고, 이 선과 곡선 사이의 수평거리는 운동에너지이고, 일정 유량 q에 대하여 비에너지 E에는 최소값 $E_{\min}$이 존재하며, 이때의 깊이는 단일 값으로서 임계깊이(critical depth) y_c라 한다. 또한 이때의 흐름을 임계흐름(critical flow)이라 한다.

깊이가 임계깊이보다 작으면 연속의 원리에 의해 속도는 임계속도보다 큰 흐름인 사류(射流, super critical 또는 rapid flow)라 하며, 깊이가 임계깊이보다 크면 속도는 임계속도보다 작은 흐름인 상류(常流, tranquil flow)라 한다.

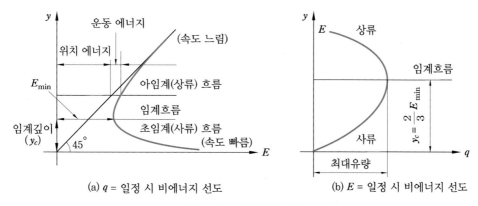

(a) q = 일정 시 비에너지 선도   (b) E = 일정 시 비에너지 선도

그림 8-9   비에너지 선도

폭이 큰 사각단면에서 최소 비에너지 E_{min} 과 임계깊이 y_c 의 관계는

$$\frac{dE}{dy} = \frac{d}{dy}\left\{ y + \frac{1}{2g}\left(\frac{q}{y}\right)^2 \right\} = 1 - \frac{q^2}{gy^2} = 0$$

$$\therefore \ y_c = \left(\frac{q^2}{g}\right)^{\frac{1}{3}} \quad (\text{또는 } q^2 = g \cdot y_c^{\ 3})$$

이고, 따라서 최소 비에너지 E_{min} 은,

$$E_{min} = y_c + \frac{q^2}{2 \cdot y_c^{\ 2}} = y_c + \frac{g \cdot y_c^{\ 3}}{2g \cdot y_c^{\ 2}}$$

$$\therefore \ E_{min} = \frac{3}{2} \cdot y_c$$

가 된다. 그림 8-9 (b)는 비에너지 식에서 E가 일정할 때 y와 q의 함수 관계를 그린 것으로서, 다음 식으로 표시된다.

$$q^2 = (E - y) \cdot 2gy^2$$

또한, $q^2 = gy_c^{\ 3}$ 으로부터 $\dfrac{q^2}{gy_c^{\ 3}} = 1$, $q = V_1 y$ 로부터 $V^2 = \dfrac{q^2}{y^2}\left(\dfrac{V^2}{y} = \dfrac{q^2}{y^3}\right)$ 이다.

따라서, $\dfrac{q^2}{gy_c^{\ 3}} = \dfrac{V^2}{g \cdot y_c} = 1 \ \ (V = \sqrt{gy_c})$

이다. 깊이에 의해 결정되는 속도에 따라서 다음과 같이 나눌 수 있다.

① $V > \sqrt{gy}$: 사류(초임계) 흐름

② $V = \sqrt{gy}$: 임계 흐름

③ $V < \sqrt{gy}$: 상류(아임계) 흐름

예제 6. 폭 $3\,\mathrm{m}$, 깊이 $1.5\,\mathrm{m}$인 수로에서 유량이 $13.5\,\mathrm{m^3/s}$일 때, 상류 또는 사류임을 결정하고, 동일 비에너지를 갖는 다른 흐름에서의 깊이를 구하시오.

[해설] $Q = 13.5\,\mathrm{m^3/s}$

$$V = \frac{Q}{A} = \frac{13.5}{3 \times 1.5} = 3\,\mathrm{m/s}$$

$$\sqrt{gy} = \sqrt{9.8 \times 1.5} = 3.83\,\mathrm{m/s}$$

$$\therefore V < \sqrt{gy} \text{ 이므로 상류(常流)이다.}$$

$$E = y_1 + \frac{1}{2g}\left(\frac{q}{y_1}\right)^2 = y_2 + \frac{1}{2g}\left(\frac{q}{y_2}\right)^2 \text{에서,}$$

$$y_1 = 1.5\,\mathrm{m}, \quad q = \frac{Q}{b} = \frac{13.5}{3} = 4.5\,\mathrm{m^3/s \cdot m}$$

$$1.5 + \frac{1}{2g}\left(\frac{4.5}{1.5}\right)^2 = y_2 + \frac{1}{2g}\left(\frac{4.5}{y_2}\right)^2$$

정리하면, $y_2^3 - 1.96\,y_2^2 + 1.033 = 0$

$$\therefore y_2 = 1.09\,\mathrm{m}$$

8-6 수력도약(水力跳躍, hydraulic jump)

유량이 일정할 때 같은 비에너지를 갖는 깊이가 다른 두 종류의 흐름(상류와 사류)들은 어떤 조건하에서 갑자기 사류(초임계 흐름)에서 상류(아임계 흐름)로 변할 수 있다. 즉, 흐름의 깊이가 임계깊이보다 작은 곳에서 갑자기 변하여 임계깊이보다 크게 되고, 속도가 작아지는 현상을 수력도약(hydranlic jump)이라 한다.

사각단면의 수로에 대하여 수력도약 전후의 짧은 간격에 수평 방향으로만 힘이 작용하는 것으로 가정하여 수력도약 후의 깊이 y_2를 구해본다.

그림 8-10에서 단면 ①, ②에서의 유체의 정압에 의한 크기를 F_1, F_2라 하면,

$$\sum F_x = F_1 - F_2 = \rho q (V_2 - V_1)$$

$$\frac{\gamma y_1^2}{2} - \frac{\gamma y_2^2}{2} = \frac{\gamma}{g} \cdot q \cdot (V_2 - V_1), \quad V = \frac{q}{y}$$

$$y_1^2 - y_2^2 = \frac{2q^2}{g}\left(\frac{1}{y_2} - \frac{1}{y_1}\right)$$

$$\therefore y_2^2 + y_1 y_2 - \frac{2q^2}{g\,y_1} = 0$$

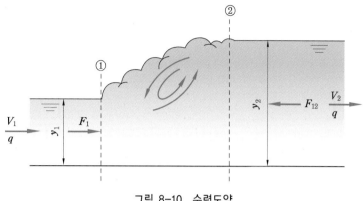

그림 8-10 수력도약

근의 공식을 적용하면,

$$y_2 = \frac{y_1}{2}\left(-1 + \sqrt{1 + \frac{8q^2}{g\,y_1^2}}\right)$$

$$y_2 = -\frac{y_1}{2} + \sqrt{\frac{2y_1\,V_1^2}{g} + \frac{y_1^2}{4}}$$

$$\therefore\ \frac{y_2}{y_1} = \frac{1}{2}\left(-1 + \sqrt{1 + \frac{8q^2}{g\,y_1^3}}\right)$$

위의 식 중에서 $\dfrac{V_1^2}{g\,y_1} = Fr$ (Froude number)이며, 수력도약이 발생할 수 있는 조건 $y_2 > y_1$이 되려면 $Fr > 1$이 되어야 함을 알 수 있다.

① $\dfrac{V_1^2}{g\,y_1} = 1 \quad (Fr = 1)$이면 $y_1 = y_2$

② $\dfrac{V_1^2}{g\,y_1} > 1 \quad (Fr > 1)$이면 $y_1 < y_2$

③ $\dfrac{V_1^2}{g\,y_1} < 1 \quad (Fr < 1)$이면 $y_1 > y_2$

③의 경우는 충격 모멘트와 연속의 식은 만족하나 액체 표면이 낮아지는 경우로서 수력도약이 일어나는 동안 에너지선의 상승을 가져온다. 그러므로 이 현상은 물리적으로 불가능하다. 개수로에서의 초임계 흐름에서 아임계 흐름으로 바뀔 때 수력도약이 일어난다.

수력도약에 의한 손실수두는 에너지 방정식에 의하여

$$h_L = E_1 - E_2 = \left(y_1 + \frac{q^2}{2g\,y_1^2}\right) - \left(y_2 + \frac{q^2}{2g\,y_2^2}\right)$$

$$= \frac{q^2}{2g}\left(\frac{1}{y_1^2} - \frac{1}{y_2^2}\right) + (y_1 - y_2)$$

$$\frac{q^2}{g} = \frac{1}{2}\, y_1 y_2 (y_1 + y_2)$$

$$\therefore h_L = E_1 - E_2 = \frac{(y_2 - y_1)^2}{4 y_1 y_2}$$

이 식은 수력도약이 일어나는 $y_2 > y_1$인 경우에만 에너지 손실이 양의 값을 갖게 된다. 결국 $V_1 > V_2$가 되는 유동에서만 수력도약이 발생한다.

예제 7. 수력도약이 15 m 폭의 수문의 하류에서 발생되었다. 수력도약이 일어나기 전의 깊이가 1.5 m이고, 속도는 18 m/s이었다. 수력도약의 깊이와 손실로 인한 흡수된 동력을 구하여라.

[해설] 수력도약 후의 깊이 y_2는

$$y_2 = -\frac{1.5}{3} + \sqrt{\left(\frac{1.5}{2}\right)^2 + \frac{2 \times 18^2 \times 1.5}{9.8}}$$

$$= 9.237\,\mathrm{m}$$

① 단위폭당 유량

$$q = y_1 V_1 = 1.5 \times 18$$

$$= 27\,\mathrm{m^3/s \cdot m}$$

② 손실수두

$$h_L = \frac{(y_2 - y_1)^3}{4 y_1 y_2} = \frac{(9.24 - 1.5)^2}{4 \times 1.5 \times 9.24}$$

$$= 8.35\,\mathrm{m}$$

그러므로 수력도약으로 인하여 흡수된 동력 P는 다음과 같다.

$$\therefore P = \frac{Q\gamma h_L}{75} = \frac{15 \times 27 \times 10^3 \times 8.35}{75}$$

$$= 45100\,\mathrm{PS}$$

[SI 단위] $\quad P = Q\gamma h_L = 15 \times 27 \times 9800 \times 8.35$

$$= 3.31 \times 10^4\,\mathrm{kW}$$

8-7 중력파(重力波)의 전파속도

자유표면을 가지는 액체에 있어서 표면에 발생한 단일 파동의 한 방향으로의 이동 속도는 연속방정식과 베르누이의 방정식을 적용하여 구할 수 있다.

그림 8-11에서 연속방정식을 적용하면,

$$V \cdot y = (V + dV)(y + dy)$$

$$\frac{dV}{V} + \frac{dy}{y} = 0 \qquad\qquad ①$$

베르누이 방정식을 ①, ② 단면에 대하여 적용하면,

$$\frac{V^2}{2g} + y = \frac{(V + dV)^2}{2g} + (y + dy)$$

$$V \cdot dV + g \cdot dy = 0 \qquad\qquad ②$$

①과 ②에서 구한 V를 파동의 전파속도, 즉 중력의 전파속도 C라 하며,

$$C = \sqrt{g \cdot y}$$

가 되며, 액체 표면에 발생한 파동의 전파속도는 중력 가속도 g와 유체의 깊이 y에 관계되며, 이 파동을 중력파(gravity wave)라 한다.

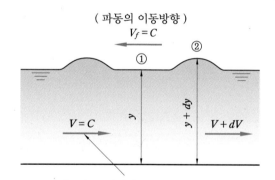

그림 8-11 표면파의 전파속도

∾ 연습문제 ∾

1. 폭이 3.6 m이고, 깊이가 1.5 m인 사각형 수로의 수력 반지름을 구하시오.

2. Chézy 계수가 $65 \, \mathrm{m}^{\frac{1}{2}}/\mathrm{s}$인 사각형 수로가 있다. 이 수로의 폭이 3 m, 깊이가 1.5 m, 경사도가 0.0009일 때 유량(m^3/s)을 구하시오.

3. 폭 2 m, 밑바닥의 경사가 0.001인 대패질 안한 나무로 만든 사각형 수로에서 유동깊이가 1 m일 때 등류 상태로 흐르는 유량(m^3/s)을 구하시오.(단, 대패질 안한 나무의 조도계수 $n = 0.012$이다.)

4. 단면이 사각형인 수로에서 등류가 흐르고 있다. 이 수로의 폭은 3 m이고 깊이가 2 m, 마찰계수가 0.014일 때 Chézy 계수를 구하시오.

5. 콘크리트로 된 사각형 단면의 수로를 통하여 $9.5 \, \mathrm{m}^3/\mathrm{s}$의 물을 흘려보내려고 한다. 수면의 경사도를 0.002, 수로 폭을 2 m로 할 때 수심을 구하시오.(단, 콘크리트의 마찰계수 $n = 0.0166$이다.)

6. 땅을 파서 만든($n = 0.02$) 사다리꼴 단면의 개수로가 다음 그림과 같다. 이 개수로의 경사도가 0.0001일 때 유량 $Q[\mathrm{m}^3/\mathrm{s}]$를 구하시오.

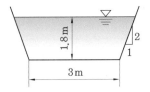

7. 개수로가 등류 다음 그림 상태로 흐를 때 속도 V와 y의 관계를 구하시오.

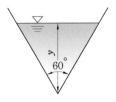

8. 경사도가 0.0004인 벽돌로 만든 사다리꼴 수로에 물을 $216 \, \mathrm{m}^3/\mathrm{s}$의 유량으로 운반하려고 한다. 이 수로의 단면이 최대 효율단면으로 되기 위한 치수를 구하시오.(단, 벽돌의 조도계수 n은 0.016이다.)

9. 직사각형 개수로에서 깊이에 비하여 폭이 매우 넓을 때 수력 반지름을 구하시오.(단, y는 수심이다.)

10. 다음 그림은 대패질을 하지 않은 목재로 만든 하수도가 밑변 2.4 m, 높이 1.8 m인 이등변 삼각형의 단면을 갖는다. 이때 밑바닥의 경사도가 0.01이라면 $Q = 5 \text{ m}^2/\text{s}$의 유량으로 균속도 운동을 할 때 깊이를 구하시오.(단, 나무의 조도계 $n = 0.013$이다.)

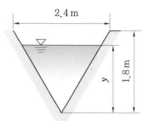

11. 다음 그림과 같은 사다리꼴 수로에서 경제적인 단면인 최적 수력단면을 설명하시오.

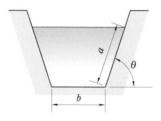

12. 다음 그림과 같은 개수로에서 등류흐름일 경우 Q값에 대해 설명하시오.

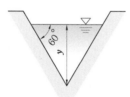

13. 공액 깊이에 대하여 설명하시오.

14. 수심을 y라고 할 때 개수로의 유동속도가 가장 빠른 곳은 어느 곳인가?(단, y는 수심이다.)

15. 다음 그림과 같은 삼각형 수로에 물이 등류 상태로 흐르고 있다. 이 수로의 경사도가 1/200일 때 접수길이에 작용하는 전단응력(N/m²)을 구하시오.(단, 물의 비중량은 $\gamma = 9800 \text{ N/m}^3$이다.)

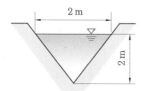

16. 다음 그림의 개수로는 대패질이 안 된 나무로 만들어졌다. 이 개수로의 경사도가 0.0009일 때 유량 Q [m^3/s]을 구하시오.(단, 조도계수 n은 0.013이다.)

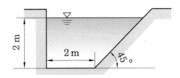

17. 폭 4 m, 수심 1 m인 사각형 수로에 물이 12 m^3/s의 유량으로 흐를 때 비에너지를 구하시오.

18. 사각형 수로에서 단위폭당 유량이 0.486 m^3/s일 때 임계깊이 y_c와 임계속도 V_c를 구하시오.

19. 폭 2.4 m의 직사각형 수로에서 비에너지 $E = 1.5$ m일 때 최대유량을 구하시오.

20. 다음 그림과 같은 사각형 단면의 수로에 물이 $Q = 20$ m^3/s의 유량으로 등류 상태로 흐르고 있다. $S = 0.0064$, $n = 0.012$일 때 이 유동 상태를 판단하시오.

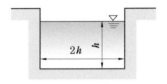

21. 폭 2.4 m의 직사각형 수로에서 비에너지 $E = 1.5$ m일 때 최대유량을 구하시오.

22. 수심이 0.8 m인 개수로를 물이 단위폭당 4 m^3/s로 흐를 때 수력도약을 일으킬 수 있는 깊이를 구하시오.

23. 수력도약이 일어나기 전후에서의 수로 깊이가 각각 1.5 m, 9.24 m이었다. 이때 수력도약으로 인한 손실수두를 구하시오.

24. 반지름 R인 원형 개수로에서 수심이 h이다. 수심 h에 따른 수력 반지름 R_h의 변화된 값을 구하시오.

25. 물의 지름 3 m인 하수도에 깊이 1 m인 등류 상태로 흐르고 있으며, 이 하수도의 경사도는 0.0001이라 한다. 이때 접수길이에 작용하는 평균 전단응력을 구하여라.(단, 물의 비중량은 9800 N/m^{3}이다.)

26. 폭이 2 m, 수심이 0.5 m인 직사각형 개수로가 있다. 유량이 2배로 될 때 수심을 구하여라.(단, 유속계수는 일정한 것으로 본다.)

연습문제 풀이

1. $R_h = \dfrac{A}{P} = \dfrac{3.6 \times 1.5}{3.6 + (2 \times 1.5)} = 0.818\,\text{m}$

2. ① 단면적$(A) = 3\,\text{m} \times 1.5\,\text{m} = 4.5\,\text{m}^2$

② 수력 반지름 $(R_h) = \dfrac{A}{P} = \dfrac{4.5}{3 + 2 \times 1.5}$

$$= 0.75\,\text{m}$$

$\therefore\ Q = CA\sqrt{R_h S}$

$$= 65 \times 4.5 \times \sqrt{0.75 \times 0.0009}$$

$$= 7.599\,\text{m}^3/\text{s}$$

3. 수력 반지름$(R_h) = \dfrac{2 \times 1}{2 + 2 \times 1} = 0.5\,\text{m}$

$\therefore$ 유량$(Q) = \dfrac{1}{0.012}(2 \times 1) \times 0.5^{\frac{2}{3}} \times 0.001^{\frac{1}{2}}$

$$= 3.32\,\text{m}^3/\text{s}$$

4. $R_h = \dfrac{A}{P} = \dfrac{3 \times 2}{3 + 4} = 0.857\,\text{m}$

$\therefore\ C = \dfrac{1}{n}R_h^{\frac{1}{6}} = \dfrac{1}{0.014} \times 0.857^{\frac{1}{6}}$

$$= 103.7$$

5. $R_h = \dfrac{A}{P} = \dfrac{2y}{2 + 2y} = \dfrac{y}{1 + y}$, $Q = \dfrac{1}{n}AR_h^{\frac{2}{3}}S^{\frac{1}{2}}$

에서 $9.5 = \dfrac{1}{0.0166} \times 2y\left(\dfrac{y}{1 + y}\right)^{\frac{2}{3}} \times 0.002^{\frac{1}{2}}$

$\therefore\ y = 1.24\,\text{m}$

6. 접수길이 P와 단면적 A는

$P = 3 + 2 \times 1.8\sqrt{5} = 11.05\,\text{m}$

$A = 3 \times 1.8 + 1.8 \times (1.8 \times 2) = 11.88\,\text{m}^2$

수력 반지름 $R_h = \dfrac{A}{P} = \dfrac{11.88}{11.05} = 1.075\,\text{m}$

$\therefore\ Q = \dfrac{1}{0.02} \times 11.88 \times 1.075^{\frac{2}{3}} \times 0.0001^{\frac{1}{2}}$

$$= 6.23\,\text{m}^3/\text{s}$$

7. 단면적 A는 y^2에 비례한다. 즉, $A \varpropto y^2$ 접수길이 P는 y에 비례한다.

즉, $p \varpropto y$

$\therefore\ V \varpropto R_h^{\frac{2}{3}} = \left(\dfrac{A}{P}\right)^{\frac{2}{3}}$

$$= A^{\frac{2}{3}}P^{-\frac{2}{3}} \varpropto y^{\frac{4}{3}}y^{-\frac{2}{3}} = y^{\frac{2}{3}}$$

8. 사다리꼴의 최대효율 단면에서는

$$P = 2\sqrt{3y},\ b = 2 \times \dfrac{\sqrt{3}}{3}y,\ A = \sqrt{3}\,y^2$$

그러므로 수력 반지름은

$$R_h = \dfrac{A}{P} = \dfrac{\sqrt{3}\,y^2}{2\sqrt{3}\,y} = \dfrac{y}{2}$$

$\therefore\ 216 = \dfrac{1}{0.016}\sqrt{3}\,y^2\left(\dfrac{y}{2}\right)^{\frac{2}{3}} \times 0.0004^{\frac{1}{2}}$

정리하면 다음과 같다.

$$y^{\frac{8}{3}} = 158 \quad \therefore\ y = 6.68\,\text{m}$$

그리고 $b = 2 \times \dfrac{\sqrt{3}}{3} \times 6.68$

$$= 7.71\,\text{m}$$

9. 폭을 b라고 하면 $R_h = \dfrac{by}{b + 2y}$

문제에서 $b \gg y$인 경우라고 하였으므로

$$R_h \fallingdotseq \dfrac{by}{b} = y$$

10. $A = \dfrac{y}{1.8} \times 2.4 \times y \times \dfrac{1}{2} = \dfrac{2}{3}y^2$

$$P = 2\sqrt{\left(\dfrac{y}{1.8} \times 1.2\right)^2 + y^2} = 2.4y$$

$$R_h = \dfrac{A}{P} = \dfrac{\dfrac{2}{3}y^2}{2.4y} = 0.278y$$

$$5 = \frac{1}{0.013}\left(\frac{2y^2}{3}\right)(0.278y)^{\frac{2}{3}} \times 0.01^{\frac{1}{2}}$$

$$y^{\frac{3}{8}} = 2.29, \quad \therefore y = 1.36 \text{ m}$$

11. 그림에서 단면적 $A = (b + a\cos\theta)a\sin\theta$

$$\therefore b = \frac{A}{a\sin\theta} - a\cos\theta$$

접수길이 $P = b + 2a = \dfrac{A}{a\sin\theta} - a\cos\theta + 2a$

경제적인 수로 단면은 P가 최소일 때이므로

$$\frac{\partial P}{\partial a} = 0, \quad \frac{\partial P}{\partial \theta} = 0 \text{을 각각 계산하면}$$

$$-\frac{A}{a^2\sin\theta} - \cos\theta + 2 = 0$$

$$-\frac{A\cos\theta}{a\sin^2\theta} + a\sin\theta = 0$$

여기에 A값을 대입시키면

$$-(B + a\cos\theta) - a\cos\theta + 2a = 0$$

$$-(B + a\cos\theta)\cos\theta + a\sin^2\theta = 0$$

두 식에서 θ, a를 구하면

$$\theta = \frac{\pi}{3} = 60°, \quad a = b$$

즉, 경제적인 단면은 정육각형의 하측반과 같다.

12. $Q = \dfrac{1}{n}AR_h^{\frac{2}{3}}S^{\frac{1}{2}}$ 에서 y 값과 관계되는 것은

단면적 A와 수력 반지름 R_h이다. 따라서,

$$Q \backsim AR_h^{\frac{2}{3}} = A\left(\frac{A}{P}\right)^{\frac{2}{3}} = A^{\frac{5}{3}}P^{-\frac{2}{3}}$$

$$A = \frac{y^2}{\sqrt{3}} \quad \therefore A \backsim y^2$$

$$P = \frac{4}{\sqrt{3}}y \quad \therefore P \backsim y$$

그러므로 $Q \backsim (y^2)^{\frac{5}{3}} \cdot y^{\frac{8}{3}}$

따라서, $y^{\frac{8}{3}}$에 비례한다.

13. 임계점을 제외하고는 같은 비에너지 값을 갖는 깊이는 아임계 흐름과 초임계 흐름에서 각각 하나씩 두 개의 깊이가 존재하는데, 이

것을 공액깊이라고 한다.

14. 개수로 단면 내의 속도 분포는 균일하지 않고 벽면 가까이는 속도가 느리며, 벽면에서 먼 곳은 빠르다. 보통 수로의 속도 분포는 단면 형상에 따라 변하지만 최대속도는 수면에서 $(0.1 \sim 0.4)y$인 지점의 속도이다.

15. 단면적 A와 접수길이 P는

$$A = \frac{1}{2}(2 \times 2) = 2 \text{ m}^2$$

$$P = 2\sqrt{1^2 + 2^2} = 2\sqrt{5} \text{ m}$$

수력 반지름 $R_h = \dfrac{A}{P} = \dfrac{2}{2\sqrt{5}}$

$$= 0.447 \text{ m}$$

$$\therefore \text{전단응력 } \tau_0 = \gamma R_h S = 9800 \times 0.447 \times \frac{1}{200}$$

$$= 21.9 \text{ N/m}^2$$

16. 단면적 A와 접수길이 P는

$$A = 2 \times 2 + \frac{1}{2}(2 \times 2\tan 45°) = 6 \text{ m}^2$$

$$P = 2 + 2 + \frac{2}{\cos 45°} = 6.828 \text{ m}$$

수력 반지름 $R_h = \dfrac{A}{P} = \dfrac{6}{6.828}$

$$= 0.8787 \text{ m}$$

$$\therefore Q = \frac{1}{0.013} \times 6 \times 0.8787^{\frac{2}{3}} \times 0.0009^{\frac{1}{2}}$$

$$= 12.7 \text{ m}^3/\text{s}$$

17. $V = \dfrac{Q}{A} = \dfrac{12}{4} = 3 \text{ m/s}$

$$\therefore E = y + \frac{V^2}{2g} = 1 + \frac{3^2}{2 \times 9.8}$$

$$= 1.46 \text{ m}$$

18. $y_c = \left(\dfrac{q^2}{g}\right)^{\frac{1}{3}} = \left(\dfrac{0.486^2}{9.8}\right)^{\frac{1}{3}}$

$$= 0.29 \text{ m}$$

$$V_c = \sqrt{gy_c} = \sqrt{9.8 \times 0.29}$$

$$= 1.686 \text{ m/s}$$

19. 임계깊이 $y_c = \dfrac{2}{3}E = \dfrac{2}{3} \times 1.5 = 1\,\mathrm{m}$

임계깊이에서 유량이 최대이므로

$y_c = \left(\dfrac{q^2}{g}\right)^{\frac{1}{3}}$ 에서 $1 = \left(\dfrac{q^2}{9.8}\right)^{\frac{1}{3}}$

$\therefore\ q = 3.13\,\mathrm{m^3/s \cdot m}$

$\therefore\ bq = 2.4 \times 3.13$

$\qquad = 7.51\,\mathrm{m^3/s \cdot m}$

20. 단면적 A와 접수길이 P는

$A = 2h^2,\ \ P = 4h$

① 수력 반지름 $R_h = \dfrac{A}{P} = \dfrac{2h^2}{4h} = \dfrac{h}{2}$

Chézy-Manning 식에서 $Q = \dfrac{1}{n}AR_h^{\frac{2}{3}}S^{\frac{1}{2}}$

이므로

$20 = \dfrac{1}{0.012} \times 2h^2 \times \left(\dfrac{h}{2}\right)^{\frac{2}{3}} \times 0.0064^{\frac{1}{2}}$

계산하면 $2.38 = h^{\frac{8}{3}}$

$\therefore\ h = 1.3845\,\mathrm{m}$

② 단위폭당 유량

$q = \dfrac{Q}{b} = \dfrac{20}{2 \times 1.3845}$

$\qquad = 7.223\,\mathrm{m^3/s \cdot m}$

이때 임계깊이 y_c는 다음과 같다.

$y_c = \left(\dfrac{q^2}{g}\right)^{\frac{1}{3}} = \left(\dfrac{7.223^2}{9.8}\right)^{\frac{1}{3}}$

$\qquad = 1.746\,\mathrm{m}$

$\therefore\ h < y_c$이므로 이 흐름은 초임계 흐름(사류)이다.

21. 단위폭당 유량 $q = \dfrac{0.85}{1.8} = 0.47\,\mathrm{m^3/s \cdot m}$

비에너지 정의에서 $E = y + \dfrac{q^2}{2gy^2}$이므로

$1.2 = y + \dfrac{0.47^2}{2gy^2}$

윗식을 다시 정리하면 다음과 같다.

$y^3 - 1.2y^2 + 0.0113 = 0$

이 되며, 시행착오법으로 풀면 다음과 같다.

$\therefore\ y = 0.1,\ 1.19$

22. $V_1 = \dfrac{q}{y_1} = \dfrac{4}{0.8} = 5\,\mathrm{m/s}$

$\dfrac{V_1^2}{gy_1} = \dfrac{5^2}{9.8 \times 0.8} \fallingdotseq 3.2 > 1$

따라서, 수력도약이 발생한다. 수력도약 발생 후의 수심 y_2는 다음과 같다.

$y_2 = \dfrac{y_1}{2}\left(-1 + \sqrt{1 + \dfrac{8V_1^2}{gy_1}}\right)$

$\quad = \dfrac{0.8}{2}\left(-1 + \sqrt{1 + 8 \times 3.2}\right)$

$\quad \fallingdotseq 1.66\,\mathrm{m}$

23. $h_L = \dfrac{(y_2 - y_1)^3}{4y_1 y_2} = \dfrac{(9.24 - 1.5)^3}{4 \times 1.5 \times 9.24}$

$\quad = 8.35\,\mathrm{m}$

24. 다음 그림에서 접수길이 $P = R\theta$

① 개수로의 단면적

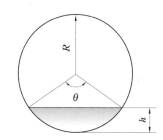

$A = \dfrac{1}{2}R^2\theta - \dfrac{1}{2}R^2\sin\theta$

$\quad = \dfrac{R^2}{2}(\theta - \sin\theta)$

② 수력 반지름

$R_h = \dfrac{A}{P} = \dfrac{\dfrac{R^2}{2}(\theta - \sin\theta)}{R\theta}$

$\quad = \dfrac{R}{2}\left(1 - \dfrac{\sin\theta}{\theta}\right)$

θ와 h의 관계는 다음과 같다.

$h = R - R\cos\dfrac{\theta}{2},\ \cos\dfrac{\theta}{2} = 1 - \dfrac{h}{R}$

$\theta = 2\cos^{-1}\left(1 - \dfrac{h}{R}\right)$

$$\therefore R_h = \frac{R}{2}\left\{1 - \frac{\sin 2\cos^{-1}\left(1 - \dfrac{h}{R}\right)}{2\cos^{-1}\left(1 - \dfrac{h}{R}\right)}\right\}$$

25. 그림에서 $\cos\dfrac{\theta}{2} = \dfrac{0.5}{1.5}$ 이므로

$\theta = 141° = 0.783\,\pi$

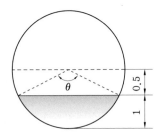

색칠한 부분의 면적은 다음과 같다.

$$A = \frac{1}{2}\times 1.5^2 \times 0.783\,\pi$$

$$-\left(\frac{1}{2}\times 0.5 \times 1.5\sin 70.5\right)\times 2$$

$$= 2.06\,\mathrm{m}^2$$

① 접수길이

$$P = R\theta = 1.5(0.783\pi) = 3.688\ \mathrm{m}$$

② 수력 반지름

$$R_h = \frac{A}{P} = \frac{2.06}{3.688}$$

$$= 0.56\ \mathrm{m}$$

$\therefore$ 전단응력 $\tau_0 = \gamma R_h S$

$$= 9800 \times 0.56 \times 0.0001$$

$$= 0.547\ \mathrm{N/m}^2$$

26. 직사각형 개수로의 폭을 b, 수심을 y_1, 유량 증가 후의 수심을 y_2로 놓으면 각각의 경우 수력 반지름 R_{h1}, R_{h2}는 다음과 같다.

$$R_{h1} = \frac{by_1}{2y_1 + b},\qquad R_{h2} = \frac{by_2}{2y_2 + b}$$

각각의 경우 유량 Q_1, Q_2는 다음과 같다.

$$Q_1 = by_1 C\sqrt{R_{h1}\cdot S},\ \ Q_2$$

$$= by_2 C\sqrt{R_{h2}\cdot S}$$

$$\frac{Q_2}{Q_1} = \frac{y_2}{y_1}\sqrt{\frac{R_{h2}}{R_{h1}}}$$

$$= \frac{y_2}{y_1}\sqrt{\frac{y_2}{y_1}\cdot\frac{2y_1 + b}{2y_2 + b}}$$

$\dfrac{Q_2}{Q_1} = 2$, $y_1 = 0.5\ \mathrm{m}$, $b = 2\ \mathrm{m}$ 를 대입하면

$$2 = \frac{y_2}{0.5}\sqrt{\frac{y_2}{0.5}\cdot\frac{2\times 0.5 + 2}{2y_2 + 2}}$$

$$= 2y_2\sqrt{\frac{3y_2}{y_2 + 1}}$$

$$3{y_2}^3 - y_2 - 1 = 0$$

$$\therefore\ y_2 = 0.85\ \mathrm{m}$$

제9장   경계층 이론

점성이 없는 퍼텐셜(potential) 흐름은 수학적으로 명확하게 취급할 수 있다. 그러나 흐름 속에 있는 원기둥이 흐름 방향으로 받는 힘, 즉 저항이 0이라는 이상한 결과를 가져온다는 결점이 있다. 그러므로 점성을 고려한 네이비어–스토크스(Navier–Stokes)의 운동방정식을 해결해야 하며, 그것은 근사적으로 풀어야 한다.

9-1   경계층

유체 내에서 속도가 다른 두 부분이 접한 면에서 나타나는 전단응력은 $\tau = \mu \dfrac{du}{dy}$ 로 주어지며, 이 식은 물체 표면을 따라 운동하는 유체와 물체 표면 사이에 작용하는 전단응력에도 적용된다. 물체 표면을 따라 운동하는 유체 입자의 속도를 u 라 할 때 물체 표면에서의 속도구배 $\left(\dfrac{du}{dy} \right)_{y=0}$ 을 알면 표면에서의 전단응력 τ_0 도 알 수 있게 된다.

미끄러운 평판의 표면을 따라 균일속도 U 로 흐르고 있는 2차원 정상류에 대하여 평판에 고정되어 있는 좌표축(x, y)에서 평판으로부터 멀리 떨어져 흐트러지지 않는 흐름의 속도를 u 로 표시한다.

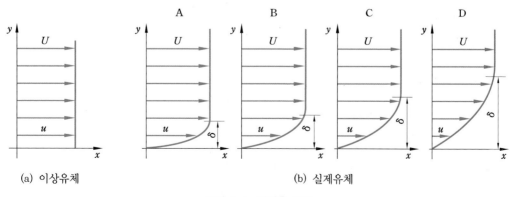

(a) 이상유체   (b) 실제유체

그림 9-1   경계층 이론

평판이 매우 얇을 때 유체가 이상유체일 경우 평판 자신이 직선 상 유선의 하나와 일치하고, 평판 표면에 접하고 있는 유체 입자는 속도 u로 평판면 위를 자유롭게 흐르므로 흐름은 평판에 의해서 조금도 흐트러지지 않으며, 이 경우 평판 위의 어느 점에서도 속도 분포 곡선은 그림 9-1 (a)와 같이 평판에 수직인 직선이 된다.

점성을 가지고 있는 실제유체의 경우는 평판 표면에 접하고 있는 유체 입자는 이것에 점착(粘着)되고, 이들 입자는 그 바깥쪽을 흐르는 유체 입자에 전단 응력이 작용하여 유동을 방해하고, 평판에서 어느 지점까지 차례로 점성의 영향이 나타나게 되어 실제유체의 경우 속도 분포 곡선은 이상유체와 달리 점성계수 μ에 대하여 그림 9-1 (b)의 A, B, C, D와 같이 된다. A가 μ값이 가장 크며, D가 가장 작다. 실제유체에서 속도 분포 곡선은 평판에서 멀리 떨어진 곳, $y \to \infty$에서 유속은 $u = U$이고, 평판 표면, $y \to 0$에서 유속은 $u = 0$이 된다.

점성이 클 때는 평판이 유체의 운동을 방해하므로 평판으로부터 멀리 떨어진 곳의 유체층도 속도가 떨어지지만, 점성이 작을 때는 평판이 유체에 미치는 영향은 비교적 가까운 거리의 유체 층에만 점성의 영향을 미친다.

그림 9-2에서와 같이 일반적으로 평판이 유체 운동을 방해하는 작용을 고려하지 않아도 되는 거리, 즉 평판으로부터의 거리를 δ라 하면 "$y = \delta$에서 $u = U$"와 같이 되며, 점성이 큰 유체에서는 δ가 크고, 점성이 작은 유체에서는 δ가 작게 된다.

1904년 프란틀(Prandtl)은 물이나 공기와 같은 점성이 작은 실제유체가 흐름에서 점성의 영향을 설명하기 위하여 "유체의 점성이 매우 작을 때($\mu \approx 0$일 때) 점성의 영향을 받는 유체층의 두께 δ도 극히 작아져 $\delta \approx 0$이 된다."는 가정하에 경계층 이론을 발표하였다. 즉, $0 \leq y \leq \delta$인 범위에 있는 매우 얇은 유체층 내에서만 점성이 작용하고, 그 바깥쪽인 $\delta < . y < \infty$에서는 유체의 점성을 무시해도 된다는 가정이다.

이와 같이 얇은 유체층을 경계층(境界層, boundary layer)이라 하고, δ를 경계층 두께(boundary layer thickness)라 한다.

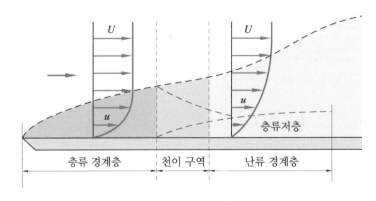

그림 9-2 경계층

270°에서 최대 운동 에너지를 갖게 되며, 흐름은 압력이 높은 후방 정체점($\theta = 180°$)에서 다시 정지한다. 이 유선에 대하여 베르누이의 정리를 적용하면 원주에 대한 압력 분포를 얻을 수 있으며, 원주에 작용하는 흐름 방향의 힘인 원주의 저항은 0이 된다. 이 것을 달랑베르(d'Alembert)의 정리라 한다.

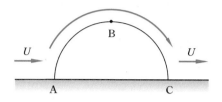

그림 9-3 달랑베르의 정리

경계층 이론에 의한 점성이 작은 실제유체의 경우 평판이 받는 마찰항력을 생각해 보면, 그림에서 θ는 속도 분포 곡선 상의 임의의 점에서 접선이 평판(x 축)과 이루는 각이고, θ_0는 $y = 0$일 때 속도 분포 곡선에 그은 접선과 평판이 만나는 각이다.

점성계수 μ가 0에 접근하면 평판 표면 가까이에서 속도 분포 곡선은 차츰 아래쪽으로 볼록해지고 θ_0가 작아진다. 다시 말해, μ가 0에 접근하면 $\tan\theta_0$도 0에 접근하며 속도 구배 $\dfrac{du}{dy} = \dfrac{1}{\tan\theta}$이므로 $y = 0$인 평판 표면 위에서의 속도구배 $\left(\dfrac{du}{dy}\right)_0 = \dfrac{1}{\tan\theta}$이 된다. 그러므로 $u \to 0$일 때 $\left(\dfrac{du}{dy}\right)_0 \to \infty$가 되고, 평판 표면에서의 전단응력 $\tau_0 = \mu\left(\dfrac{du}{dy}\right)_0$이므로 $\mu \to 0$에서 $\tau_0 = 0 \times \infty$가 된다. 프란틀은 이것이 유한한 값이 되며, $\dfrac{1}{\sqrt{Re}}$에 비례한다고 하였고, 블라지우스(Blasius)는

$$\tau_0 = \frac{0.664}{\sqrt{Re}} \cdot \frac{1}{2}\rho U^2$$

이 된다고 하였다. 이 식은 Re 값이 매우 커져도 τ_0이 유한 크기가 되고 $Re = \infty$인 이상 유체($\mu = 0$)가 될 때까지 0이 되지 않음을 보여 주며, 레이놀즈수가 매우 클 때도 평판이 어떤 일정 크기의 마찰항력(표면 마찰력)을 받는 것을 뜻한다.

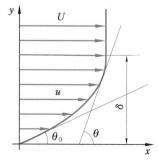

그림 9-4 마찰항력

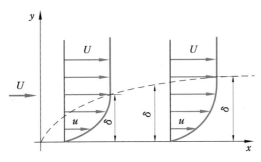

그림 9-5 경계층 두께와 마찰항력

점성계수 μ 가 작은 유체의 경우 $x = l$ 인 점에서 경계층 두께 δ 와 선단 하류쪽으로 측정한 길이 l 사이에는,

$$\frac{\delta}{l} \propto \frac{1}{\sqrt{Re}}$$

의 관계이며, $Re = \dfrac{Ul}{\nu}$ 에서 $Re \propto l$ 이므로,

$$\delta \propto \sqrt{l}$$

이 된다. 경계층 두께는 하류로 갈수록 점점 두꺼워지지만 경계층 내에서의 유속 u 는 $y = 0$ 인 표면에서 0으로부터 경계층 δ 사이에 U 까지 증가하므로, $\dfrac{du}{dy}$ 는 δ 가 증가함에 따라 작아진다.

$\left(\dfrac{du}{dy}\right)_0 \propto \dfrac{1}{\delta}$ 이고 $\delta \propto \sqrt{l}$ 이므로 $\left(\dfrac{du}{dy}\right)_0 \propto \dfrac{1}{\sqrt{l}}$, $\tau_0 \propto \dfrac{1}{\sqrt{l}}$ 이 된다. 여기서, τ_0 는 평판의 단위면적에 작용하는 마찰항력이며, 국소적 마찰항력 계수 C_f 를 도입하여 다음과 같이 정의한다. C_f 는 무차원수이다.

$$C_f = \frac{\tau_0}{\frac{1}{2}\rho U^2}$$

$\tau_0 \propto \dfrac{1}{\sqrt{l}}$ 이므로 $C_f \propto \dfrac{1}{\sqrt{l}}$ 에서 평판 표면 전체에 대하여 C_f 의 평균값은 평판의 길이가 증가하면 감소하게 된다.

폭이 1이고 길이 l 인 평판 표면이 받는 합마찰항력을 D_f 라 하면 주 평판이 상하 두 면이므로,

합마찰항력 $D_f = 2\displaystyle\int_0^l \tau_0 \cdot dl = 2 \cdot C_f{}' \cdot \frac{1}{2}\rho U^2 S$

합마찰항력 계수 $C_f{}' = \dfrac{D_f}{\frac{1}{2}\rho U^2 S} = \dfrac{2}{S}\displaystyle\int_0^l C_f \, dl$

으로 정의되며 S는 평판 전체의 표면적이고, $S = 2 \cdot l \cdot 1 = 2l$이다.

실제로는 경계층의 한계를 정하기가 곤란하기 때문에 물체 표면에서 실측하여 속도가 $0.99\,U$가 되는 점까지의 거리를 경계층 두께라 한다.

속도 U인 층류 속에 놓인 물체의 선단에서 표면을 따라 하류로 향하여 측정한 거리를 l이라 하고, 그곳에서의 경계층 두께를 δ라 할 때 $Re = \dfrac{Ul}{\nu}$의 값이 1에 비하여 매우 클 때 $\dfrac{\delta}{l}$의 값은 1에 비하여 매우 작다.

이 경계층 내에서는 점성의 영향이 현저히 나타나고(즉, 속도구배 $\dfrac{du}{dy}$가 매우 큼) 따라서 전단응력도 크게 작용한다. 이 얇은 층의 외측 전체 영역에서는 점성의 영향은 거의 없으며 이상유체와 같은 흐름이 된다.

프란틀의 경계층 이론의 기초 방정식은 평판을 따라 흐르는 흐름에 대하여 블라지우스가 다음과 같은 결과를 발표하였다.

$$\frac{\delta}{l} = \frac{5.2}{\sqrt{Re}}, \qquad Re = \frac{U \cdot l}{\nu}$$

경계층의 두께 δ가 어느 정도인지를 관찰하기 위해 15 m/s의 속도로 흐르는 20℃의 공기 중에 평판을 놓았을 때, 앞 끝에서 $l = 1$m인 곳에서의 경계층의 두께 δ는 20℃ 공기의 동점성계수 $\nu = 0.150\,\mathrm{cm}^2/\mathrm{s}$라 할 때,

$$Re = \frac{U \cdot l}{\nu} = \frac{1500 \times 100}{0.150} = 10^6, \quad \frac{\delta}{l} = \frac{5.2}{\sqrt{Re}}\text{에서}\quad \frac{\delta}{100} = \frac{5.2}{\sqrt{10^6}}$$

$$\therefore\ \delta = 0.52\,\mathrm{cm} = 5.2\,\mathrm{mm}$$

이 된다. 따라서 유체 경계층의 두께가 매우 얇음을 알 수 있다.

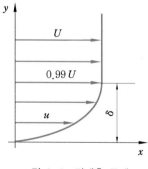

그림 9-6 경계층 두께

예제 1. 500 K인 공기가 매끈한 평판 위를 10 m/s로 흐르고 있을 때, 경계층이 층류에서 난류로 천이하는 위치는 선단에서 몇 m 지점인지 구하시오.(단, 동점성계수 $\nu = 3.8 \times 10^{-5}\,\mathrm{m}^2/\mathrm{s}$이다.)

해설 천이가 일어나는 임계 레이놀즈수가 500000이므로

$$Re = \frac{\nu \cdot x}{3.8 \times 10^{-5}} \text{에서}$$

$$500000 = \frac{10\,x}{3.8 \times 10^{-5}} \qquad \therefore \ x = 1.9\,\mathrm{m}$$

유체의 유동장에 물체를 놓으면 물체 표면에 경계층이 생성되고 경계층 내의 유동은 점성 마찰력의 작용으로 감속되고 유체의 일부가 배제된다.

이 배제량(排除量)은 경계층의 두께가 두꺼울수록 많아지므로 배제량을 통과시킬 수 있는 자유유동에서의 두께를 경계층의 배제두께(displacement thickness : δ_1)라 하고, 이것을 경계층 대신 사용한다.

배제량 Δq와 배제 두께 δ_1은 다음과 같다.

$$\Delta q = \int_0^\infty (U - u)dy$$

$$\delta_1 = \frac{\Delta q}{U} = \frac{1}{U} \int_0^\infty (U - u)dy = \int_0^\infty \left(1 - \frac{u}{U}\right)dy$$

또한, 경계층 생성으로 인하여 배제되는 운동량에 대하여 자유유동에서의 두께를 운동량 두께(momentum thickness)라 한다. 이때 배제된 운동량을 운반하는 자유유동에서의 두께를 δ_2라 하면, 다음과 같다.

$$\delta_2 = \frac{1}{\rho\,U^2} \int_0^\delta \rho u\,(U - u)dy = \int_0^\delta \frac{u}{U} \left(1 - \frac{u}{U}\right)dy$$

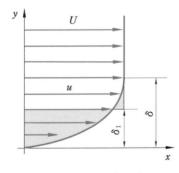

그림 9-7 배제 두께

9-2 마찰항력

이상유체에서는 서로 접하고 있는 임의의 두 부분은 그 접촉면에 수직한 압력만 상호 작용하고 접촉면의 접선 방향에는 작은 힘도 작용하지 않는다. 따라서, 고체에 작용하고 있는 이상유체는 고체 표면의 모든 점에서 수직인 압력에만 작용하고, 표면의 접선 방향

에는 전혀 힘이 미치지 않으므로 고체 표면을 따라 운동하는 이상유체의 입자는 운동에 방해를 받지 않는다.

균속도 U로 흐르는 유체 속에 원주를 놓을 경우, 그림 9-9의 전방 정체점($\theta = 0°$)에서 정지해 있던 유체 입자는 운동을 시작하여 B점($\theta = 90°$)에서 평판에 대한 마찰항력 계수값에서 Re가 같은 크기이면, 원주에 대한 마찰항력 계수값도 같은 정도의 값이다. 이러한 마찰항력 계수의 값은 원주가 받는 전항력(全抗力) D에 대한 항력계수인 C_D에 비하면 매우 작다.

$$C_D = \frac{D}{\frac{1}{2}\rho U^2 S}$$

여기서, S : 흐름에 직각인 면적

그림 9-8은 실험에 의하여 얻어진 원주의 항력계수 C_D와 Re의 관계를 나타낸 것이며, $Re = 6 \times 10^5$ 부근에서 $C_D = 0.4$이므로 $C_f = 0.0013$은 C_D의 $\frac{1}{400}$ 정도에 지나지 않는다.

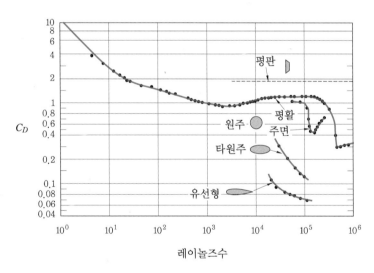

그림 9-8 원주의 마찰계수의 레이놀즈수에 의한 변화와 평판, 타원주, 유선형의 저항계수

그림 9-9는 균일한 흐름 속에 놓인 원주 표면에서의 경계층 내의 속도 분포 곡선이다.

레이놀즈수가 클 때는 경계층 두께는 매우 얇으므로 $U_1 = U \cdot \sin\theta$로 주어지며, 베르누이 방정식을 적용하면 압력 분포를 구할 수 있다.

전방 정체점 A에서 p_{max}가 되는 압력은 원주 표면을 따라 하류로 감에 따라 점점 감소하고, 최상부 B에서 p_{min}이 되며, B에서 다시 압력이 증대되어 후방 정체점 C에서 A와와 같은 최댓값 p_{max}이 된다.

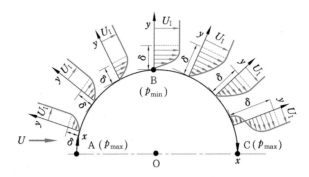

그림 9-9 원주 표면의 경계층의 속도 분포

격층 내에서 경계층 이론이 주는 중요한 결과의 하나는 얇은 경계층을 지나 흐름에 직각으로 갈 때, 즉 y 축에 따라서는 압력이 변하지 않는다는 것이다.

블라지우스에 의하여 다음과 같은 결과를 얻었다.

$$C_f = \frac{0.664}{\sqrt{Re}} \left(Re = \frac{Ul}{\nu} \right)$$

$$C_f{}' = \frac{2}{S} \int_0^l C_f \cdot dl = \frac{2}{3} \int_0^l \frac{0.664}{\sqrt{Re}} dl = \frac{2}{S} \int_0^l \cdot \sqrt{\frac{\nu}{Ul}} \cdot dl$$

$$= \frac{1.328}{L} \sqrt{\frac{\nu l}{U}} = 1.328 \sqrt{\frac{\nu}{Ul}}$$

위의 식을 블라지우스의 마찰 법칙이라 한다. 이 법칙은 층류 경계층에 대해서만 적용할 수 있다.

예제 2. 길이 80 cm, 폭 100 cm인 평판을 수중에서 평판에 평행하게 30 cm/s의 속도로 운동시킬 때 평판의 뒤끝에서 전단응력과 평판 전체의 항력을 구하시오.(물의 ν = 0.0131 cm²/s 이다.)

해설 동점성계수 $\nu = 0.0131 \, \text{cm}^2 = 1.31 \times 10^{-6} \, \text{m}^2/\text{s}$

$$Re = \frac{Ul}{\nu} = \frac{0.3 \times 0.8}{1.31 \times 10^{-6}} = 1.832 \times 10^5 < 5 \times 10^5 \text{ 이므로,}$$

$$\tau_0 = \frac{0.664}{\sqrt{Re}} \times \frac{1}{2} \rho U^2 = \frac{0.664}{\sqrt{1.832 \times 10^5}} \times \frac{1}{2} \times 1000 \times 0.3^2$$

$$= 0.07 \, \text{N/m}^2$$

$$C_f{}' = \frac{1.328}{\sqrt{Re}} = \frac{1.328}{\sqrt{1.832 \times 10^5}} = 3.1 \times 10^{-3}$$

$$C_f = 2 \cdot C_f{}' \cdot \frac{1}{2} \rho U^2 S = (3.1 \times 10^{-3}) \times 1000 \times 0.3^2 \times (0.8 \times 1)$$

$$= 0.2234 \, \text{N}$$

9-3 박리(剝離)와 후류(後流)

원주와 같이 선단이 편평한 물체의 경우에 마찰항력은 전체 항력 중의 극히 작은 부분에 지나지 않고, 흐름의 모양이 변하는 데 따라 생기는 압력항력이 대부분을 이루고 있다. 즉, 물체 위의 흐름의 모양이 이상유체의 이론이 주는 흐름 모양과는 다르기 때문에 생기는 압력항력이 전항력의 대부분이다.

B점과 C점 사이에 있는 어느 점에서 정지한 유체 입자는 C점 상의 높은 압력 때문에 다시 B로 향하여 운동을 시작하지만, 계속하여 뒤이어 오는 다른 유체 입자와 충돌하여 결국 표면으로부터 떨어져 나가게 되는데, 이러한 현상을 박리(剝離, seperation)라고 한다.

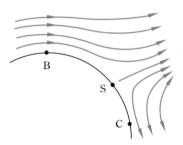

그림 9-10 박리점 부근의 유선도

그림 9-10은 박리점 S 부근에서의 유선의 변화를 나타내고 있으며, 박리점 하류에서는 역류(逆流)가 발생하고, 박리점 부근에서는 속도 분포 곡선은 원주 표면에서 수직은 접선을 갖게 된다.

박리점 하류에서 발생하는 역류는 매우 불안정하여 많은 소용돌이로 분열하게 되고 $Re = \dfrac{Ud}{\nu}$의 값이 적당한 크기일 경우, 이들 소용돌이가 규칙적으로 정렬되는데, 이 것을 카르만(Karman)의 소용돌이 열(列)이라 한다.

이처럼 원주의 뒷면에서 복잡하게 흐트러진 흐름을 후류(後流, wake)라고 하며 후류에 의하여 주류(主流)의 유선이 물체 뒤편으로 가지 못하고 정체점에서의 압력이 물체 뒷면에 나타나지 않게 된다.

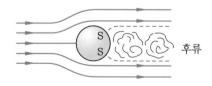

그림 9-11 원주 주위의 유동

원주나 구 등은 레이놀즈수가 커지면 후부 교란의 진동이 증가하여 오히려 저항이 작아지는데, 이것을 한계 레이놀즈수라 한다. 이 한계 레이놀즈수까지는 되지 않더라도 원주 면이나 구면을 거칠게 하든가 요철을 만들면 그와 같은 현상이 일어나서 C_D 값의 저하를 가져오게 된다.

보통 매끄러운 것이 저항이 적을 것 같으나 그와는 정반대로, 골프공의 요철은 이와 같은 점을 이용한 한 예이다.

유선형 물체라는 것은 압력 최소점에서 하류를 향할 때 나타나는 압력 증가율을 극히 작게 하여 대체로 물체의 뒤 끝에 이르기까지 박리가 일어나지 않도록 한 물체이다. 이 경우 물체의 경계층은 어느 곳이나 매우 얇으며, 물체 주위에서의 흐름 모양과 압력 분포는 이상유체의 흐름의 경우에 예기되는 것과 거의 같으며, 이러한 물체의 항력은 극히 작고 그것은 거의 표면마찰에서 생긴다.

그림 9-12 유선형 주위의 흐름

표 9-1 여러 물체의 항력계수

물 체	크 기	기준 면적(A)	항력계수(C_D)
수평원주 U	$\dfrac{l}{d} = 1$ 2 4 7	$\dfrac{\pi d^2}{4}$	0.91 0.85 0.87 0.99
수직원주 U	$\dfrac{l}{d} = 1$ 2 5 10 40 ∞	dl	0.63 0.68 0.74 0.82 0.98 1.20
사각형판 U (흐름에 직각)	$\dfrac{a}{d} = 1$ 2 4 10 18 ∞	ad	1.12 1.15 1.19 1.29 1.40 2.01

반구 $U \Rightarrow ($ d $U \Rightarrow)$ d	—	$\dfrac{\pi}{4}d^2$	0.34 1.33
원추 $U \Rightarrow \triangleleft$ a d	$a = 60°$ $a = 30°$	$\dfrac{\pi}{4}d^2$	0.51 0.34
원판 $U \Rightarrow O$ d (흐름에 직각)	—	$\dfrac{\pi}{4}d^2$	1.11

예제 3. 지름 1 cm인 구(球)가 공기 속을 30 m/s의 속도로 날아갈 경우에 항력과 마력을 구하시오.(단, 공기의 밀도는 1.23 kg/m^3, 동점성계수는 0.15 cm^2/s이며, 구의 항력계수 $C_D = 0.5$이다.)

해설 $Re = \dfrac{Ud}{\nu} = \dfrac{3000 \times 1}{0.15} = 2 \times 10^4$

$\therefore D(항력, \text{ drag force}) = C_D \cdot \dfrac{1}{2} \rho U^2 \cdot S$

$= 0.5 \times \dfrac{1}{2} \times 1.23 \times 30^2 \times \left(\dfrac{\pi}{4} \times 0.01^2 \right)$

$= 2.166 \times 10^{-2} \text{ N}$

$P = \dfrac{D \cdot U}{735} = \dfrac{2.166 \times 10^{-2}}{735} \times 30$

$= 0.885 \times 10^{-3} \text{ hp}$

예제 4. 65 kg인 사람이 낙하산을 이용하여 낙하할 때 낙하 속도를 구하시오.(낙하산의 무게는 무시하고, 낙하산이 완전히 펴졌을 때 지름이 5.4 m이고, 항력계수는 1.0, 공기의 밀도는 1.20 kg/m^{3}라 한다.)

해설 중력 mg와 항력 $D = C_D \cdot \dfrac{1}{2} \rho U^2 S$일 때 낙하 속도가 되므로,

$mg = \dfrac{1}{2} C_D \cdot \rho U^2 \cdot S$에서

$U = \sqrt{\dfrac{mg}{C_D \cdot \rho S}} = \sqrt{\dfrac{64 \times 9.81}{1.0 \times 1.20 \times \dfrac{\pi}{4} \times 5.4^2}}$

$= 6.81 \text{ m/s}$

9-4 난류 경계층

충류에서 난류로의 천이는 경계층 내의 흐름에서도 발생한다. 균일한 흐름 속의 평판의 경우, 그 선단 부근에서는 충류이지만 선단으로부터의 거리 l 이 커짐에 따라(즉, 하류로 감에 따라) 경계층의 두께 δ 는 $\sqrt{l}$ 에 비례하여 커지므로 경계층 밖의 흐트러지지 않은 흐름의 속도 U 와 경계층 두께 δ, 동점성계수 ν 에 의해서 결정되는 $Re = \dfrac{U \cdot \delta}{\nu}$ 의 값은 하류로 갈수록 커지며 어떤 임계값 Re_{cr} 에 도달한다.

경계층 속의 흐름은 반지름 δ 인 원관 속을 흐르는 흐름으로 볼 수 있어 원관 속에서의 흐름과 같이 그 임계 레이놀즈수(Re_{cr})를 넘으면 경계층 내의 흐름은 불안정하게 되고, 결국 충류에서 난류로 천이(transition)되며 이 천이가 일어나는 점을 천이점이라 한다.

평판 선단으로부터의 거리 l 인 곳의 경계층 두께 δ 는

$$Re = \frac{U \cdot l}{\nu}, \qquad \frac{\delta}{l} = \frac{5.2}{\sqrt{Re}}$$

$$\therefore \ \delta = 5.2 \sqrt{\frac{\nu l}{U}}$$

가 된다. 만약 l_0 인 점에서 천이가 발생한다면,

$$Re_{cr} = \left(\frac{U \cdot \delta}{\nu} \right)_{cr} = 5.2 \times \frac{U}{\nu} \times \sqrt{\frac{\nu l_0}{U}} = 5.2 \sqrt{\frac{U l_0}{\nu}}$$

$$= 5.2 \sqrt{Re_0}$$

$$\therefore \ Re_0 = \frac{1}{26} Re_{cr}$$

이 되고, 이 식을 만족하는 점 l_0 에서 천이가 일어나게 된다.

그림 9-13에서와 같이 일반적으로 충류에서 난류로의 천이는 갑자기 일어나는 것이 아니고, 처음 평판 표면의 군데군데에 터뷸런트 스폿(turbulent spot)이라는 작은 난류점이 발생하며 이 점은 하류로 이동할수록 많아져 하류에서는 결국 난류가 된다. 이와 같이 천이가 진행되는 영역을 천이구역이라 한다.

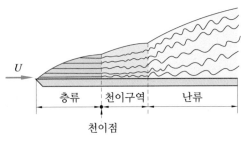

그림 9-13 경계층

충류 경계층에서의 전단응력은

$$\tau = \mu \frac{du}{dy}$$

이고, 난류 경계층에서는 평균속도를 $\bar{u}$ 라 하면,

$$\tau \neq \mu \frac{d\bar{u}}{dy}$$

이다. 만일 실제로 난류의 경우에도 형식적으로 τ 가

$$\tau = \epsilon \cdot \frac{d\bar{u}}{dy}$$

라고 하면, ϵ 은 μ 에 대응되며, 이 ϵ 은 Re 와 다른 요소들에 의해 μ 의 $30 \sim 1,000,000$ 배의 범위의 값이 된다. 즉, 유효점성은 난류의 경우가 층류의 경우보다 매우 크다는 것이며, 이 ϵ 을 교환계수라 한다.

충류 경계층과 난류 경계층의 성질의 차이는 다음과 같다.

① 난류 경계층은 충류 경계층보다 두께가 훨씬 크고 그 두께는 l 에 따라 급속히 증대된다.

② 난류의 경우 속도 분포 곡선은 충류의 속도 분포 곡선보다 물체 표면 가까이에서 속도 구배가 크고, 물체 표면에서 어떤 거리만큼 떨어진 곳에서는 난류가 층류의 경우보다 평평하다.

③ 난류의 경우 표면 마찰력 τ 는 충류의 표면 마찰력보다 훨씬 크다.

그림 9-14는 난류인 경우의 속도 분포 곡선과 충류의 속도 분포 곡선을 비교한 것이다. 물체 표면에서 매우 가까운 곳에서는 난류 변동은 약해지고, 그 결과 그곳에서의 흐름은 충류가 된다. 이러한 영역을 층류저층이라 하며, 두께는 난류 경계층 두께의 극히 작은 부분이다.

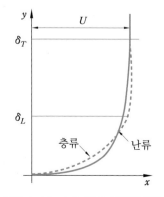

그림 9-14 속도 분포 곡선의 비교

난류 경계층에서 길이 l인 매끄러운 평판의 마찰항력 계수는 다음과 같다.

$$\frac{0.242}{\sqrt{C_f}} = \log_{10}(Re \cdot C_f) - \text{마찰항력에 대한 카르만(Karman)의 대수 법칙}$$

프란틀은 $Re = 10^6 \sim 10^9$에서 다음 식을 얻었다.

$$C_f = 0.455 \cdot (\log_{10} Re)^{-2.58}$$

또한, 프란틀은 천이 레이놀즈수 $Re = 5.3 \times 10^5$라 했을 때 다음과 같은 천이 곡선식을 얻을 수 있었다.

$$C_f = \frac{0.455}{(\log_{10} Re)^{2.58}} - \frac{1700}{R}$$

예제 5. 평균풍속 $10\,\text{m/s}$인 바람 속에서 $1\,\text{m}^2$인 정사각형 평판을 바람에 평행하게 놓았을 경우에 평판의 저항을 구하시오.(단, 평판의 선단에서는 층류, 뒤끝에서는 난류 경계층이고, 공기의 밀도는 $1.22\,\text{kg/m}^3$, 점성계수는 $0.171 \times 10^{-4}\,\text{kg/m} \cdot \text{s}$라고 한다.)

해설 동점성계수 $\nu = \dfrac{\mu}{\rho} = \dfrac{0.171 \times 10^{-4}}{1.22} = 0.14 \times 10^{-4}\,\text{m}^2/\text{s}$

$Re = \dfrac{Ul}{\nu} = \dfrac{10 \times 1}{0.14 \times 10^{-4}} = 7.14 \times 10^5$

Re가 $5 \times 10^5 < Re < 5 \times 10^6$으로 천이구역이므로, 프란틀의 식으로부터

$C_f = \dfrac{0.455}{(\log_{10} Re)^{2.58}} - \dfrac{1700}{Re} = \dfrac{0.466}{\{\log_{10}(7.14 \times 10^5)\}^{2.58}} - \dfrac{1700}{7.14 \times 10^5}$

$\quad = 0.00238$

한쪽 면에 대한 항력(마찰저항) D는

$D = C_f \cdot \dfrac{1}{2} \rho U^2 \cdot S = (2.38 \times 10^{-3}) \times \dfrac{1}{2} \times 1.22 \times 10^2 \times 1$

$\quad = 0.145\,\text{N}$

$\therefore$ 양면에 대한 마찰저항은 $2D = 2 \times 0.145 = 0.29\,\text{N}$

9-5 구(球)의 항력

그림 9-15는 경계층이 층류인 경우와 도중에 난류로 되어 박리되는 경우의 구 주위의 흐름의 모양을 그린 것이다.

그 주위의 흐름의 모양이 서로 다를 뿐 아니라, 구가 받는 항력도 본질적으로 다르다. 층류 경계층의 경우가 난류 경계층의 경우보다도 훨씬 폭이 넓은 후류를 갖고 있으며, 이것은 층류 경계층을 가지는 구 주위의 흐름 모양보다도 난류 경계층을 가지는 구 주위

의 흐름이 이상유체의 흐름에 훨씬 가깝고 후류(後流)에 따라서 생기는 부압(負壓 : θ)이 보다 좁은 표면 부분에만 작용하는 것을 의미한다. 따라서, 난류 경계층을 가지는 구의 압력항력이 층류 경계층을 가지는 구의 압력항력보다 훨씬 작다. 실제 실험 결과에 의하면 그림 9-15 (b)의 경우의 항력이 그림 9-15 (a)의 항력의 $\frac{1}{5}$에 불과하다.

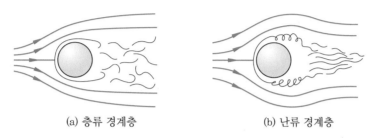

(a) 층류 경계층   (b) 난류 경계층

그림 9-15 구 주위의 흐름

구의 경우 $Re = 10$에서 와환(渦環, vortex ring) 현상이 일어나며, Re가 증가함에 따라 물체로부터 떨어져 간다. $200 < Re < 2000$의 범위에서 와환은 불안정 상태를 나타내며 하류쪽으로 이동해 가고, 그 자리에는 다시 새로운 와환이 생긴다. 그러나 이 현상은 어떤 주기를 갖는 것은 아니며, 물체 역시 진동을 일으키지도 않는다.

아주 작은 Re에서는 박리가 일어나지 않으며, 교란된 후류도 형성되지 않는다. 완전한 층류유동을 하는 구 표면의 유동에서 스토크스는 점성력에 비하여 관성력을 무시하고, 수학적인 해를 전개하였다. 그 결과 전항력 D를,

$$D = 3\pi \mu d U$$

와 같이 나타냈으며, 이 값의 $\frac{2}{3}$를 표면마찰 항력으로 계산하였다.

$$C_D = \frac{D}{\frac{1}{2}\rho US} = \frac{3\pi \mu d U}{\frac{1}{2} \cdot \rho \cdot U \cdot \frac{\pi}{4} d^2} = \frac{64}{Re}$$

이 식은 $Re < 1$의 범위에서 실험값과 일치하며, 관성력을 고려하면 $Re < 1$에서 Oseen에 의하여 다음과 같은 식을 얻었다.

$$C_D = \frac{24}{Re}\left(1 + \frac{3}{16} Re\right)$$

$Re = 100$까지 실험에 의하여,

$$C_D = \frac{64}{Re}\left(1 + \frac{3}{16} Re\right)^{\frac{1}{2}}$$

스토크스의 해(解)에서 상류 정체점에서의 압력은 주위 압력을 $\dfrac{3\,\mu U^2}{d}$로 증가시켰다. 즉, 마찰이 없는 유동에서 얻은 $\dfrac{1}{2}\rho U^2$의 값보다 $\dfrac{6}{Re}$ 만큼 증가한 값이다. 하류 정체점에서는 압력이 $\dfrac{3\,\mu U^2}{d}$이며, 이것은 주위의 압력보다 작다. 이상유체에서는 두 정체점들의 압력이 동일하게 된다.

9-6 양력(揚力)과 익형(翼型)

비행기 날개에 작용하는 힘도 물체의 저항을 표시할 때와 같이 취급할 수 있다. 비행기 날개 단면의 모양은 익형(aerofoil)이라 하며, 기준선이 있어서 양편이 부풀고 서서히 가늘게 되어 전체적으로 아래로 조금 휘어져 있는 모양이다. 앞이 둥글고 뒤가 뾰족하며 앞에서 $\dfrac{1}{3}$되는 곳이 가장 두껍다.

그림 9-16에서와 같이 직사각형형인 익형에 바람이 와 닿을 때 바람에 대해서 기준선을 조금 위로 향하게 한다. 이 기준선과 바람이 이루는 각 α 를 영각(迎角, attack angle)이라 하며, 날개에 바람이 와 닿으면 날개에는 위로 향하는 힘이 작용하게 된다.

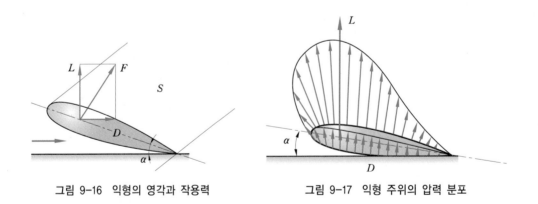

그림 9-16 익형의 영각과 작용력   그림 9-17 익형 주위의 압력 분포

날개를 위로 향하게 하는 힘, 즉 비행기를 공중에 뜨게 하는 힘이 생기는 이유는 날개 윗부분의 유속이 크고 아랫부분의 유속이 작아지기 때문에 베르누이의 정리에 의해서 그 압력 분포가 그림 9-17과 같이 되기 때문이다. 이 압력 분포에 의한 합력을 두 부분으로 생각하면,

① 바람의 방향에 수직인 방향의 힘이고, 비행기의 기체를 뜨게 하는 작용을 하므로 양력(揚力, lift force)이라 하고, L로 표시한다.

② 바람 방향의 힘으로써 이것은 비행기의 진행과 반대 방향으로 작용하는 항력(抗力,

drag force)이다.

이 양력과 항력은 다음과 같이 흐름 속의 물체의 저항력과 같은 모양으로 표시하게 된다.

$$L = C_L \cdot \frac{1}{2} \rho U^2 S$$

$$D = C_D \cdot \frac{1}{2} \rho U^2 S$$

S는 날개의 정면 면적이 아니고 날개 평면의 면적이며, C_L, C_D는 양력계수, 항력계수로서 이 C_L, C_D는 익형에 따라 특정값을 가지며, 영각 α에 의해 변하므로 α의 함수로 표시된다.

C_L과 C_D를 비교해 보면, C_D에 비하여 C_L이 매우 크며, $\dfrac{C_L}{C_D}$이 큰 것이 비행기 성능이 좋은 것이다. 즉, 엔진 출력으로 프로펠러를 회전시키고 앞으로 추진하는 추력 T와 항력 D가 평행하게 되고, 그때 양력 L이 기체의 중력 W와 평행하게 되면 작은 추력으로 무거운 기체를 뜨게 할 수 있다.

예제 6. 공기 중에 $1\,\text{m} \times 1.5\,\text{m}$ 넓이의 평판이 영각 12°로 수평 방향으로 날고 있다. 그 속도는 14 m/s이고, 양력계수 $C_L = 0.72$, 항력계수 $C_D = 0.17$, 공기의 밀도 1.22 kg/m³일 때 양력과 항력을 구하고, 평판 운동이 지속될 동력(hp)을 구하시오.

해설 양력 $L = C_L \cdot \frac{1}{2} \rho U^2 S = 0.72 \times \frac{1}{2} \times 1.22 \times 14^2 \times (1 \times 1.5) = 129.12 \text{ N}$

항력 $D = C_D \cdot \frac{1}{2} \rho U^2 S = 0.17 \times \frac{1}{2} \times 1.22 \times 14^2 \times (1 \times 1.5) = 30.49 \text{ N}$

동력 $P = \dfrac{D \cdot U}{735} = \dfrac{30.49 \times 14}{735} = 0.58 \text{ hp}$

⟳ 연습문제 ⟲

1. 27℃, 1 atm인 공기가 2 m/s의 속도로 평판 위를 흐르고 있다. 선단으로부터 20 cm와 40 cm인 곳의 경계층 두께를 구하시오.(단, 27℃에서 공기의 점성계수 $\mu = 1.98 \times 10^{-5}$ kg/m·s, $R = 287$ N·m/kg·K이다.)

2. 20℃, 98 kPa인 공기가 150 km/h로 평판 위를 흐르고 있다. 선단으로부터 0.4 m인 곳의 경계층 두께(mm)를 구하시오.(단, 20℃에서 공기의 점성계수 $\mu = 19.6 \times 10^{-6}$ N/m²이고, 기체상수 $R = 286.8$ N·m/kg·K이다.)

3. 익형의 폭 10 m, 익현장 1.8 m의 날개를 가진 비행기가 112 m/s의 속도로 날고 있다. 앙각이 1°, 양력계수가 0.326, 항력계수가 0.0761일 때 양력과 항력을 구하시오.(단, 본체의 영향은 무시하고, 공기의 비중량은 1.2 kg/m³(11.76 N/m³)이다.)

4. 비중량이 γ 이고, 점성계수 μ인 유체 속에서 자유낙하하는 구의 최종속도 U를 구하시오.(단, 구의 반지름을 a, 구의 비중량은 γ_s이다.)

5. 익형(airfoil)에 대한 양력계수(lift coefficient) C_L과 양력 L과의 관계식을 구하시오.

6. 흐르는 유체 속에 잠겨진 물체에 작용되는 항력 D의 관계식을 구하시오.

7. 현의 길이가 120 mm, 폭이 1 m인 모형을 100 kPa/cm² abs와 20℃인 공기를 사용해서 100 kPa abs인 풍동 안에서 어떤 앙각으로 시험했다. 이때 양력과 항력이 각각 3 kg과 0.2 kg이었다. 이 앙각에 대한 양력계수와 항력계수를 구하시오.

8. 30℃의 표준 대기압하의 공기가 평판 상을 30 m/s의 속도로 흐르고 있다. 선단으로부터 3 cm인 곳에서의 경계층의 두께를 구하시오.(단, 공기의 동점성계수는 15.68 m²/s이다.)

9. 지름이 2 mm인 구가 공기($\rho = 0.3716$ kg/m³, $\nu = 108.2 \times 10^{-6}$ m²/s) 속을 2.5 cm/s로 운동할 때 항력(dyn)을 구하시오.

10. 유동에 수직하게 놓인 원판의 항력계수는 1.12이다. 지름 0.3 m인 원판이 정지 공기 ($\rho = 1.275$ kg/m³) 속에서 14 m/s로 움직일 때 필요한 힘(N)을 구하시오.

11. 투영면적이 6.3 m²이고, 속도가 80 km/h인 화물차의 저항력이 1.96 kN이다. 이 중 25 %는 마찰저항이고, 나머지는 바람에 의한 항력이다. 이때 항력계수를 구하시오.(단, $\rho = 1.25$ kg/m³이다.)

12. 폭 10 m, 현의 길이가 2 m인 사각형 날개가 어떤 앙각으로 정지 공기(100 kPa, 15℃)

속을 200 km/h로 날고 있다. 이때 양력과 항력을 각각 구하시오.(단, $C_D = 0.035$, $C_L = 0.46$이다.)

13. 어떤 구체로서 같은 유체 속에서 레이놀즈수를 측정하였더니 4×10^5과 2×10^5을 각각 얻었다. 이때 두 유속에서의 항력의 비를 구하시오.

14. 평균유속 10 m/s로 균일하게 불고 있는 바람 속에 $1 \, \text{m}^2$의 평판을 바람에 평행하게 놓았을 때 평판 한쪽 면에서의 저항을 구하시오.(단, 공기의 밀도는 $1.22 \, \text{kg/m}^3$, 동점성계수는 $0.14 \times 10^{-4} \, \text{m}^2/\text{s}$이고, 평판 상의 경계층은 층류와 난류로 이어져 있다.)

15. 다음 그림과 같이 1m×2m인 평판이 15 m/s의 속력으로 수평과 12°로 공기 속을 움직인다. 이때 평판에 작용하는 합력과 이 평판을 움직이는 데 필요한 동력을 구하시오.(단, $C_D = 0.17$, $C_L = 0.72$, $\rho = 1.25 \, \text{kg/m}^3$이다.)

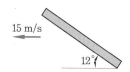

16. 길이 1 m, 폭 1.5 m인 평판이 15 m/s의 속도로 공기 속을 수평과 12°의 각을 이루며 날고 있다. 여기에서 양력계수를 0.72, 항력계수를 0.17로 할 때 판에 작용하는 합력을 구하시오.(단, 공기의 밀도는 $0.125 \, \text{kg} \cdot \text{s}^2/\text{m}^4 (1.225 \, \text{kg/m}^3)$이다.)

17. 표준 대기압하에 300℃의 뜨거운 공기 속에서 미립 입자의 종속도를 구하시오.(단, 분체 입자의 지름은 500 μm이고, 비중은 0.8이다.)

18. 지름이 5.0 mm이고, 비중이 7.84인 강구를 점성계수 $0.2 \, \text{kg} \cdot \text{s/m}^2 (1.96 \, \text{N} \cdot \text{s/m}^2)$인 글리세린을 채운 용기 속에 떨어뜨렸을 때에 자유낙하 속도를 구하시오.(단, 글리세린의 비중은 1.26이다.)

19. 지름이 150 mm인 관 내에 물이 4.5 m/s로 흐르고 있다. 두 점 사이의 거리가 30 m이고, 압력손실이 5.33 mAq일 때 마찰속도를 구하시오.

20. 유속이 100 m/s인 표준 상태의 공기 유동인 천이구역에서 생기는 층류 경계층의 두께 $\delta \, [\text{mm}]$를 구하시오.

21. 지름 1 m, 높이 25 m인 원형 굴뚝이 대기압하에서 50 km/h의 풍속을 받고 있다. 다른 영향들은 무시하고 풍력에 의하여 굴뚝 바닥에서 받는 모멘트(bending moment)를 구하시오.

22. 지름 12 mm의 구를 기름 속으로 8 mm/s의 속력으로 서서히 가라앉을 때 구의 항력을 구하시오.(단, 기름의 비중은 0.8, 점성계수 $\mu = 1.0 \times 10^{-1} \, \text{N} \cdot \text{s/m}^2$이다.)

연습문제 풀이

1. ① 공기의 밀도

$$\rho = \frac{p}{RT} = \frac{1.0332 \times 9.8 \times 10^4}{287 \times (273 + 27)}$$

$$= 1.176 \, \text{kg/m}^3$$

② 레이놀즈수

$x = 20$ cm에서

$$Re = \frac{1.176 \times 2.0 \times 0.2}{1.98 \times 10^{-5}}$$

$$= 23757 < 5 \times 10^5$$

$x = 40$ cm에서

$$Re = \frac{1.176 \times 2.0 \times 0.4}{1.98 \times 10^{-5}}$$

$$= 47514 < 5 \times 10^5$$

따라서, 층류이다.

③ 경계층 두께

$x = 20$ cm에서

$$\delta = \frac{5x}{Re_x^{\frac{1}{2}}} = \frac{5 \times 0.2}{23757^{\frac{1}{2}}}$$

$$= 6.5 \times 10^{-3} \, \text{m}$$

$x = 40$ cm에서

$$\delta = \frac{5x}{Re_x^{\frac{1}{2}}} = \frac{5 \times 0.4}{47514^{\frac{1}{2}}}$$

$$= 9.17 \times 10^{-3} \, \text{m}$$

2. 자유흐름 속도는

$$U = \frac{150 \times 10^3}{3600}$$

$$= 41.66 \, \text{m/s}$$

공기의 밀도는

$$\rho = \frac{p}{RT} = \frac{98000}{286.8 \times (273 + 20)}$$

$$= 1.166 \, \text{kg/m}^3$$

$l = 0.4$ m에서 레이놀즈수는

$$Re_l = 0.4 = \frac{\rho Ul}{\mu} = \frac{1.166 \times 41.66 \times 0.4}{19.6 \times 10^{-6}}$$

$$= 991338 > 5 \times 10^5$$

따라서, 난류이다.

$l = 0.4$ m에서 경계층 두께는

$$\delta = \frac{0.376l}{Re_{l=0.4}^{\frac{1}{5}}} = \frac{0.376 \times 0.4}{991338^{\frac{1}{5}}}$$

$$= 9.51 \times 10^{-3} \, \text{m}$$

3. $L = C_L \dfrac{\rho U^2}{2} S$

$$= 0.326 \times \frac{1.2 \times 112^2}{2} \times (10 \times 1.8)$$

$$= 4416 \, 5 \, \text{N}$$

$D = C_D \dfrac{\rho U^2}{2} S$

$$= 0.0761 \times \frac{1.2 \times 112^2}{2} \times (10 \times 1.8)$$

$$= 10310 \, \text{N}$$

4. 구에 작용하는 항력과 유체에 의한 부력의 합은 구의 무게와 같아야 한다.

즉, $D + F_B = W$ 이므로

$$6\pi a\mu U + \frac{4}{3}\pi a^3 \gamma = \frac{4}{3}\pi a^3 \gamma_s$$

$$\therefore \ U = \frac{2}{9} \cdot \frac{a^2}{\mu}(\gamma_s - \gamma)$$

5. 비행기의 익형에 대한 양력 L은 양력계수 C_L을 사용하여 다음과 같이 정의된다.

$$L = C_L \frac{\rho U^2}{2} S$$

여기에서 A는 익형의 익현장과 날개 길이와의 곱이다.

6. 흐름 유체 속에 잠겨진 물체에 작용되는 항력 D는 항력계수 C_D를 사용하면 다음과 같이 정의된다.

$$D = C_D \frac{\rho U^2}{2} S$$

7. ① 공기의 밀도

$$\rho = \frac{1}{v} = \frac{p}{RT} = \frac{1.02 \times 10^4}{29.27} \times (273 + 20)$$

$$= 1.18 \text{ kg/m}^3$$

② 유체의 자유흐름 속도

$$U = \frac{100 \times 10^3}{3600}$$

$$= 27.78 \text{ m/s}$$

③ 양력계수 C_L은

$$L = C_L \frac{\rho U^2 S}{2} : 3$$

$$= C_D \frac{0.12 \times 27.28^2 \times 0.12 \times 1}{2}$$

$$\therefore C_L = 0.56$$

④ 항력계수 C_D는

$$D = C_D \frac{\rho U^2 S}{2} : 0.2$$

$$= C_D \frac{0.12 \times 27.78^2 \times 0.12 \times 1}{2}$$

$$\therefore C_D = 0.037$$

8. $Re = \dfrac{Ul}{\nu} = \dfrac{30 \times 0.03}{15.68 \times 10^{-6}} = 57400 < 5 \times 10^5$

따라서, 층류 경계층이 되어 다음 식을 적용한다.

$$\delta = \frac{4.64l}{Re^{\frac{1}{2}}} = \frac{4.64 \times 0.03}{57400^{\frac{1}{2}}}$$

$$= 0.00058 \text{ m}$$

$$= 0.58 \text{ mm}$$

9. $Re = \dfrac{Ud}{\nu} = \dfrac{0.025 \times 0.002}{108.2 \times 10^{-6}} = 0.462 < 1$

스토크스의 법칙에서

$$D = 3\pi \mu dU$$

$$= 3\pi (108.2 \times 10^{-6} \times 0.3716)$$

$$\times 0.002 \times 0.025$$

$$= 1.9 \times 10^{-8} \text{ N} = 1.9 \times 10^{-3} \text{ dyn}$$

10. 항력 $D = C_D \dfrac{\rho U^2 S}{2}$

$$= 1.12 \times \frac{1.275 \times 14^2 \times \frac{\pi}{4} \times 0.3^2}{2}$$

$$= 9.89 \text{ N}$$

11. 전항력 1960 N 중에서 항력은 75 %이므로
항력 $D = 1960 \times 0.75 = 1470$ N

$$D = C_D \frac{\rho U^2 S}{2}$$

$$1470 = C_D \frac{1.25 \times \left(\dfrac{80 \times 10^3}{3600}\right)^2 \times 6.3}{2}$$

$$\therefore C_D = 0.756$$

12. 공기의 밀도는

$$\rho = \frac{100 \times 10^3}{287 \times 273 + 15}$$

$$= 1.21 \text{ kg/m}^3$$

양력 $L = C_L \dfrac{\rho U^2 S}{2}$

$$= 0.46 \frac{1.21 \times 2 \left(\dfrac{200 \times 1000}{3600}\right)^2 \times 10}{2}$$

$$= 17179 \text{ N}$$

항력 $D = C_D \dfrac{\rho U^2 S}{2}$

$$= 0.035 \frac{1.21 \times 2 \left(\dfrac{200 \times 1000}{3600}\right)^2 \times 10}{2}$$

$$= 1307 \text{ N}$$

13. 구체에 대한 항력계수의 표로부터 각각의 레이놀즈수에 해당하는 항력계수 C_D는 0.20과 0.43을 읽을 수 있다. 같은 구의 같은 유체 중에서의 레이놀즈수와 유속은 정비례한다. 따라서, 항력 D는 $C_D Re^2$에 비례한다고 볼 수 있다.

$$\frac{D_1}{D_2} = \frac{C_{D_1} Re_1^2}{C_{D_1} Re_3^2} = \frac{0.2 \times (4 \times 10^5)^2}{0.43 \times (2 \times 10^5)^2}$$

$$= 1.86$$

14. $Re = \dfrac{Ul}{\nu} = \dfrac{10^4 \times 10 \times 1}{0.14} = 7.14 \times 10^5$

Re가 5×10^5과 5×10^6의 범위에 있으므로 천이구역에서 평판 마찰계수는

$$C_f = \frac{0.455}{(\log_{10} Re_x)^{2.58}} - \frac{1700}{Re_x}$$

$$= \frac{0.455}{(\log_{10} 7.14 \times 10^5)^{2.58}} - \frac{1700}{7.14 \times 10^5}$$

$$= 0.00238$$

한쪽 면에 대한 저항력

$$D = C_f \cdot \frac{1}{2} \rho U^2 S$$

$$= 0.00238 \times \frac{1}{2} \times 1.22 \times 10^2 \times 1$$

$$= 0.145 \text{ N}$$

15. $D = C_D \dfrac{\rho U^2}{2} S$

$$= 0.17 \times \frac{1.25 \times 15^2}{2} \times 2$$

$$= 47.8 \text{ N}$$

$$L = C_L \frac{\rho U^2}{2} S$$

$$= 0.72 \times \frac{1.25 \times 15^2}{2} \times 2$$

$$= 202.5 \text{ N}$$

따라서, 합력은

$$R = \sqrt{D^2 + L^2} = \sqrt{47.8^2 + 202.5^2}$$

$$= 208.1 \text{ N}$$

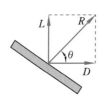

$$\tan\theta = \frac{L}{D} = \frac{202.5}{47.8}$$

$$= 4.24$$

$$\therefore \ \theta = 76.73°$$

$$P = \frac{D \cdot U}{735.5} = \frac{47.8 \times 15}{735.5}$$

$$= 0.975 \text{ PS}$$

16. $L = C_L \dfrac{\rho U^2}{2} S$

$$= 0.72 \times \frac{0.125}{2} \times 15^2 \times (1 \times 1.5)$$

$$= 15.19 \text{ kg}$$

$$D = C_D \frac{\rho U^2}{2} S$$

$$= 0.17 \times \frac{0.125}{2} \times 15^2 \times (1 \times 1.5)$$

$$= 3.59 \text{ kg}$$

$$L = 15.19 \times 9.8 = 148.86 \text{ N}$$

$$D = 3.59 \times 9.8 = 35.18 \text{ N}$$

$$\therefore \ R = \sqrt{148.86^2 + 35.18^2}$$

$$= 152.96 \text{ N}$$

$$\theta = \tan^{-1} \frac{148.86}{35.18}$$

$$= 76.7°$$

17. 760 mmHg, 300℃에서 공기의 비중량은

$$\gamma = 0.946 \text{ kgf}/\text{m}^3, \ \mu = 3 \times 10^{-6} \text{ kg} \cdot \text{s}/\text{m}^2$$

스토크스의 식을 써서 $U = \dfrac{d^2(\gamma_s - \gamma)}{18\mu}$ 이므로

γ_s에 비하여 γ는 매우 작으므로 생략한다.

$$\therefore \ U = \frac{25 \times 10^{-8} \times 0.8 \times 10^3}{18 \times 3 \times 10^{-6}}$$

$$= 3.7 \text{ m/s}$$

18. 스토크스 법칙에 대입한다.

$$\frac{4}{3} \pi a^3 \gamma + 6\pi a\mu U = \frac{4}{3} \pi a^3 \gamma_s$$

$$\therefore \ U = \frac{\dfrac{2}{9} a^2 (\gamma_s - \gamma)}{\mu}$$

$$= \frac{\dfrac{2}{9} \left(\dfrac{5 \times 10^{-3}}{2} \right)^2 (7.84 - 1.26) \times 10^3}{0.2}$$

$$= 0.0457 \text{ m/s} = 4.57 \text{ cm/s}$$

19. $h_L = f \cdot \dfrac{l}{d} \cdot \dfrac{U^2}{2g}$ 에서

$$5.33 = f \times \frac{30}{0.15} \times \frac{4.5^2}{19.6} \text{ 으로부터 } f = 0.026$$

마찰속도 $u_f = \dfrac{\sqrt{\tau_0}}{\rho}$ 이고, $\tau_0 = \dfrac{1}{4} \cdot f \cdot \dfrac{1}{2} \rho U^2$ 이므로,

$$u_f = U \cdot \sqrt{\frac{f}{8}}$$

$$= 4.5 \times \sqrt{\frac{0.026}{8}}$$
$$= 0.26 \, \text{m/s}$$

20. $U = 100 \, \text{m/s}$인 표준 상태에서 천이구역은 $l = 0.43 \, \text{m}$ 이다.

$3 \times 10^6 < Re < 4 \times 10^6$에서 발생하므로, $Re = 3 \times 10^6$, $l = 0.43 \, \text{m}$ 에서 일어난다면

$$\frac{\delta}{l} = \frac{5.48}{\sqrt{Re}} = \frac{5.48}{\sqrt{3 \times 10^6}}$$
$$= 0.00316$$
$$\therefore \delta = 0.00316 \times 430$$
$$= 1.359 \, \text{mm}$$

$Re = 4 \times 10^6$, $l = 0.58 \, \text{m}$인 곳에서 일어난다면,

$$\frac{\delta}{l} = \frac{5.48}{\sqrt{Re}} = \frac{5.48}{\sqrt{4 \times 10^6}}$$
$$= 0.00274$$
$$\therefore \delta = 0.00274 \times 580$$
$$= 1.589 \, \text{mm}$$

21. 항력계수 $C_D = \dfrac{D}{\dfrac{1}{2} \rho U^2 S}$ 에서

$$D = \frac{1}{2} \rho U^2 S \cdot C_D$$

굴뚝 밑바닥이 받는 굽힘 모멘트는

$$M = D \times \frac{L}{2}$$

대기압하에서

$$\delta = 1.23 \, \text{kg/m}^3, \ \mu = 1.78 \times 10^{-5} \, \text{kg/m} \cdot \text{s}$$
$$\therefore Re = \frac{\rho U d}{\mu} = \frac{1.23 \times 13.9 \times 1}{1.78 \times 10^{-5}}$$
$$= 9.61 \times 10^5$$

$Re = 9.61 \times 10^{-5}$ 에서 $C_D \fallingdotseq 0.35$이므로(특정 표에서)

$$M = D \times \frac{L}{2} = \frac{1}{2} \rho U^2 S \cdot C_D \times \frac{L}{2}$$
$$= \frac{1}{2} \times 1.23 \times 13.9^2 \times (25 \times 1)$$
$$\times 0.35 \times \frac{25}{2}$$
$$= 12996.4 \fallingdotseq 1.3 \times 10^4 \, \text{N} \cdot \text{m}$$

22. $D = C_D \cdot \dfrac{1}{2} \rho U^2 S$이므로,

$$Re = \frac{\rho U d}{\mu} = \frac{(0.8 \times 1000) \times 0.008 \times 0.012}{1.0 \times 10^{-1}}$$
$$= 0.77 > 1$$

따라서, $C_D = \dfrac{24}{Re} = \dfrac{24}{0.77}$
$$= 31.2$$

항력 $D = C_D \cdot \dfrac{1}{2} \rho U^2 S$

$$= 31.2 \times \frac{1}{2} \times 800 \times 0.008^2$$
$$\times \left(\frac{\pi}{4} \times 0.012 \right)^2$$
$$= 9.03 \times 10^{-5} \, \text{N}$$

제10장   압축성 유체

모든 분야에서 고도화가 이루어져 가는 현실을 감안할 때 유체를 압축성으로, 즉 온도의 변화도 고려해야 하는 문제들이 더 많이 제기되고 있다. 여기서는 이미 취급한 압력에너지, 운동에너지, 위치에너지, 열에너지를 더하여 취급하기로 하고, 고속 흐름이나 충격파 등은 주로 완전기체의 1차원 유동에 대하여 논의하기로 한다.

10-1   정상유동의 에너지 방정식

그림과 같이 유체가 관 내를 정상 상태로 유동하고 있을 때, 관의 단면 ①과 ②에서 유체의 단위질량당 내부 에너지를 각각 u_1, u_2 라 하면, 단면 ①을 통하여 들어오는 단위 질량의 유체는 그 위치의 압력 p_1 을 누르고 비체적 v_1 과 같은 체적만큼 내부로 밀려들어 오므로 이 외부에너지는 $p_1 v_1$ 으로 표시되고, 단면 ②에서는 $p_2 v_2$ 이다.

유체가 ①에서 ②로 운동하는 사이에 외부로부터 열량 Q [kJ/kg] 및 일 W [kJ/kg]을 공급받는 경우 단위질량당 유체가 단면 ②를 통과할 때 가지는 총 에너지에서 단면 ①을 통과할 때 가지는 총 에너지를 뺀 값이 $Q + W$와 같아진다.

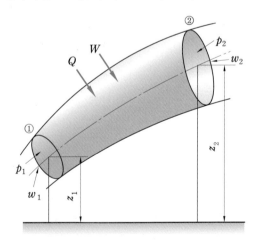

그림 10-1 정상 상태의 관 내 유동

$$Q + W = (u_2 - u_1) + (p_2 v_2 - p_1 v_1) + \frac{1}{2}(w_2^2 - w_1^2) + g(z_2 - z_1)$$

엔탈피 $h = u + pv$ 이므로,

$$Q + W = (h_2 - h_1) + \frac{1}{2}(w_2^2 - w_1^2) + g(z_2 - z_1)$$

$\Delta h = C_p \cdot dF$ 에서 $h_2 - h_1 = C_p(T_2 - T_1)$ 이므로,

$$Q + W = C_p(T_2 - T_1) + \frac{1}{2}(w_2^2 - w_1^2) + g(z_2 - z_1)$$

실제로 취급되는 유체가 기체인 경우 위치에너지 gz 는 다른 항에 비하여 매우 작아 무시할 수 있으므로, $Q + W$ 는 다음과 같이 된다.

$$Q + W = C_p(T_2 - T_1) + \frac{1}{2}(w_2^2 - w_1^2)$$

정압비열 $C_p = \dfrac{k}{k-1} R$ (k : 비열비)이므로,

$$Q + W = \frac{k}{k-1} R \cdot (T_2 - T_1) + \frac{1}{2}(w_2^2 - w_1^2)$$

이 되며, 이 $Q + W$ 의 식을 정상유동의 에너지 방정식이라 한다.

예제 1. 탱크 내에서 압력 p_1, 밀도 ρ_1 인 공기를 노즐을 통하여 진공 속으로 분출시킬 때 이론적으로 도달할 수 있는 최대 유속은 탱크 내의 상태에서 음속의 몇 배가 되는 지 계산하시오.(단, 공기 속에서 음속은 $a = \sqrt{kRT}$ 이다.)

[해설] $Q + W = \dfrac{k}{k-1} R(T_2 - T_1) + \dfrac{1}{2}(w_2^2 - w_1^2)$

$0 + 0 = \dfrac{k}{k-1}(RT_2 - RT_1) + \dfrac{1}{2}(w_2^2 - 0)$

$\therefore w_2^2 = \dfrac{2k}{k-1}(RT_1 - RT_2)$

$= \dfrac{2k}{k-1}(p_1 v_1 - p_2 v_2) = \dfrac{2k}{k-1} p_1 v_1$

$\therefore w_2 = \sqrt{\dfrac{2k}{k-1} p_1 v_1} \quad \left(v_1 = \dfrac{1}{\rho_1}\right)$

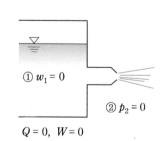

탱크 내에서 공기의 음속은

$a_1 = \sqrt{kRT_1} = \sqrt{kp_1 v_1} = \sqrt{\dfrac{kp_1}{\rho_1}}$

$\dfrac{w_2}{a_1} = \dfrac{\sqrt{\dfrac{2k}{k-1} p_1 v_1}}{\sqrt{kp_1 v_1}} = \sqrt{\dfrac{2}{k-1}} = \sqrt{\dfrac{2}{1.4-1}} = 2.236$

10-2   정온(靜溫)과 동온(動溫)

$Q + W = \dfrac{k}{k-1} R(T_2 - T_1) + \dfrac{1}{2}(w_2{}^2 - w_1{}^2)$ 에서 처음 상태(상태 ① : $w_1 = 0$, $T_1 = T_0$)인 기체가 도중에 열과 일의 공급 없이($Q = 0$, $W = 0$) 나중 상태(상태 ② : $w_2 = w$, $T_2 = T$)가 되었을 때 에너지 방정식은 다음과 같다.

$$0 + 0 = \frac{k}{k-1} R(T - T_0) + \frac{1}{2}(w^2 - 0)$$

$$T_0 = T + \frac{1}{k} \cdot \frac{k-1}{k} \cdot \frac{w^2}{2}$$

여기서, T_0 : 전온(全溫, total temperature)

$\quad\quad\quad T$: 정온(靜溫, static temperature)

$\quad\quad\quad \dfrac{1}{k} \cdot \dfrac{k-1}{k} \cdot \dfrac{w^2}{2}$: 동온(動溫, dynamic temperature)

상태 ①, ②에서의 전온을 각각 T_{01}, T_{02}라 하면,

$$Q + W = C_p(T_{02} - T_{01})$$

상태 ①, ② 과정에서 열의 공급이 없고, 일의 공급도 없다면,

$$Q = C_p(T_{02} - T_{01}) \quad (W = 0)$$

$$T_{02} = T_{01} \quad\quad\quad\quad (Q = 0)$$

$$\therefore \ T_{01} = T_{02} = T_0 = 일정$$

따라서, 단열유동의 경우 다음과 같은 식이 성립된다.

$$T + \frac{1}{k} \cdot \frac{k-1}{k} \cdot \frac{w^2}{2} = T_0 = 일정$$

이 식은 점성, 비점성 기체 모두에 대해서 성립한다. 비점성 유체의 경우 마찰손실이 없으므로 전압이 일정하지만, 점성기체에서는 마찰손실 때문에 압력이 감소하며, 전압도 감소하게 된다.

운동하고 있는 유체 속에 온도계를 삽입하여 온도를 측정할 때 전온 T_0를 측정하게 되는데, 정온 T보다 동온만큼 높은 값을 얻는다.

실제 물체가 단열적으로 고속운동을 할 때는 그 동온은 경계층에서 온도 상승으로 나타난다.

예제 2. 상온의 공기 속에서 w(m/s)로 운동하는 물체의 표면 온도가 이론상으로 $\Delta T = \dfrac{w^2}{2000}$ 만큼 증가함을 증명하여라.(단, $k = 1.4$이다.)

해설 $\Delta T = T_0 - T = \dfrac{1}{k} \cdot \dfrac{k-1}{k} \cdot \dfrac{w^2}{2} = \dfrac{1}{287} \times \dfrac{1.4-1}{1.4} \times \dfrac{w^2}{2}$

$\qquad = \dfrac{w^2}{2009} \fallingdotseq \dfrac{w^2}{2000}$

10-3 압축파의 전파속도

그림 10-2와 같이 피스톤 운동으로 인해 왼쪽의 압력이 조금 증가하여 $p + dp$ 가 되고, 그것이 모양을 바꾸지 않고 일정한 속도 a 로 오른편으로 전파된다면, 그림 10-2 (b)에서와 같이 압력 변화가 길이 l 인 ABCD 범위에 한정되어 있다면 압력 변화가 이 부분을 통과하는 시간은 $t = \dfrac{l}{a}$ 이고, 기체의 밀도는 그 시간 내에 압력 p 에 상당하는 값 ρ 에서 압력 $p + dp$ 에 상당하는 값 $\rho + d\rho$ 까지 증가한다. 따라서, ABCD 내의 질량은 단면적을 A 라고 하면 $Al\,d\rho$ 만큼 증가하므로, 이 부분의 단위시간당 질량 증가율은

$$\frac{Al\,d\rho}{t} = Al\,d\rho \cdot \frac{a}{l} = A \cdot a \cdot d\rho$$

가 된다. 기체가 오른쪽으로 가는 속도를 w 라 하면 ABCD 부분에 단위시간당 질량의 유입량은 $Aw(\rho + d\rho)$ 가 되므로,

$$Aad\rho = Aw(\rho + d\rho)$$

이 성립하고, $d\rho \approx 0$ 이므로,

$$a \cdot d\rho = \rho \cdot w$$

가 된다.

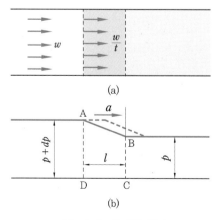

그림 10-2 음파의 전파

ABCD 부분에 역학적 조건을 적용하면 처음 정지 상태에서 t 시간 후에 속도 w 로 오른편으로 운동하게 되므로, ABCD 부분의 가속도는 $\dfrac{w}{t} = \dfrac{wa}{l}$ 이며, 그림 10-2 (b)와 같이 압력이 AB 사이에서 $p + dp$ 에서 p 까지 직선적으로 변할 경우, ABCD 부분의 평균밀도는 $\dfrac{(\rho + d\rho) + \rho}{2} = \rho + \dfrac{1}{2} d\rho$ 이고, 질량은 $Al\left(\rho + \dfrac{1}{2} d\rho\right) = Al\rho$ 이다. 한편, ABCD 부분에는 오른쪽으로 $A(p + dp) - Ap = A \cdot dp$ 만큼의 힘이 작용한다.

뉴턴의 운동 법칙에 의하여 ABCD 부분의 운동방정식은

$$A \cdot l \cdot \rho \times \frac{w}{l} \cdot a = A \cdot dp$$

$$\therefore \ \rho a w = dp$$

이 된다. 이 식과 $a \cdot d\rho = \rho \cdot w$ 로부터,

$$a^2 = \frac{dp}{d\rho}$$

$$\therefore \ a = \sqrt{\frac{dp}{d\rho}}$$

이 식은 압력 변화가 매우 작을 경우 그 전파속도는 기체의 압축 법칙인 p 와 ρ 와의 식에만 관계되며, 그 변화의 모양이나 크기에는 관계없음을 나타낸다. 다시 말해, dp 가 (+)이든지 (−)이든지 압력 변화는 4 방향으로 전파된다.

소리는 양(+), 음(−)의 압력 변화의 연속이며 그들의 변화는 일정한 모양으로 같은 속도 a 로 전파되므로, 이 a 를 음속(音速, speed of sound)이라 한다.

압력 변화가 급격히 일어남으로써 열의 출입이 없는 단열 변화의 경우, $pv^k = p \cdot \dfrac{1}{\rho^k}$ = 일정이므로,

$$\frac{dp}{d}\rho = k \cdot \text{일정} \cdot \rho^{k-1} = \frac{k \cdot \text{일정}}{\rho} \cdot \rho^k = \frac{kp}{\rho}$$

이고, 완전 가스의 상태 방정식 $pv = p\dfrac{1}{\rho} = RT$ 이므로,

$$a = \sqrt{\frac{dp}{d\rho}} = \sqrt{\frac{kp}{\rho}} = \sqrt{\frac{k \cdot RT\rho}{\rho}} = \sqrt{kRT}$$

이 된다. 위의 식에서 이상기체에서 음속은 절대온도 T 의 제곱근에 비례함을 알 수 있다.

예제 3. 액체 속에서의 음파의 전파 속도, 즉 액체 속에서의 음속을 구하시오.

[해설] 액체의 압력상승 dp 에 대한 비체적 v 의 팽창을 dv 라 하면,
액체의 체적 탄성계수 K 는

$$K = \frac{dp}{-\dfrac{dv}{v}}$$

이고, $\rho = \dfrac{1}{v}$이므로 대수를 취해서 미분하면,

$$-\frac{dv}{v} = \frac{d\rho}{\rho}$$

이다. 따라서 체적 탄성계수 K는

$$K = \frac{dp}{\dfrac{d\rho}{\rho}}, \qquad \therefore \frac{dp}{d\rho} = \frac{K}{\rho}$$

$$\therefore a = \sqrt{\frac{dp}{d\rho}} = \sqrt{\frac{K}{\rho}}$$

가 된다. 이 식이 액체 속을 전파하는 음속이다.

그림 10-3에서 보는 바와 같이 밸브를 잠그면 흐름이 감속 또는 정지되도록 물이 힘을 받게 되어 짧은 시간 내에 속도가 감소하고 압력은 증가한다. 그러므로 관끝에서의 압력이 그 바로 상류의 압력보다 커져 그 부분의 유체는 상류 방향의 힘을 받게 되고, 속도는 감소 또는 반전되며, 이러한 현상이 차례로 상류쪽으로 파급된다. 즉, 압력파(壓力波)가 전파되는 것이다. 이 압력파가 저장 탱크까지 전달되면 유체는 도관(導管)에서 탱크로 잠시 동안 흐르게 된다. 도관 끝에서 유체가 상류 방향으로 역류하기 시작하면 곧 그곳에는 진공이 생겨 유체를 다시 본래 방향으로 흐르게 하려는 힘이 생기며, 본래 방향의 속도파가 곧 도관 끝에 도달하게 된다. 그러나 도관 끝이 닫혀 있으므로 흐름을 계속할 수 없고, 또 다른 압력파가 생겨 도관을 따라 탱크에 전달된다.

이상과 같이 상류로 파급된 압력파가 밸브로 반사되는 데 소요되는 시간보다 짧은 시간 내에 밸브가 닫힐 때 최대 압력상승($\Delta p = \rho \cdot a \cdot w$)이 일어나는데, 이러한 현상을 수격 작용(water hammer)이라고 한다.

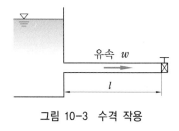

그림 10-3 수격 작용

예제 4. 20℃의 물을 수송하는 지름 8 cm의 관에 설치된 밸브를 갑자기 잠궜더니 압력이 70 N/cm²만큼 증가하였다. 잠그기 전의 유량을 구하시오.(단, 물의 체적 탄성계수 $K = 2.0685 \times 10^9 \, \mathrm{N/cm^2}$ 이다.)

해설 $Q = A \cdot w$ 에서,

물속에서의 음속 $a = \sqrt{\dfrac{K}{\rho}} = \sqrt{\dfrac{2.0685 \times 10^9}{1000}} = 1438 \, \text{m/s}$

압력상승 $\Delta p = \rho \cdot a \cdot w$ 에서,

$$70 \times 10^4 = 1000 \times 1438 \times w$$

$$\therefore \ w = 0.487 \, \text{m/s}$$

$$\therefore \ \text{유량} \ Q = A \cdot w = \frac{\pi}{4} \times 0.08^2 \times 0.487$$

$$= 0.00245 \, \text{m}^3/\text{s}$$

10-4 아음속(亞音速)과 초음속(超音速) 흐름

어떤 물체가 공기 속을 진행할 경우, 공기 속에는 압력 변화가 발생하며, 이 압력 변화는 물체로부터 주위의 공기 속에 음속으로 전파되어 간다.

물체의 속도가 음속에 비하여 극히 작은 경우, 물체 주위에서 이 압축파의 영향은 균일하다고 볼 수 있으므로 물체는 비압축성 유체 속을 진행하고 있는 것과 같아진다. 그러나 물체의 속도가 점차 빨라져서 음속에 가까워지면, 이 압축파의 영향은 물체 주위에서 불균일하게 된다.

그림 10-4 (a)는 물체가 정지 상태이며, 압축파만이 음속 a 로 전파되는 상태로서 시간 0, 1, 2초에 물체로부터 나온 압축파는 3초 후에는 반지름 $3a$, $2a$, a인 원(3차원인 경우 구면)으로 퍼져간다. 물체 주위에서의 압축파의 영향은 균일하다.

그림 10-4 (b)는 물체가 음속 a 의 약 $\dfrac{1}{2}$ 정도의 속도로 진행하는 상태로서 0의 위치에 있는 물체가 1, 2, 3초 후에 1, 2, 3의 위치에 있다고 하면 물체로부터 시간 0, 1, 2초에 떠난 압축파는 3초 후에는 반지름 $3a$, $2a$, a인 원으로 퍼져 간다.

그림 10-4 (c)는 물체의 속도가 음속 a 보다 빠른 속도 $(V \fallingdotseq 2a)$ 로 진행해 가는 경우로서 물체는 1, 2, 3초 후에 1, 2, 3의 위치로 갔다면 물체로부터 0, 1, 2초에 떠난 압축파는 3초 후에 직선(3차원 유동에서는 원뿔)을 형성하며 진행한다.

원뿔의 안쪽은 물체의 운동을 감지할 수 있는 교란구역(zone of action)이고, 바깥쪽은 물체의 운동을 감지할 수 없는 비교란 구역(zone of silence)이다. 이때 원뿔선을 마하선(Mach line) 또는 마하파(Mach wave)라 하고, 마하선과 물체의 운동 방향이 이루는 각을 마하각 α 라 한다.

$$\sin\alpha = \frac{a}{V}$$

로 정의되며, 물체의 속도 V 와 음속 a 의 비를 마하수(Mach number)라 하며, 다음과 같이 표현한다.

$$M = \frac{V}{a} = \frac{V}{\sqrt{kRT}}$$

여기서, $M < 1,\ (V < a,\ \alpha > 90°)$: 아음속 흐름(subsonic flow)

$M = 1,\ (V = a,\ \alpha = 90°)$: 음속 흐름(sonic flow)

$M > 1,\ (V > a,\ \alpha < 90°)$: 초음속 흐름(supersonic flow)

으로 정의한다.

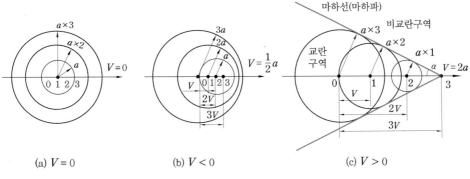

(a) $V = 0$ (b) $V < 0$ (c) $V > 0$

그림 10-4 음파의 전달

예제 **5.** 음속 320 m/s인 공기속을 초음속으로 달리는 물체의 마하각이 45°일 때 물체의 속도(m/s)를 구하시오.

해설 $\sin\alpha = \dfrac{a}{V}$

$\therefore\ V = \dfrac{a}{\sin\alpha} = \dfrac{320}{\sin 45°} = 453\,\text{m/s}$

10-5 단열유동(斷熱流動)

노즐에서의 유동이나 관 또는 덕트 내의 유동에서는 마찰손실은 적고 대체적으로 단열적으로 유동한다. 특히 노즐과 같이 유동로가 짧은 경우는 비점성 기체의 단열 변화, 즉 등엔트로피 변화로 보는 경우가 있다.

기체가 유속 0, 온도 T_0, 압력 p_0, 밀도 ρ_0의 상태에서 유속 V, 온도 T, 압력 p인 상태로 단열적으로 변화했다면, 에너지 방정식은

$$T + \frac{1}{R} \cdot \frac{k-1}{k} \cdot \frac{V^2}{2} = T_0 = \text{일정}$$

이며, 임의 상태에서의 마하수 $M = \dfrac{V}{a} = \dfrac{V}{\sqrt{kRT}}$ 이므로 V를 소거하고 정리하면,

$$\frac{T}{T_0} = \left(1 + \frac{k-1}{2}M^2\right)^{-1}$$

이 되므로,

$$\frac{p}{p_0} = \left(\frac{T}{T_0}\right)^{\frac{k}{k-1}} = \left(1 + \frac{k-1}{2}M^2\right)^{\frac{-k}{k-1}}$$

$$\frac{\rho}{\rho_0} = \left(\frac{p}{p_0}\right)^{\frac{1}{k}} = \left(1 + \frac{k-1}{2}M^2\right)^{\frac{-k}{k-1}}$$

위의 식에서 $\dfrac{T}{T_0}$ 는 점성, 비점성 기체 모두에 적용되지만, $\dfrac{p}{p_0}$, $\dfrac{\rho}{\rho_0}$ 는 비점성 기체에서만 적용된다.

비점성 유체의 단열유동(등엔트로피 흐름)에 대해서 좀 더 살펴보면,

$$\log\left(\frac{T}{T_0}\right) = -\log\left(1 + \frac{k-1}{2}M^2\right)$$

으로 양변에 log를 취하여 이 식을 미분하면($T_0 = $ 일정),

$$\frac{dT}{T} = \frac{-(k-1)M^2}{1 + \dfrac{k-1}{2}M^2} \cdot \frac{dM}{M}$$

마찬가지로 $\dfrac{p}{p_0}$ 와 $\dfrac{\rho}{\rho_0}$ 도 양변에 log를 취하여 미분하면 $\dfrac{dM}{M}$ 의 계수가 모두 음이 되어 온도 T 와 압력 p, 밀도 ρ 의 증감은 M 의 증감과 역($\dot{\breve{\;}}$)이 된다.

마하수 $M = \dfrac{V}{\sqrt{kRT}}$ 에 대수를 취하여 미분하면,

$$\frac{dM}{M} = \frac{dV}{V} - \frac{1}{2} \cdot \frac{dT}{T}$$

이고, 이 식을 $\dfrac{dT}{T}$ 식에 대입하면,

$$\frac{dV}{V} = \frac{1}{1 + \dfrac{k-1}{2}M^2} \cdot \frac{dM}{M}$$

이 된다. 이 식에서 $\dfrac{dM}{M}$ 의 계수가 양의 값이므로, 유속 V 의 증감은 M 의 증감과 일치한다.

연속 방정식 $\dot{m} = \rho A V = $ 일정에 대수를 취하여 미분하면,

$$\frac{d\rho}{\rho} + \frac{dA}{A} + \frac{dV}{V} = 0$$

이며, 이 식에 $\dfrac{d\rho}{\rho}$, $\dfrac{dV}{V}$를 대입하여 정리하면,

$$\frac{dA}{A} = \frac{-(1-M^2)}{1+\dfrac{k-1}{2}\cdot M^2}\cdot\frac{dM}{M}$$

이다. 이 식에서 비점성 기체의 경우 관의 단면적이 일정하면 마하수도 일정하며, 유속, 압력, 온도, 밀도도 일정하다.

그림 10-5(c)의 Laval 노즐에서 축소부에서 아음속으로 기체가 흐르고 단면이 최소가 되는 목(throat)부에서 음속($M=1$)이 되며, 다시 확대부에서 초음속 흐름이 된다.

상류를 1, 하류를 2라 하면, 단면적과 마하수의 관계는 다음과 같다.

$$\frac{A_2}{A_1} = \frac{M_1}{M_2}\cdot\left\{\frac{1+\dfrac{k-1}{2}\cdot M_2{}^2}{1+\dfrac{k-1}{2}\cdot M_1{}^2}\right\}^{\frac{k+1}{2(k-1)}}$$

지금, 단면적 A인 관을 유동하는 기체의 유량을 $\dot{m}$이라 하면 단위면적 유량은

$$\frac{\dot{m}}{A} = \frac{\rho A V}{A} = \rho V = \frac{p}{RT}\cdot V = \frac{p}{\sqrt{T_0}}\cdot\sqrt{\frac{k}{R}}\cdot\frac{V}{\sqrt{kRT}}\cdot\sqrt{\frac{T_0}{T}}$$

로 변형되며, $M = \dfrac{V}{kRT}$이고, $T = \dfrac{T_0}{1+\dfrac{k-1}{2}M^2}$를 고려하면,

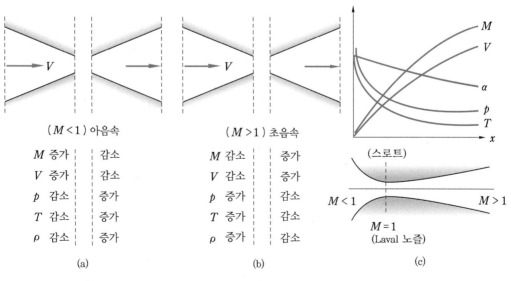

(a)	(b)
($M<1$) 아음속	($M>1$) 초음속

M 증가	감소		M 감소	증가
V 증가	감소		V 감소	증가
p 감소	증가		p 증가	감소
T 감소	증가		T 증가	감소
ρ 감소	증가		ρ 증가	감소

그림 10-5 축소-확대관

$$\frac{\dot{m}}{A} = \frac{p}{\sqrt{T_0}} \cdot \sqrt{\frac{k}{R}} \cdot M \cdot \sqrt{1 + \frac{k-1}{2} M^2}$$

이 되는데, 이 식을 Fanno의 방정식이라 한다. 이 식은 점성, 비점성 유체 모두에 적용 되며, 특히 비점성 기체의 단열 변화의 경우 위의 식에 $p = p_0 \cdot \left(1 + \frac{k-1}{2} M^2\right)^{\frac{-1}{k-1}}$ 을 대입하면, 다음의 식을 얻는다.

$$\frac{\dot{m}}{A} = \frac{p_0}{\sqrt{T_0}} \cdot \sqrt{\frac{k}{R}} \cdot M \cdot \left(1 + \frac{k-1}{2} M^2\right)^{\frac{-(k+1)}{2(k-1)}}$$

10-6 축소-확대 노즐

유속 0, 온도 T_0, 압력 p_0인 기체가 축소관을 지나는 경우, 기체의 점성에 의한 영향 이 작기 때문에 비점성 기체가 단열 변화를 한다고 생각한다.

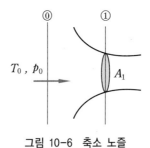

그림 10-6 축소 노즐

그림 10-6의 단면 ①이 M_1, p_1, T_1, A_1이라면 이곳을 지나는 유량 $\dot{m}$은 Fanno의 식 으로부터,

$$\dot{m} = A_1 \cdot \frac{p_0}{\sqrt{T_0}} \cdot \sqrt{\frac{k}{R}} \cdot M_1 \cdot \left(1 + \frac{k-1}{2} M_1^2\right)^{\frac{-(k+1)}{2(k-1)}}$$

$$\frac{p_0}{p_1} = \left(1 + \frac{k-1}{2} M_1^2\right)^{\frac{k}{k-1}}$$

두 식에서,

$$M_1 = \infty \;;\; \dot{m} = 0, \; \frac{p_1}{p_0} = 0$$

$$M_1 = 0 \;;\; \dot{m} = 0, \; \frac{p_1}{p_0} = 1$$

이 된다. $\dot{m}$ 식에서 $\dfrac{d\dot{m}}{dM_1} = 0$ 으로부터 $M_1 = 1$ 이 된다. 즉, A_1 을 지나는 유속이 그 위치의 음속과 같을 때 유량은 극대가 되며, 이때의 정압 p_1 을 p_{th} 라면 $\dfrac{p_1}{p_0}$ 의 식에 $M_1 = 1$ 을 대입하면 다음과 같이 된다.

$$\frac{p_1}{p_0} \rightarrow \frac{p_{th}}{p_0} = \left(\frac{2}{k-1}\right)^{\frac{2}{k-1}}$$

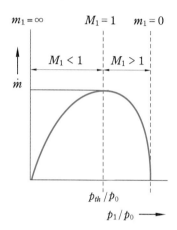

그림 10-7 유량과 압력의 관계

축소관에 확대관을 연결하면 기체의 흐름은 확대관에서 가속 또는 감속된다. 그러나 목부분보다 앞부분에서의 흐름은 연결되기 전의 상태와 변화가 없다.

확대관을 나온 기체의 압력(배압)을 p_a 라 할 때 p_a 의 고저(高低)에 의해 노즐 속의 흐름은 변하게 된다. 즉, p_0 가 p_a 보다 조금 클 경우에는 축소관에서 압력은 p_a 보다 점차 작아져서 목부분에 이르러 최저정압 p_0 로 되고, 확대관에서 다시 점차 상승하여 p_1 로 된다. 이것은 비압축성 기체의 흐름과 같다. p_a 가 더욱 작아지면 목부분의 압력 p_1 도 점차로 내려가며 흐름은 p_1 이 $p_{th} = p_0 \left(\dfrac{2}{k+1}\right)^{\frac{k}{k-1}}$ 로 될 때까지 계속된다.

그림 10-8에서 p_0 가 내려가서 p_s 로 될 경우에는 압력은 목(throat)부의 p_{th} 를 지나서 확대관을 따라 더욱 감소되며, p_s 에 이르러 흐름은 아음속에서 목부를 지나 초음속이 된다.

p_a 가 p_s 보다 큰 경우 압력은 목부의 p_{th} 를 지나 확대관을 따라 점차 작아져 초음속으로 흐르다가 어느 곳에 이르면 갑자기 압력이 상승하고 점차 높아진다.

이와 같이 압력이 급격히 상승하는 불연속면에서는 초음속 흐름이 아음속 흐름으로 갑자기 변하고 충격파(shock wave)가 발생한다. p_a 가 p_s 에 도달하면 충격파는 없어지고 p_s 보다 더 낮아지면 그것에 의해 생긴 압력차 $p_s - p_a$ 의 운동에너지로의 변환은 확대관을 나온 다음에 일어나며, 관 내에서의 흐름은 p_a 에 의해 변하지 않는다.

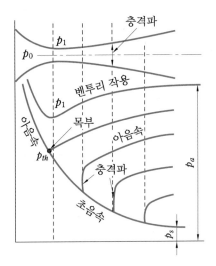

그림 10-8 충격파

예제 6. 축소−확대 노즐을 통하여 탱크 내의 공기가 대기 중으로 방출되는 경우,

(1) 출구의 마하수를 2가 되게 하는 출구의 단면적을 구하시오.(단, 목(throat)부의 안지름은 10 mm이고, 충격파는 없는 것으로 한다.)

(2) 대기압을 9.8 N/cm^{2}으로 할 때 탱크 내의 압력을 구하시오.

(3) 노즐에서 나오는 분자가 출구에 수직으로 놓여진 평판에 부딪치는 경우, 그 충격파를 구하시오.(단, 탱크 내 공기 온도는 20℃이다.)

[해설] (1) $\dfrac{A_2}{A_1} = \dfrac{M_1}{M_2}\left(\dfrac{1+\dfrac{k-1}{2}M_2{}^2}{1+\dfrac{k-1}{2}M_1{}^2}\right)^{\frac{k+1}{2(k-1)}}$

$\dfrac{A_2}{A_1} = \left(\dfrac{D_2}{D_1}\right)^2 = \dfrac{D_2{}^2}{10^2}$, $M_1 = 1$, $M_2 = 2$, $k = 1.4$

$\therefore \dfrac{D_2{}^2}{10^2} = \dfrac{1}{2} \times \left(\dfrac{1+\dfrac{0.4}{2}\times 2^2}{1+\dfrac{0.4}{2}\times 1^2}\right)^{\frac{2.4}{2\times 0.4}} = 1.688$

$\therefore D_2 = 10\sqrt{1.688} = 13\,\text{mm}^2$

(2) $p_0 = p_2 \cdot \left(1 + \dfrac{k-1}{2}M_2{}^2\right)^{\frac{k}{k-1}} = 9.8 \times \left(1 + \dfrac{0.4}{2}\times 2^2\right)^{\frac{1.4}{0.4}}$

$= 76.4\,\text{N/cm}^2$

(3) $\dot{m} = A_1 \times \dfrac{p_0}{\sqrt{T_0}} \cdot \sqrt{\dfrac{k}{R}} \cdot M_1 \cdot \left(1 + \dfrac{k-1}{2}M_1{}^2\right)^{\frac{-(k+1)}{2(k-1)}}$

$$A_1 = \text{목부의 단면적} = \frac{\pi}{4} \times 0.01^2 \fallingdotseq 0.785 \times 10^{-4} \text{m}^2$$

$$M_1 = 1, \ T_0 = 293 \text{ K}, \ p_0 = 76.4 \text{ N/cm}^2, \ R = 287, \ k = 1.4$$

$$\therefore \dot{m} = (0.785 \times 10^{-4}) \times \frac{(76.4 \times 10^4)}{\sqrt{293}} \times \sqrt{\frac{1.4}{287}} \times 1 \times \left(1 + \frac{0.4}{2} \times 1^2\right)^{\frac{-2.4}{2 \times 0.4}}$$

$$= 0.143 \text{ kg/s}$$

$$V_2 = M_2 \cdot \sqrt{kRT_2}$$

$$= M_2 \cdot \sqrt{kR} \cdot \sqrt{\frac{T_0}{1 + k\frac{-1}{2} M_2{}^2}}$$

$$= 2 \times \sqrt{1.4 \times 287} \times \sqrt{\frac{293}{0.8}} = 512 \text{ m/s}$$

$$\therefore F = \dot{m} \cdot V_s = 0.143 \times 512 = 73.22 \text{ N}$$

10-7 충격파(shock wave)

초음속 흐름$(M > 1)$이 갑자기 아음속 흐름$(M < 1)$으로 변화할 때 이 흐름에서 매우 얇은 불연속이 생기며, 이 불연속면을 충격파라 하고, 이 불연속면에서는 압력과 밀도 등이 급격히 증가한다.

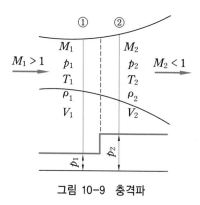

그림 10-9 충격파

그림 10-9에서 충격파의 앞부분에서 압력, 온도, 유속, 밀도, 마하수를 p_1, T_1, V_1, ρ_1, M_1 이라 하고, 뒷부분에서 p_2, T_2, V_2, ρ_2, M_2 라고 하면 단열유동으로 보고 Fanno 의 방정식을 적용하면,

$$\frac{p_1}{\sqrt{T_0}} \cdot \sqrt{\frac{k}{R}} \cdot M_1 \cdot \sqrt{1 + \frac{k-1}{2} M_1{}^2} = \frac{p_2}{\sqrt{T_0}} \cdot \sqrt{\frac{k}{R}} \cdot M_2 \cdot \sqrt{1 + \frac{k-1}{2} M_2{}^2}$$

$$\therefore \ \frac{p_2}{p_1} = \frac{M_1}{M_2} \cdot \sqrt{\frac{2 + (k-1)M_1^{\ 2}}{2 + (k-1)M_2^{\ 2}}}$$

연속 방정식 $\rho VA = $ 일정$(A = $ 일정$)$에서 $\rho V = $ 일정으로 보면, $\rho_1 V_1 = \rho_2 V_2$ 이고 $\frac{p}{\rho} = RT$ 에서 $\frac{\rho_2}{\rho_1} = \frac{p_2}{p_1} \cdot \frac{T_1}{T_2}$ 이므로,

$$\frac{T_2}{T_1} = \frac{p_2}{p_1} \cdot \frac{\rho_1}{\rho_2} = \frac{p_2}{p_1} \cdot \frac{V_2}{V_1} = \frac{p_2}{p_1} \cdot \frac{M_2 a_2}{M_1 a_1}$$

$$= \frac{p_2}{p_1} \cdot \frac{M_2}{M_1} \cdot \frac{\sqrt{kRT_2}}{\sqrt{kRT_1}}$$

$$\therefore \ \frac{T_2}{T_1} = \left(\frac{p_2}{p_1}\right)^2 \cdot \left(\frac{M_2}{M_1}\right)^2$$

운동량 방정식을 충격파에 적용하면,

$$p_1 + \rho_1 V_1^{\ 2} = p_2 + \rho_2 V_2^{\ 2}$$

$M = \dfrac{V}{a} = \dfrac{V}{\sqrt{\dfrac{kp}{\rho}}}$ 를 대입하여 정리하면,

$$\Delta_1 + kM_1^{\ 2} p_1 = p_2 + kM_2^{\ 2} p_2 \qquad \therefore \ \frac{p_2}{p_1} = \frac{1 + kM_1^{\ 2}}{1 + kM_2^{\ 2}}$$

$\frac{p_2}{p_1}$ 를 소거하면, $M_2 = M_1$ 이고

$$M_2^{\ 2} = \frac{2 + (k-1)M_1^{\ 2}}{2kM_1^{\ 2} - (k-1)}$$

이상의 식들로부터 다음의 식들을 구할 수 있다.

$$\frac{p_2}{p_1} = \frac{2k}{k+1} M_1^{\ 2} - \frac{k-1}{k+1}$$

$$\frac{T_2}{T_1} = \frac{\{2kM_1^{\ 2} - (k-1)\}\{2 + (k-1)\cdot M_1^{\ 2}\}}{(k-1)^2 \cdot M_1^{\ 2}}$$

$$\frac{\rho_2}{\rho_1} = \frac{(k+1)M_1^{\ 2}}{2 + (k-1)M_1^{\ 2}}$$

$$\frac{V_2}{V_1} = \frac{2 + (k-1)M_1^{\ 2}}{(k+1)M_1^{\ 2}}$$

충격파에서는 T, ρ, p 등이 불연속적으로 변하여 $M_1 \neq M_2$가 된다.

예제 7. $M = 2$, $p_1 = 6.86 \, \text{N/cm}^2 \, \text{abs}$, 온도 $-1\,^\circ\text{C}$인 초음속 흐름의 기체에 충격파가 발생하였다. 후방의 정압과 전압을 구하시오.

[해설] $M_2{}^2 = \dfrac{2 + (k-1)M_1{}^2}{2kM_1{}^2 - (k-1)} = \dfrac{2 + 0.4 \times 2^2}{2 \times 1.4 \times 2^2 - (0.4)} = 0.333$

$\therefore M_2 = 0.5774 \quad V_1 = M_1 a_1 = M_1 \cdot \sqrt{kRT_1} = 2 \times \sqrt{1.4 \times 287 \times 272} = 2 \times 331 \, \text{m/s}$

$\qquad = 662 \, \text{m/s}$

$\therefore$ 정압 $p_2 = p_1 \cdot \left(\dfrac{2k}{k+1} \cdot M_1{}^2 - \dfrac{k-1}{k+1} \right)$

$\qquad\qquad = 6.86 \times \left(\dfrac{2 \times 1.4}{2.4} \times 2^2 - \dfrac{0.4}{2.4} \right) = 30.87 \, \text{N/cm}^2$

$\quad$ 전압 $p_{02} = p_2 \times \left(1 + \dfrac{k+1}{2} M_1{}^2 \right)^{\frac{k}{k-1}}$

$\qquad\qquad = 30.87 \times \left(1 + \dfrac{2.4}{2} \times 0.333^2 \right)^{\frac{1.4}{0.4}} = 33.33 \, \text{N/cm}^2$

∽ 연습문제 ∽

1. 공기 중에서 음파의 전파 과정을 등엔트로피 과정으로 볼 때 음속 a를 구하시오.

2. 이산화탄소가 흐르고 있다. 이때 동일선 상의 두 점에서 측정한 속도와 온도가 각각 60 m/s, 40℃와 120 m/s, 35℃이었다. 이 흐름이 단열과정이 아닐 때 두 점 사이에서의 열 이동량을 구하시오.

3. −20℃인 추운 겨울에 대기 중에서의 음파의 전파속도(m/s)를 구하시오.

4. 상온의 물 속에서 압력파의 전파속도(m/s)를 구하시오.(단, 물의 압축률은 0.52×10^{-5} cm^2/kg이다.)

5. 15℃ 사염화탄소의 체적 탄성계수가 1.22×10^4 kg/cm^2(1.099×10^4 bar)이고, 밀도가 163.3 kg·s^2/m^4(1600 kg)이다. 사염화탄소에서의 음속 a를 구하시오.

6. 축소−확대 노즐에서 축소 부분의 유속을 설명하시오.

7. 어떤 기체에서 충격파 전의 음속이 420 m/s, 속도가 850 m/s이었다. 충격파 뒤의 음속이 550 m/s일 때 충격파 뒤의 속도(m/s)를 구하시오.(단, 이 기체의 비열비는 $k = 1.45$이다.)

8. 공기유동에서 수직 충격파 직전의 마하수가 3.5일 때 충격파 후의 마하수를 구하시오.

9. 단열흐름에서의 축소−확대 노즐에서 수직 충격파가 발생되었을 때 그 전후에 대하여 어느 것을 만족시키는지 밝히시오.

10. 아음속 흐름의 축소−확대 노즐에서 축소되는 부분에서 증가하는 것은 무엇인지 설명하시오.

11. 초음속 흐름의 축소−확대 노즐에서 축소되는 부분에서 감소하는 것은 무엇인지 설명하시오.

12. 수직 충격파와 유사한 것은 무엇인지 설명하시오.

13. 충격파 전면에서의 공기의 압력, 속도, 음속이 각각 0.98 bar abs, 528 m/s, 그리고 263 m/s이다. 이때 충격파가 발생되고 난 다음의 온도 상승을 구하시오.

14. 98 kPa abs, 15℃, 체적 100의 산소를 등엔트로피 과정으로 압력을 3배로 압축하였다. 압축 후의 온도를 구하시오.(단, 산소의 $C_p = 914.2$ J/kg·K, $C_v = 654.2$ J/kg·K이다.)

15. 단위질량의 기체가 압력 p_1, 체적 v_1인 상태에서 팽창하여 p_2, v_2로 되었다. 이때 기체가 외부에 한 일을 구하시오.(단, 팽창 조건으로 각각 ① 등온 변화, ② 단열 변화의 경우로 구분하여 구한다.)

16. 압력 700 kPa, 온도 400℃인 압력 탱크에서 출구 지름이 30 mm인 수축 노즐을 통하여 공기가 유출할 때 분류의 압력, 밀도, 음속, 유량을 각각 구하시오.(단, 외부의 압력은 200 kPa이고 대기압은 100 kPa로 한다.)

17. 압력 147 kPa, 밀도 111.72 N·s²/m⁴인 공기가 탱크 속에서 노즐을 통해 분출될 때 유속(m/s)을 구하시오.(단, 흐름은 단열적이고 마찰은 무시한다.)

18. 절대압력 210 kPa, 온도 20℃인 탱크 속의 공기가 단면적 3.5 cm²인 수축 노즐을 통하여 대기 속으로 분출되고 있다. 노즐에서 유출되는 질량유량을 구하시오.(단, 대기압은 101 kPa이다.)

19. 축소-확대 노즐에 공기가 흐르고 있다. 이때 목에서 임계속도, 즉 음속을 얻었을 때 압력비 $\dfrac{p_1}{p_0}$, 온도비 $\dfrac{T_1}{T_0}$, 밀도비 $\dfrac{\rho_1}{\rho_0}$의 값을 구하시오.

20. 산소(O_2)가 축소 노즐을 통해서 탱크로부터 대기로 방출되고 있다. 노즐 출구에서 온도와 속도가 각각 −10℃, 250 m/s일 때 탱크의 온도(℃)를 구하시오.(단, 산소의 기체상수 $R = 260$ N·m/kg·K, 비열비 $k = 1.4$이다.)

21. 축소 노즐을 통하여 수소(H_2)가 흐르고 있다. 입구의 압력이 200 kPa이고, 120 kPa인 대기로 배출된다고 하면, 노즐 출구에서 마하수는 얼마인지 구하시오.(단, 수소의 비열비 $k = 1.4$이다.)

22. 대기 중을 1 km/s의 속도로 비행하고 있는 물체 표면의 온도 증가를 구하시오.

23. 압력 1.8 MPa, 온도 35℃인 용기 속에서 노즐을 통해 0.2 kg/s로 기체가 분출된다. 임계 상태일 때 필요한 목부의 단면적(cm²)을 구하시오.(단, 기체상수는 $R = 297$ N·m/kg·K, 비열비는 $k = 1.4$이다.)

24. 분자량이 36인 완전 기체 3 kg이 완전히 단열된 용기 속에서 외부로부터 12.8 kJ의 일이 행하여져 3℃의 온도 상승이 일어났다. 이때 C_p와 C_v를 구하시오.

25. 온도 50℃, 압력 500 kPa인 탱크에서 공기가 유출되고 있다. 이 흐름을 등엔트로피 유동이라고 할 때 $M = 0.5$가 되는 단면에서의 속도, 온도, 압력, 밀도를 구하시오.

연습문제 풀이

1. 등엔트로피 과정에 대하여 $\dfrac{p}{\rho^k}$ = 일정, 미분을 하면 $\dfrac{dp}{d\rho} = \dfrac{kp}{\rho}$ 이다.

그런데 $a = \sqrt{\dfrac{dp}{d\rho}} = \sqrt{\dfrac{E}{\rho}}$ 인 관계를 이용하면

$a = \sqrt{\dfrac{kp}{\rho}}$ 가 된다.

완전기체에 대하여 $p = \rho RT$가 되므로,
$$a = \sqrt{kRT}$$

2. 축일이 없고 위치에너지를 무시하는 경우의 정상류 에너지 방정식은

$$q = \Delta h + \frac{V_2^2 - V_1^2}{2}$$
$$= 871 \times (35 - 40) + \frac{120^2 - 60^2}{2}$$
$$= 1.045 \text{ kJ/kg}$$

3. $a = \sqrt{kRT} = \sqrt{1.4 \times 287 \times (273 - 20)}$
$$= 319 \text{ m/s}$$

4. 압력파의 전파속도는 음속과 같다.

체적 탄성계수 $K = \dfrac{1}{\beta} = \dfrac{1}{0.52 \times 10^{-5}}$
$$\doteqdot 1.92 \times 10^5 \text{ N/cm}^2$$

$$\therefore a = \sqrt{\frac{K}{\rho}} = \sqrt{\frac{1.92 \times 10^9}{1000}}$$
$$\doteqdot 1386 \text{ m/s}$$

5. $a = \sqrt{\dfrac{K}{\rho}} = \sqrt{\dfrac{11.22 \times 10^7}{163.3}} = 829 \text{ m/s}$

또는 $a = \sqrt{\dfrac{K}{\rho}} = \sqrt{\dfrac{1.099 \times 10^4 \times 10^5}{1600}}$
$$= 829 \text{ m/s}$$

6. 축소 부분에서 $\dfrac{dA}{A} < 0$, $M < 1$이므로 아음속만 가능하다.

7. $M_1 = \dfrac{V_1}{a_1} = \dfrac{850}{420} \doteqdot 2.02$

$$M_2^2 = \frac{2 + (k-1)M_1^2}{2kM_1^2 - (k-1)}$$
$$= \frac{2 + (1.45-1) \times 2.02^2}{2 \times 1.45 \times 2.02^2 - (1.45-1)}$$
$$\doteqdot 0.337$$
$$\therefore M_2 \doteqdot 0.58$$
$$\therefore V_2 = a_2 M_2 = 550 \times 0.58$$
$$= 319 \text{ m/s}$$

8. $M_2^2 = \dfrac{2 + (k-1)M_1^2}{2k_1 M_1^2 - (k-1)}$

$$= \frac{2 + (1.4-1) \times 3.5^2}{2 \times 1.4 \times 3.5^2 - (1.4-1)}$$
$$\doteqdot 0.2035$$
$$\therefore M_2 = 0.4511$$

9. 충격파 전후에 대하여 적용시킬 수 있는 방정식은 연속 방정식, 에너지 방정식, 운동량 방정식, 상태방정식 등이다.

10. 아음속 흐름의 축소-확대 노즐에서 축소 부분에서는 마하수와 속도가 증가하고 압력, 온도, 밀도는 감소하며, 확대 부분에서는 반대이다.

11. 초음속 흐름의 축소-확대 노즐에서 축소 부분에서는 압력, 온도, 밀도는 증가하고, 속도, 마하수는 감소한다. 또 확대 부분에서는 반대이다.

12. 수직 충격파와 비슷한 것은 속도와 깊이가 급격히 변화하면서 초임계($M > 1$)에서 아임계($M < 1$)로 변하는 수력도약이 있다.

13. $Ma_1 = \dfrac{528}{263} = 2.01$, 따라서 충격파 후면에서의 Ma_2는

$$Ma_2^2 = \frac{1 + \dfrac{k-1}{2}Ma_1^2}{k\,Ma_1^2 - \dfrac{k-1}{2}}$$

$$= \frac{1 + \dfrac{0.4 \times 2.01^2}{2}}{1.4 \times 2.01^2 - \dfrac{0.4}{2}} = 0.271$$

$$\therefore Ma_2 = 0.52$$

한편, 충격파 후면에서의 압력 p_2는

$\dfrac{p_2}{p_1} = \dfrac{2k}{k+1}M_1^2 - \dfrac{k-1}{k+1}$ 이므로

$$p_2 = 98000 \times \left(\frac{2 \times 1.4}{2.4} \times 2.01^2 - \frac{0.4}{2.4} \right)$$

$$= 44558.5 \text{ N/m}^2$$

그리고 충격파 전후에서의 속도비는

$\dfrac{V_2}{V_1} = \dfrac{(k-1)M_{a1}^2 + 2}{(k+1)M_{a1}^2}$ 로부터

$$V_2 = 528 \left(\frac{0.4 \times 2.01^2 + 2}{2.4 \times 2.01^2} \right)$$

$$= 197 \text{ m/s}$$

$$a_2 = \frac{197}{0.52} = 378 \text{ m/s}$$

여기에서 $a = \sqrt{kRT}$ 를 이용하면

$$378 = \sqrt{1.4 \times 287 \times T_2}$$

$$\therefore T_2 = 355 \text{ K}$$

$$263 = \sqrt{1.4 \times 287 \times T_1}$$

$$\therefore T_1 = 172 \text{ K}$$

$$\therefore T_2 - T_1 = 183 \text{℃}$$

14. 비열비 $k = \dfrac{C_p}{C_v} = \dfrac{914.2}{654.2} \fallingdotseq 1.397$

등엔트로피의 관계식 $\dfrac{T_2}{T_1} = \left(\dfrac{p_2}{p_1} \right)^{\frac{k-1}{k}}$ 에서

$$T_2 = (273 + 15) \times 3^{\frac{1.397 - 1}{1.397}} = 393 \text{ K}$$

$$= 120 \text{℃}$$

15. ① 등온변화의 경우

$pv = $ 일정이므로 $pv = p_1 v_1 = p_2 v_2$

$$\therefore W = \int_{v_1}^{v_2} p\,dv = p_1 v_1 \int_{v_1}^{v_2} \frac{dv}{v}$$

$$= p_2 v_2 \ln \frac{v_2}{v_1}$$

$$= p_2 v_2 \log \frac{p_1}{p_2}$$

② 단열변화의 경우

$pv^k = $ 일정이므로 $pv^k = p_1 v_2^k = p_2 v_2^k$

$$\therefore W = \int_{v_1}^{v_2} p\,dv = p_1 v_1^k \int_{v_1}^{v_2} \frac{dv}{v^k}$$

$$= \frac{p_1 v_1^k}{1 - k}(v_2^{1-k} - v_1^{1-k})$$

$$= \frac{1}{k-1}(p_1 v_1 - p_2 v_2)$$

16. ① 압력 : 탱크 속의 절대압력은 $700 + 101 = 801$ kPa이므로 밀도 ρ_1은

$$\rho_1 = \frac{p_1}{RT_1} = \frac{801 \times 10^3}{287 \times (273 + 40)}$$

$$\fallingdotseq 8.92 \text{ kg/m}^3$$

노즐 출구의 압력을 p_2, 외부의 압력을 p_{2a}라고 하면 공기의 임계 압력비는 $\dfrac{p_1}{p_0} = 0.528$이므로

$$\frac{p_{2a}}{p_1} = \frac{301}{801} \fallingdotseq 0.376 < 0.528$$

$$\therefore p_2 = 801 \times 0.528$$

$$\fallingdotseq 423 \text{ kPa}$$

② 밀도

$$\rho_2 = \left(\frac{p_2}{p_1} \right)^{\frac{1}{k}} \rho_1 = 0.528^{\frac{1}{1.4}} \times 8.92$$

$$\fallingdotseq 5.65 \, \mathrm{kg/m^3}$$

③ 음속

$$a_2 = \sqrt{\frac{kp_2}{\rho_2}} = \sqrt{\frac{1.4 \times 423 \times 10^3}{5.65}}$$

$$\fallingdotseq 323.8 \, \mathrm{m/s}$$

④ 질량유량

$$\dot{m} = \rho_2 A_2 V_2$$

$$= 5.65 \times \frac{\pi}{4} \times 0.03^2 \times 323.8$$

$$\fallingdotseq 1.29 \, \mathrm{kg/s}$$

17. $Q = 0, \ w = 0, \ V_1 = 0$ 이므로

$$V_2 = \sqrt{\frac{2k}{k-1} p_1 V_1} = \sqrt{\frac{2k}{k-1} \cdot \frac{p_1}{\rho_1}}$$

여기서, $RT_1 = p_1 v_2, \ RT_2 = p_2 v_2$ 이고, $p_2 = 0$
(대기압)이므로

$$\therefore \ V_2 = \sqrt{\frac{2k}{k-1} p_1 V_1} = \sqrt{\frac{2k}{k-1} \cdot \frac{p_1}{\rho_1}}$$

$$= \sqrt{\frac{2 \times 1.4}{1.4 - 1} \times \frac{147000}{111.72}}$$

$$\fallingdotseq 95.97 \, \mathrm{m/s}$$

18. 압력비 $\dfrac{p_1}{p_0} = \dfrac{101}{210} \fallingdotseq 0.481 < 0.528$

따라서, 노즐 출구의 압력은 임계압력 p_c와 같고 노즐 출구의 유속은 음속과 같다.

$$p_1 = p_c = 0.528 p_0 = 0.528 \times 210$$

$$\fallingdotseq 110.9 \, \mathrm{kPa}$$

① 탱크 속의 공기 밀도

$$\rho_0 = \frac{p_0}{R_0 T_0} = \frac{210 \times 10^3}{287 \times (273 + 20)}$$

$$\fallingdotseq 2.5 \, \mathrm{kg/m^3}$$

② 노즐 출구의 밀도

$$\rho_1 = \rho_0 \left(\frac{p_1}{p_0} \right)^{\frac{1}{k}} = 2.5 \times 0.528^{\frac{1}{1.4}}$$

$$\fallingdotseq 1.584 \, \mathrm{kg/m^3}$$

$$\therefore \ \dot{m} = \rho_A A_1 V_1 = \rho_1 A_1 \sqrt{\frac{kp_1}{\rho_1}}$$

$$= 1.584 \times 3.5 \times 10^{-4} \times \sqrt{\frac{1.4 \times 110.9 \times 10^3}{1.584}}$$

$$\fallingdotseq 0.174 \, \mathrm{kg/s}$$

19. 압력비 $\dfrac{p_1}{p_0} = \left(\dfrac{2}{k+1} \right)^{\frac{k}{k-1}} = 0.528$

$$\frac{T_1}{T_0} = \frac{2}{k+1} = 0.8333$$

$$\frac{\rho_1}{\rho_0} = \left(\frac{2}{k+1} \right)^{\frac{k}{k-1}} = 0.6339$$

20. 음속 $a = \sqrt{kRT} = \sqrt{1.4 \times 260 \times 263}$

$$= 309 \, \mathrm{m/s}$$

마하수 $M = \dfrac{V}{a} = \dfrac{250}{309} = 0.81$

$$\therefore \ T_0 = T \left(1 + \frac{k-1}{2} M^2 \right)$$

$$= (273 - 10) \left(1 + \frac{1.4 - 1}{2} \times 0.81^2 \right)$$

$$= 297.5 \, \mathrm{K} = 24.5 \, \mathrm{℃}$$

21. $\dfrac{p_0}{p_1} = \left(1 + \dfrac{k-1}{2} M^2 \right)^{\frac{k}{k-1}}$ 에서

$p_0 = 200 \, \mathrm{kPa}, \ p_1 = 120 \, \mathrm{kPa}, \ k = 1.4$ 이므로

$$\frac{200}{120} = \left(1 + \frac{1.4 - 1}{2} M^2 \right)^{\frac{1.4}{1.4 - 1}}$$

$$\therefore \ M = 0.89$$

22. $\dfrac{V^2}{2g} = \dfrac{kR}{k-1} (T_0 - T)$ 에서

$$\therefore \ T_0 - T = \frac{1}{R} \cdot \frac{k-1}{k} \cdot \frac{V^2}{2g}$$

$$= \frac{1}{29.27} \times \frac{0.4}{1.4} \times \frac{1000^2}{2 \times 9.8}$$

$$= 498 \, \mathrm{℃}$$

[SI 단위] $\dfrac{V^2}{2} = \dfrac{kR}{k-1} (T_0 - T)$ 에서

$$\therefore \ T_0 - T = \frac{1}{R} \cdot \frac{k-1}{k} \cdot \frac{V^2}{2}$$

$$= \frac{1}{287} \times \frac{0.4}{1.4} \times \frac{1000^2}{2}$$

$$= 498 \, \mathrm{℃}$$

23. ① 용기 속의 기체 밀도

$$\rho_0 = \frac{p_0}{RT_0} = \frac{1.8 \times 10^6}{297(273+35)}$$

$$\fallingdotseq 19.68\,\mathrm{kg/m^3}$$

목 부분에서의 유속은 음속이므로 임계온도와 임계밀도는 각각 다음과 같다.

$$T_c = 0.833\,T_0 = 0.833(273+35)$$

$$\fallingdotseq 256.56\,\mathrm{K}$$

$$\rho_c = 0.634\rho_0 = 0.634 \times 19.68$$

$$\fallingdotseq 12.48\,\mathrm{kg/m^3}$$

② 목 부분에서의 유속

$$V_c = \sqrt{kRT_c} = \sqrt{1.4 \times 297 \times 256.56}$$

$$\fallingdotseq 326.6\,\mathrm{m/s}$$

따라서, 단면적은

$$A_c = \frac{\dot{m}}{\rho_c V_c} = \frac{0.2}{12.48 \times 326.6}$$

$$\fallingdotseq 4.91 \times 10^{-5}\,\mathrm{m^2}$$

$$\fallingdotseq 0.49\,\mathrm{cm^2}$$

24. 기체상수 $R = \dfrac{8316}{36} = 231\,\mathrm{J/kg \cdot K}$

밀폐계의 열역학 제1법칙 $Q = \Delta U + {}_1W_2$에서 $Q = 0$, ${}_1W_2 = -12.8\,\mathrm{kJ}$이므로

$$\Delta U = GC_v(T_2 - T_1) = -{}_1W_2$$

$$C_v = \frac{-{}_1W_2}{G(T_2 - T_1)} = \frac{-(-12800)}{3 \times 3}$$

$$= 142\,\mathrm{J/kg \cdot K} = 1.422\,\mathrm{kJ/kg \cdot K}$$

$$\therefore\ C_p = R + C_v = 231 + 1422$$

$$= 1653\,\mathrm{J/kg \cdot K}$$

$$= 1.653\,\mathrm{kJ/kg \cdot K}$$

25. 탱크 속의 공기 밀도 ρ_0는

$$\rho_0 = \frac{p_0}{RT_0}$$

$$= \frac{5 \times 10^5}{287 \times (273+50)} \fallingdotseq 5.394\,\mathrm{kg/m^3}$$

$M = 0.5$인 단면에서의 온도, 압력, 밀도는

$$T = \frac{T_0}{\left(1 + \dfrac{k-1}{2}M^2\right)}$$

$$= \frac{273 + 50}{\left(1 + \dfrac{1.4-1}{2} \times 0.5^2\right)}$$

$$\fallingdotseq 307.6\,\mathrm{K} = 34.6\,\mathrm{℃}$$

$$\rho = \frac{\rho_0}{\left(1 + \dfrac{k-1}{2}M^2\right)^{\frac{1}{k-1}}}$$

$$= \frac{5.394}{\left(1 + \dfrac{1.4-1}{2} \times 0.5^2\right)^{\frac{1}{1.4-1}}}$$

$$\fallingdotseq 4.77\,\mathrm{kg/m^3}$$

$$p = \frac{p_0}{\left(1 + \dfrac{k-1}{2}M^2\right)^{\frac{k}{k-1}}}$$

$$= \frac{5 \times 10^5}{\left(1 + \dfrac{1.4-1}{2} \times 0.5^2\right)^{\frac{1.4}{1.4-1}}}$$

$$\fallingdotseq 421.51\,\mathrm{kPa}$$

온도 34.6℃에서의 음속 a는

$$a = \sqrt{kRT} = \sqrt{1.4 \times 287 \times 307.6}$$

$$\fallingdotseq 351.6\,\mathrm{m/s}$$

$$\therefore\ V = aM = 351.6 \times 0.5 = 175.8\,\mathrm{m/s}$$

제11장   유체 계측

유체역학적 문제를 다룰 때 필수적으로 접하는 문제가 유체 계측(fluid measurement)이다. 보다 효과적이고 정밀하게 계측한다는 것은 유체역학 연구의 정확한 결과를 가져오는 데 필수적이다.

따라서, 여러 가지 계측기에 대한 사용법은 물론 그 원리도 이해하여야 한다. 여기서는 비중, 점성, 압력, 속도, 유량 등 유체 계측의 기본적인 부분을 살펴보기로 한다.

11-1   유체 성질의 측정

(1) 밀도의 측정

① 용기를 이용하는 방법(비중병, pycnometer) : 용기의 질량을 m_1(또는 중량 W_1), 용기에 액체를 채운 후의 질량을 m_2(또는 중량 W_2), 용기의 체적을 V라고 할 때 온도 t [℃]의 액체의 밀도 ρ_t (또는 γ_t)는 다음과 같다.

$$\rho_t = \frac{m_2 - m_1}{V} \ \ \text{또는} \ \ \gamma_t = \frac{W_2 - W_1}{V}$$

② 추를 이용하는 방법(Archimedes의 원리) : 공기 중에서의 질량을 m_1, 액체 속에 추를 담근 후의 질량을 m_2, 추의 체적을 V라고 할 때 온도 t [℃]의 액체의 밀도 ρ_t는 다음과 같다[그림 11-1 (a)].

$$\rho_t = \frac{m_1 - m_2}{V}$$

③ 비중계(hydrometer)를 이용하는 방법 : 액체의 밀도나 비중량을 측정하는 가장 보편적인 방법으로 사용되며, 그림 11-1 (b)와 같은 추를 가진 관을 서로 다른 밀도를 가진 액체 속에서 그 평형 위치가 다른 사실을 이용하여 액면과 일치하는 점의 눈금을 읽어 측정한다.

④ U자관을 이용하는 방법 : 측정하고자 하는 액체와 밀도(또는 비중량)를 알고 있는 혼합되지 않은 액체를 그림 11-1(c)와 같이 U자관 속에 넣어 액주의 길이 l_1과 l_2를 측정하면 액주계의 원리에 따라 다음과 같이 된다.

$$\gamma_1 l_1 = \gamma_2 l_2, \quad \rho_1 l_1 = \rho_2 l_2, \quad \rho_1 = \frac{l_2}{l_1}\rho_2$$

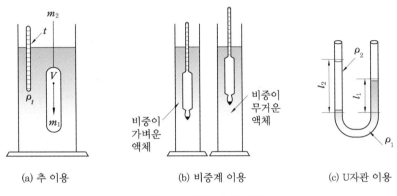

(a) 추 이용   (b) 비중계 이용   (c) U자관 이용

그림 11-1 밀도 측정 방법

(2) 점성계수의 측정

① 낙구에 의한 방법(낙구식 점도계) : 층류 조건($Re < 1$ 또는 0.6)에서 스토크스의 법칙은 유체 속에 일정한 속도 V로 운동하는 지름 d인 구의 항력 D는 다음과 같다.

$$D = 3\pi\mu V d$$

구가 일정한 속도를 얻은 뒤에는 무게 W, 부력 F_B의 힘 등과 평형을 이루므로

$$D - W - F_B = 0$$

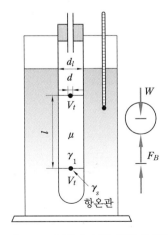

그림 11-2 낙구에 의한 점성 측정법

$$\therefore 3\pi\mu V d - \frac{\pi}{6}d^3\gamma_s - \frac{\pi}{6}d^3\gamma_1 \quad \therefore \mu = \frac{d^2(\gamma_s - \gamma_1)}{18V}$$

여기서, γ_s : 구의 비중량, γ_1 : 액체의 비중량

② 오스트발트(Ostwald)법 : 그림 11-3에서 A눈금까지 액체를 채운 다음 이 액체를 B눈금까지 밀어 올린 다음에 이 액체가 C눈금까지 내려오는 데 필요한 시간으로 측정하는 방법이다.

기준 액체를 물로 하여 그 점도를 μ_w, 비중을 S_w, 소요 시간을 t_w, 또 측정하려는 액체의 것을 각각 μ, S, t 라 하면 다음과 같다. t_w 와 t 를 측정하여 다음 식에서 μ 를 계산한다.

$$\mu = \mu \frac{St}{S_w t_w}$$

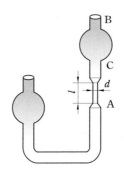

그림 11-3 오스트발트법

③ 세이볼트(Saybolt)법 : 그림 11-4에서 측정기의 아래 구멍을 막은 다음 액체를 A점까지 채우고, 막은 구멍을 다시 열어서 B점까지 채워지는 데 걸리는 시간으로 측정한다.

배출관을 통하여 B용기에 60 cc가 채워질 때까지의 시간을 측정하여 다음 식으로 계산한다.

$$\nu = 0.0022t - \frac{1.8}{t} \text{ [St]}$$

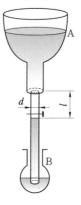

그림 11-4 세이볼트법

④ 뉴턴의 점성 계측법(회전식 점도계) : 두 동심 원통 사이에 측정하려는 액체를 채우고 외부 원통이 일정한 속도로 회전하면 내부 원통은 점성 작용에 의하여 회전하게 되는데 내부 원통 상부에 달려 있는 스프링의 복원력과 점성력이 평형이 될 때 내부 원통이 정지하는 원리를 이용한 점도계이다.

그림 11-5와 같은 점도계에 있어서 내외 원통의 바닥면 틈새 a가 비교적 커서 점성 모멘트에 주는 영향이 작을 때는 무시할 수 있으나, a가 작을 때는 이를 고려해야 한다.

$$T = \frac{\mu \pi^2 n r_1^4}{60a} + \frac{\mu \pi^2 r_1^2 r_2 h n}{15b} = \frac{\mu \pi^2 n r_1^2}{15} \left(\frac{r_1^2}{4a} + \frac{r_2 h}{b} \right)$$

$$= \mu K n$$

$$= k \theta$$

$$\therefore \ \mu = \frac{k \theta}{K n}$$

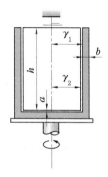

그림 11-5 회전식 점도계

예제 1. 비중병에 액체를 채웠을 때의 무게가 10 N이었다. 비중병의 무게가 2.5 N일 때 이 액체의 비중을 구하시오.(단, 비중병 속에 있는 액체의 체적은 0.5 L이다.)

해설 $\gamma_t = \dfrac{W_2 - W_1}{V} = \dfrac{10 - 2.5}{0.5 \times 10^{-3}} = 15000 \ \text{N/m}^2$

$\therefore \ S = \dfrac{\gamma_t}{\gamma_w} = \dfrac{15000}{9800} = 1.53$

11-2 압력의 측정

(1) 피에조미터의 구멍을 이용하는 방법

구멍의 단면은 충분히 좁고, 매끈해야 하며, 관 표면에 수직이어야 한다. 또 그 길이는 적어도 지름의 2배가 되어야 하고 이때 정압의 크기는 액주계의 높이로 측정된다.

(2) 정압관을 이용하는 방법

정압관을 유체 속에 직접 넣어서 마노미터의 높이 Δh로부터 측정한다. 이때 정압관은 유선의 방향과 일치해야 한다.

$$\Delta h = C \frac{V^2}{2g}$$

여기서, C : 보정계수

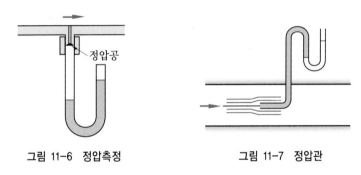

| 그림 11-6 정압측정 | 그림 11-7 정압관 |

예제 2. 하겐-푸아죄유의 법칙을 이용한 점도계는 무엇인가?

해설 오스트발트 점도계는 일정량의 액체가 일정한 지름의 모세관을 통과하는 시간을 측정하여 하겐-푸아죄유의 법칙을 이용함으로써 점도계를 계산한다.

11-3 유속의 측정

(1) 피토관

그림 11-8과 같이 직각으로 굽은 관으로 선단에 구멍이 뚫어져 있어서 유속을 측정한다. 피토관이 유속이 V_0인 유체 속에 있을 때 점 ①과 ② 사이에 베르누이 방정식을 적용시키면

$$\frac{V_0^2}{2g} + \frac{p_0}{\gamma} = \frac{p_s}{\gamma} + \frac{V_s^2}{\gamma}\,(V_s = 0 : \text{정체점})$$

$$\therefore\ p_s = \gamma \frac{V_0^2}{2g} + p_0$$

여기서, $p_0 = \gamma h_0$, $p_s = \gamma h_0 + \Delta h$ 이므로

$$\therefore\ \Delta h = \frac{V_0^2}{2g}$$

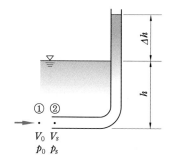

그림 11-8 피토관에 의한 측정

$$\therefore \ V_0 = \sqrt{2g\,\Delta h} = \frac{\sqrt{2g\,(p_s - p_0)}}{\gamma} = \sqrt{\frac{2\,(p_s - p_0)}{\rho}}$$

(2) 시차 액주계

그림 11-9와 같이 피에조미터와 피토관을 시차 액주계의 양단에 각각 연결하여 유속을 측정한다. 점 ①과 ②에 베르누이 방정식을 적용시키면 다음과 같다.

$$\frac{V_1^{\,2}}{2g} + \frac{p_1}{\gamma} = \frac{p_2}{\gamma}\,(V_2 = 0 : 정체점)$$

시차 액주계에서 $p_A = p_B$이므로

$$p_1 + Sk + S_0\,R = p_2 + (k+R)\,S$$

$$\therefore \ V_1 = \sqrt{2gR\left(\frac{S_0}{S} - 1\right)}$$

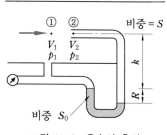

그림 11-9 유속의 측정

(3) 피토 - 정압관

그림 11-10과 같이 피토관과 정압관을 하나의 기구로 조합하여 유속을 측정한다.

$$\frac{p_s - p_0}{\gamma} = h\left(\frac{S_0}{S} - 1\right)$$

$$\therefore \ V_0 = \sqrt{2gh\left(\frac{S_0}{S} - 1\right)}$$

그러나 실제의 경우 피토-정압관의 설치로 인하여 교란이 야기되므로 보정계수 C를 도입한다.

$$\therefore \ V_0 = C\sqrt{2gh\left(\frac{S_0}{S} - 1\right)}$$

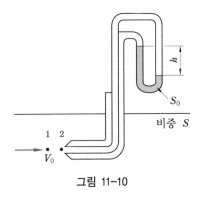

그림 11-10

(4) 열선 풍속계(hot wire anemometer)

금속선에 전류가 흐를 때 일어나는 선의 온도와 전기저항과의 관계를 이용하여 유속을 측정하는 것으로 현재는 기체의 유동 측정에 사용되고 있다.

전기적으로 가열된 백금선을 흐름에 직각으로 놓으면 기체의 유동속도가 클수록 냉각이 잘 되어 이 백금선의 온도가 내려간다. 이 온도 변화에 따라 전기저항이 달라지므로 전류의 변화가 초래된다. 이때 전류와 풍속의 관계를 미리 검토하여 놓았다가 전류의 눈금에서 풍속을 구하는 것이다.

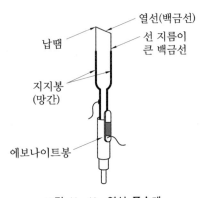

그림 11-11 열선 풍속계

① 정전류형 : 열선에 흐르는 전류의 크기를 일정하게 유지하고, 전기저항의 변화로 유속을 측정하는 방법의 풍속계이다.

② 정온도형 : 열선의 온도를 일정하게 유지하기 위하여 전류를 변화시켜서 전류의 변화로 유속을 측정하는 방법의 풍속계이다. 정전류형에 비하여 측정의 정확도가 좋고 기구의 조작도 간편하며, 특히 난류의 측정에 장점을 가지고 있다.

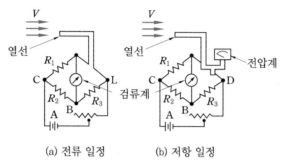

(a) 전류 일정   (b) 저항 일정

그림 11-12 열선 풍속계의 전기회로

③ 열필름 풍속계(hot film anemometer) : 열선은 너무 가늘어(0.01 mm 이하) 약하므로 밀도가 크고, 부유물이 많은 유동에 사용한다.

그림 11-13 열필름 속도계

예제 3. 유속계수가 0.97인 피토관에서 정압수두가 5 m, 정체 압력수두가 7 m이었다. 이때 유속을 구하시오.

해설 $V = C\sqrt{2g\Delta h} = 0.97 \times \sqrt{2 \times 9.8 \times (7-5)} \fallingdotseq 6.1\,\text{m/s}$

예제 4. 지름이 7.5 cm인 노즐이 지름 15 cm 관의 끝에 부착되어 있다. 이 관에는 비중량이 1.17 kg/m³인 공기가 흐르고 있는데, 마노미터의 읽음이 7 mmAq였다면 이 관에서의 유량을 구하시오.(단, 노즐의 속도계수는 0.97이다.)

해설 $C = \dfrac{C_v}{\sqrt{1-\left(\dfrac{d_2}{d_1}\right)^4}} = \dfrac{0.97}{\sqrt{1-\left(\dfrac{7.5}{15}\right)^4}} = 1.0018$

$\therefore Q' = CA_2\sqrt{2gh'\left(\dfrac{S_0}{S_1}-1\right)}$

$$= 1.0018 \times \frac{\pi}{4} \times 0.075^2 \sqrt{2 \times 9.8 \times 0.007 \left(\frac{1}{0.00117} - 1 \right)}$$

$$= 0.0479 \, \text{m}^3/\text{s}$$

예제 5. 섀도 그래프 방법은 어느 것을 측정하는 데 사용되는지 설명하시오.

[해설] 섀도 그래프 방법은 한 점으로부터의 광원을 오목 렌즈를 이용하여 평행하게 만들고 빛이 밀도가 다른 경로를 지나갈 때 굴절되는 현상을 이용하는 것으로 주로 밀도의 변화를 보여 주게 된다.

11-4 유량의 측정

(1) 벤투리 미터(venturi meter)

유량 측정 장치 중에서 비교적 정확한 계측기로 그림 11-14에서와 같이 단면에 축소부가 있어 두 단면에서의 압력차로서 유량을 측정할 수 있도록 되어 있다. 그리고 확대부는 손실을 최소화하기 위하여 5~7°로 만든다.

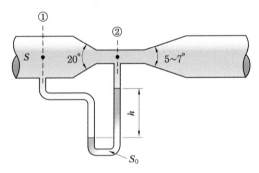

그림 11-14 벤투리 미터

$$V_2 = \frac{1}{\sqrt{1 - \left(\dfrac{A_2}{A_1} \right)^2}} \sqrt{\frac{2g}{\gamma}(p_1 - p_2)}$$

$$= \frac{1}{\sqrt{1 - \left(\dfrac{d_1}{d_2} \right)^4}} \sqrt{2g \left(\frac{\gamma_0}{\gamma} - 1 \right) h}$$

따라서, 유량은 다음과 같다.

$$Q = C_v \frac{A_2}{\sqrt{1 - \left(\dfrac{d_1}{d_2} \right)^4}} \sqrt{2gh \left(\frac{\gamma_0}{\gamma} - 1 \right)}$$

$$= C_v \frac{A_2}{\sqrt{1 - \left(\dfrac{d_1}{d_2}\right)^4}} \sqrt{2gh\left(\frac{S_0}{S} - 1\right)} = CA_2 V_2$$

여기서, C_v : 속도계수, C : 유량계수

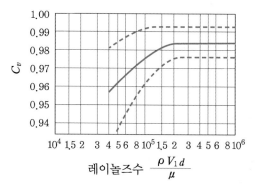

그림 11-15 벤투리미터에서의 속도계수(C_v)

(2) 노즐(nozzle)

벤투리미터에서 수두손실을 감소시키기 위하여 부착된 확대 원추를 가지지 않은 것으로, 축소부가 없으므로 축소계수는 1이다.

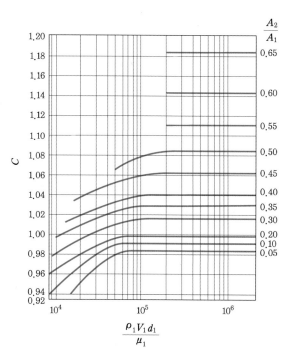

그림 11-16 유동 노즐에서의 유량계수 C

$$V_2 = \frac{1}{\sqrt{1-\left(\dfrac{A_2}{A_1}\right)^2}} \sqrt{\frac{2g}{\gamma}(p_1-p_2)}$$

$$Q = C_v \frac{A_2}{\sqrt{1-\left(\dfrac{d_1}{d_2}\right)^4}} \sqrt{2gh\left(\frac{\gamma_0}{\gamma}-1\right)}$$

(3) 오리피스(orifice)

오리피스는 플랜지 사이에 끼워 넣은 얇은 평판에 구멍이 뚫려 있는 것으로, 판의 상하류의 압력 측정용 구멍에 시차 액주계와 압력계가 부착된다.

그림 11-17에서 점 ①과 ②에 대하여 베르누이 방정식을 적용시키면

$$\frac{p_1}{\gamma} + \frac{v_1^2}{2g} = \frac{p_2}{\gamma} - \frac{v_2^2}{2g}$$

$C_c = \dfrac{A_2}{A_0}$ 이므로 연속 방정식에서

$$V_1 \frac{\pi d_1^2}{4} = V_2 C_c \frac{\pi v_2^2}{4}$$

위의 두 식에서

$$\frac{V_1^2}{2g}\left\{1 - C_c^2\left(\frac{d_0}{d_1}\right)^4\right\} = \frac{p_1-p_2}{\gamma}$$

$$\therefore \ V_2 = \frac{1}{\sqrt{1 - C_c^2\left(\dfrac{d_0}{d_1}\right)^4}} \sqrt{\frac{2g}{\gamma}(p_1-p_2)}$$

실제유체의 속도는

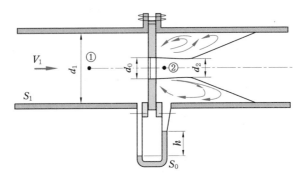

그림 11-17 오피리스

$$\therefore \; V_2' = C_v V_2 = C_v \frac{1}{\sqrt{1 - C_c^{\,2}\left(\dfrac{d_0}{d_1}\right)^4}} \sqrt{\frac{2g}{\gamma}(p_1 - p_2)}$$

실제유량은 다음과 같다.

$$\therefore \; Q' = C_d A_0 \frac{1}{\sqrt{1 - C_c^{\,2}\left(\dfrac{d_0}{d_1}\right)^4}} \sqrt{\frac{2g}{\gamma}(p_1 - p_2)}$$

$$C_d = C_v C_c$$

$$\therefore \; Q' = C_d A_0 \frac{1}{\sqrt{1 - C_c^{\,2}\left(\dfrac{d_0}{d_1}\right)^4}} \sqrt{2gh\left(\frac{S_0}{S_1} - 1\right)}$$

$$= C A_0 \sqrt{\frac{2\Delta p}{\rho}} = C A_0 \sqrt{2gh\left(\frac{S_0}{S} - 1\right)}$$

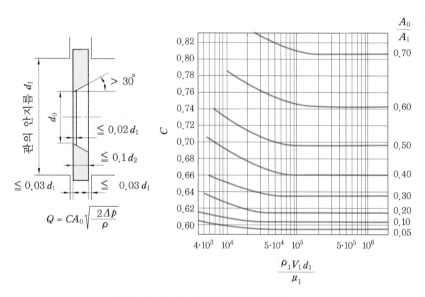

그림 11-18 오리피스에서의 유량계수 C

(4) 위어(weir)

개수로에 어떤 장애물을 세워서 물이 이 장애물에 일단 차단되었다가 위로 넘쳐 흐르게 함으로써 유량을 측정하도록 만든 장치를 말하며, 이때 넘쳐 흐르는 액체의 높이를 측정함으로써 유량을 계산한다.

① 예봉 전폭 위어(sharp—crested rectangular weir) : 위어 판의 끝이 칼날과 같이 예리하고, 수로의 전폭을 하나도 줄이지 않은 형태를 갖는 위어이다.

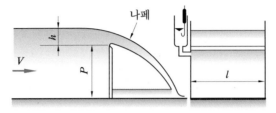

그림 11-19 예봉 전폭 위어

이론유량 $Q = \dfrac{2}{3}\sqrt{2g}\, l h^{\frac{3}{2}}$

실제유량 $Q_a = K l h^{\frac{3}{2}}\,[\text{m}^3/\text{min}]$

② 사각 위어(sharp—edged rectangular weir) : 위어가 수로 폭 전면에 걸쳐 만들어져 있지 않고, 폭의 일부에만 걸쳐져 있는 위어이다.

실제유량 : $Q_a = K l h^{\frac{3}{2}}$

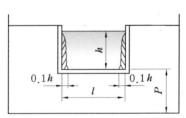

그림 11-20 사각 위어

③ V 노치 위어 (삼각 위어) : 꼭지각이 α 인 역삼각형 모양이고, 꼭지각을 사이에 둔 양 끝을 예리하게 한 위어이다.

이론유량 $Q = \dfrac{4}{15}\sqrt{2g}\,\dfrac{l}{h}h^{\frac{5}{2}} = \dfrac{8}{15}\sqrt{2g}\,\tan\dfrac{\phi}{2}h^{\frac{5}{2}}$

실제유량 $Q_a = K h^{\frac{5}{2}}$

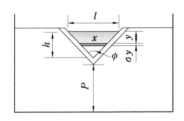

그림 11-21 V 노치 위어

④ 광봉 위어 : 광봉 위어는 위어 봉이 비교적 넓게 수평으로 연장되어 있어, 그 위에 흐르는 물의 압력은 정수압력이 작용한다고 가정할 수 있는 수력 구조물이다. 일반적으로 광봉 위어가 위어로서의 역할을 하려면 $0.08 < \dfrac{\text{수심}}{\text{수로폭}} < 0.50$의 범위에 있어어야 한다.

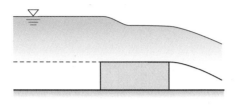

그림 11-22 광봉 위어

⑤ 사다리꼴 위어

$$Q = C \int_0^b b \sqrt{2gz}\, dz = \frac{2}{15} C \sqrt{(2b_0 + 3b_u)}\, h^{\frac{3}{2}}$$

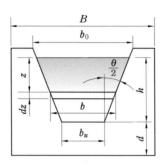

그림 11-23 사다리꼴 위어

예제 6. 위어(weir) 중에서 중간 유량 측정에 적합한 것은 무엇인가?

해설 삼각 위어는 소유량 측정, 광봉 위어는 대유량 측정에 적합하며 사각 위어는 중간유량 측정에 적합하다.

∽ 연습문제 ∽

1. 한 변의 길이가 10 cm인 정육면체의 금속 무게를 공기 중에 달았더니 77 N이었고, 어떤 액체 중에 달아보니 70 N이었다. 이 액체의 비중량(N/m^3)을 구하시오.

2. 지름이 1.27 cm, 비중이 7.8인 강구가 비중이 0.90인 기름 속에서 6 cm/s의 등속도로 낙하되고 있다. 기름 탱크가 대단히 클 경우 기름의 점성계수($N \cdot s/m^2$)를 구하시오.

3. 지름이 75 mm이고 수정계수 C가 0.96인 노즐이 지름 200 mm인 관에 부착되어 물이 분출되고 있다. 이 200 mm 관의 수두가 8.4 m일 때 노즐 출구에서의 유속을 구하시오.

4. 물 속에 피토관을 삽입하여 압력을 측정했더니, 전압력이 10 mAq, 정압이 5 mAq이었다. 이 위치의 유속(m/s)을 구하시오.

5. 200×100 cm의 벤투리미터에 30℃의 물을 송출시키고 있다. 이 벤투리미터에 설치된 시차 마노미터의 읽음이 70 mmHg일 때 유량을 구하시오.(단, 유량계수는 0.98이다.)

6. 풍동에서 유속을 측정하기 위하여 피토관을 사용하였다. 이때 비중이 0.8인 알코올이 10 cm 상승하였다. 압력이 99.3 kPa(0.993 bar abs)이고, 온도가 20℃일 때 풍동에서의 공기의 속도를 구하시오.

7. 지름이 10 cm인 오리피스가 지름 15 cm의 수관끝에 부착되었다. 수관 내 압력이 269.5 kPa (2.695 bar)일 때 유량을 구하시오.

8. 폭이 0.9 m인 수로에 삼각 위어를 설치하여 유량을 측정하려고 한다. 노치를 넘는 높이가 150 cm일 때 유량을 구하시오.(단, C는 0.587이다.)

9. 다음 그림과 같이 설치한 피토-정압관에서 $h = 2$ cm일 때 유속(m/s)을 구하시오.(단, 속도계수는 1.13이다.)

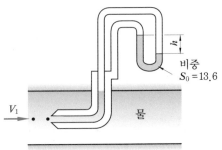

10. 지름이 7.5 cm인 노즐이 지름 15 cm관의 끝에 부착되어 있다. 이 관에는 비중량이 1.17 kg/m^3 (11.466 N/m^3)인 공기가 흐르고 있다. 마노미터의 읽음이 7 mmAq일 때 이 관에서의 유량을 구하시오.(단, 이 노즐의 수정계수는 0.97이다.)

11. 간섭계에 대하여 설명하시오.

12. 점도계 중 뉴턴의 점성 법칙을 이용한 것을 쓰시오.

13. 다음 그림과 같은 벤투리관에 물이 흐르고 있다. 단면 1과 단면 2의 단면적비가 2이고, 압력 수두차가 Δh일 때 단면 2에서의 속도를 구하시오.(단, 모든 손실은 무시한다.)

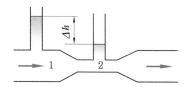

14. 다음 그림과 같이 피토–정압관을 설치하였을 때 속도수두 $\dfrac{V^2}{2g}$을 구하시오.

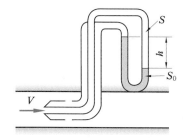

15. 수면 밑 2.5 m인 곳에 오리피스를 통하여 매분 1000 L의 물을 유출시키려면 필요한 지름은 얼마인지 구하시오.

16. 열선풍속계는 무엇을 측정하는 데 사용되는지 설명하시오.

17. 유동하는 기체의 속도를 측정할 수 있는 것은 무엇인지 설명하시오.

18. 슐리렌 방법은 무엇을 측정하는 데 사용되는지 쓰시오.

19. 위어판의 높이가 70 cm, 폭이 2 m인 사각 위어의 수두가 40 cm일 때 유량(m^3/s)을 구하시오.(단, 유량계수는 115.5이다.)

20. 다음 그림과 같은 삼각 위어(V 노치 위어)에서 유량을 구하시오.(단, C는 유량계수이다.)

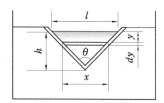

연습문제 풀이

1. $W_l = W_a - \gamma V$ 에서

$70 = 77 - \gamma \times 0.1^3$

$\therefore \ \gamma = 7000\,\text{N/m}^3$

2. 스토크스의 법칙에 따른다고 가정할 때

$\mu = \dfrac{d^2(\gamma_s - \gamma_l)}{18\,V}$

$= \dfrac{0.0127^2 \times 7.8 - 0.9 \times 9800}{18 \times 0.06}$

$= 10.094\,\text{N} \cdot \text{s/m}^2$

3. 노즐 출구에서의 유속

$V = C\sqrt{2gh} = 0.96\sqrt{9.8 \times 2 \times 84}$

$= 12.3\,\text{m/s}$

4. $\dfrac{p_s}{\gamma} = \dfrac{p}{\gamma} + \dfrac{V^2}{2g}$ 에서

$\dfrac{p_s}{\gamma} = 10\,\text{m}, \ \dfrac{p}{\gamma} = 5\,\text{m}$ 이므로

$\dfrac{V^2}{2g} = 5\,\text{m}$

$\therefore \ V = 9.9\,\text{m/s}$

5. $Q = CA_2 \sqrt{\dfrac{2gh'\left(\dfrac{S_0}{S_1} - 1\right)}{1 - \left(\dfrac{d_2}{d_1}\right)^4}}$

$= 0.98 \times \dfrac{\pi}{4} \times 1^2 \sqrt{\dfrac{2 \times 9.8 \times 0.07\left(\dfrac{13.6}{1} - 1\right)}{1 - \left(\dfrac{1}{2}\right)^2}}$

$= 3.3\,\text{m}^3/\text{s}$

6. $\rho_{\text{air}} = \dfrac{p}{RT} = \dfrac{99300}{287 \times (273 + 20)}$

$= 1.181\,\text{kg/m}^3$

$S_{\text{air}} = \dfrac{1.181}{1000} = 0.00181$

$V = \sqrt{2gh'\left(\dfrac{S_0}{S} - 1\right)}$

$= \sqrt{2 \times 9.8 \times 0.1 \times \left(\dfrac{0.8}{0.00181} - 1\right)}$

$= 29.4\,\text{m/s}$

$\therefore \ V = 29.4\,\text{m/s}$

7. $\dfrac{A_0}{A_1} = \left(\dfrac{10}{15}\right)^2 = 0.444$

오리피스 배출 계수표에서 수평값을 읽어서 $C = 0.67$을 얻는다.

$Q' = C \times A_0 \sqrt{\dfrac{2\Delta p}{\rho}} = 0.67 \times \dfrac{\pi}{4} \times 0.1^2$

$\times \sqrt{\dfrac{2 \times (269500 - 99300)}{1000}}$

$= 0.098\,\text{m}^3/\text{s}$

$V_1 = \dfrac{Q_1}{A_1} = \dfrac{4 \times 0.98}{\pi \times 0.15^2}\,\text{m/s}$

$= 5.548$

$Re = \dfrac{V_1 d_1}{V} = \dfrac{5.548 \times 0.15}{1.006 \times 10^{-6}}$

$= 8.219 \times 10^5$

다시 배출 계수표에서 $C = 0.67$, 따라서 최초의 가정이 옳다.

$\therefore \ Q = 0.098\,\text{m}^3/\text{s}$

8. $Q = \dfrac{8}{15} C\sqrt{2g}\,h^{\frac{5}{2}}$

$= \dfrac{8}{15} \times 0.587 \times \sqrt{2g} \times 1.5^{\frac{5}{2}}$

$= 0.0121\,\text{m}^3/\text{s}$

9. $V_1 = C'\sqrt{2gh\left(\dfrac{S_0}{S} - 1\right)}$

$= 1.12 \times \sqrt{2 \times 9.8 \times 0.02 \times \left(\dfrac{13.6}{1} - 1\right)}$

$\fallingdotseq 2.49\,\text{m/s}$

10. $C = \dfrac{C_v}{\sqrt{1 - \left(\dfrac{d_2}{d_1}\right)^4}} = \dfrac{0.97}{\sqrt{1 - \left(\dfrac{7.5}{15}\right)^4}}$

$$= 1.0018$$

$$\therefore \ Q' = CA_2 \sqrt{2gh' \left(\frac{S_0}{S_1} - 1 \right)}$$

$$= 1.0018 \times \frac{\pi}{4} \times 0.075^2$$

$$\times \sqrt{2 \times 9.8 \times 0.007 \times \left(\frac{1}{0.0017} - 1 \right)}$$

$$= 0.0479 \ \mathrm{m^3/s}$$

11. 간섭계는 2개의 반사경, 2개의 반투과경을 이용하여 한 개의 광원으로부터의 단색광을 이용하여 유동장에서의 밀도의 변화에 따르는 프린지(fringe)를 나타나게 하여 밀도의 변화를 측정한다. 여기에서 프린지는 빛의 위상 변화에 관계된다.

12. 뉴턴의 점성 법칙을 기초로 한 점도계에는 맥미첼 점도계와 스토머 점도계가 있다.

13. 손실이 없는 벤투리관에서 $C_v = 1$이므로

$$V_2 = \frac{Q}{A_2} = \frac{1}{\sqrt{1 - \left(\frac{A_2}{A_1} \right)^2}}$$

$$\sqrt{2g \left(\frac{p_1 - p_2}{\gamma} \right)}$$

여기서, $\dfrac{A_2}{A_1} = \dfrac{1}{2}$, $\dfrac{p_1 - p_2}{\gamma} = \Delta h$ 이므로

$$V_2 = \frac{1}{\sqrt{1 - \left(\frac{1}{2} \right)^2}} \sqrt{2g \Delta h}$$

$$= 2 \sqrt{\frac{2g \Delta h}{3}}$$

14. 유속 $V = \sqrt{2gh \left(\dfrac{S_0}{S} - 1 \right)}$

$$\therefore \ \text{속도수두} \ \frac{V^2}{2g} = h \left(\frac{S_0}{S} - 1 \right)$$

15. $Q = C_d \cdot A \sqrt{2gh}$

$$A = \frac{Q}{C_d \sqrt{2gh}} = \frac{\frac{1}{60}}{0.6 \sqrt{2 \times 9.81 \times 2.5}}$$

$$d = \left(\frac{1}{\frac{\pi}{4} \times 0.6 \times 60 \times 7} \right)^{\frac{1}{2}}$$

$$= 0.005 \ \mathrm{m}$$

16. 열선 풍속계는 백금선을 센서로 하여 기체 흐름 속에 노출시킴으로써 그 냉각 효과를 이용하여 유속의 변화를 측정한다.

17. 열선 풍속계는 가는 금속선(대개 백금선)을 가열하여 기체유동 속에 놓으면 기체의 유동 속도에 따라 금속선의 온도가 변화하고, 따라서 금속선의 전기저항이 변화하는 것을 이용해서 기체 속도를 추정한다.

18. 슐리렌 방법은 한 개의 광원과 2개의 오목 렌즈 및 나이프에지를 이용하여 유동장에서 밀도의 변화를 측정한다.

19. $Q = Kl \, h^{\frac{3}{2}} = 115.5 \times 2 \times 0.4^{\frac{3}{2}}$

$$\fallingdotseq 58.44 \ \mathrm{m^3/min} = 0.97 \ \mathrm{m^3/s}$$

20. 그림의 깊이 y에서 유속 $V = \sqrt{2gy}$ 이므로 이론유량 $Q = \displaystyle\int_0^h V dA = \int_0^h \sqrt{2gy} \ x \, dy$

닮은 삼각형의 조건으로부터 $\dfrac{x}{h-y} = \dfrac{l}{h}$

x 값을 대입하면 다음과 같다.

$$Q = \int_0^h \sqrt{2gy} \left(\frac{h-y}{h} l \right) dy$$

$$= \sqrt{2g} \ \frac{l}{h} \int_0^h y^{\frac{1}{2}} (h-y) \, dy$$

$$= \frac{4}{15} \sqrt{2g} \ \frac{l}{h} h^{\frac{5}{2}}$$

$\dfrac{l}{h}$ 을 각 θ 로 표시하면, $\tan \dfrac{\theta}{2} = \dfrac{l}{2h}$ 이므로

$$\therefore \ Q = \frac{8}{15} \sqrt{2g} \tan \frac{\theta}{2} h^{\frac{5}{2}}$$

실제유량은 계수가 첨부되어야 하므로 다음과 같다.

$$Q_a = \frac{8}{15} C \tan \frac{\theta}{2} \sqrt{2g h^5}$$

부록

참고 내용 정리

1. 유체의 물리적 성질

2. 압축성 유동을 계산하기 위한 표

3. 기하학적 성질

1. 유체의 물리적 성질

(1) 물의 물리적 성질

온도 T (℃)	비중량 γ (N/m³)	밀도 ρ (kg/m³)	점성계수 $\mu \times 10^{-3}$ (kg/m·s)	동점성 계수 $\nu \times 10^{-6}$ (m²/s)	표면장력 $\sigma \times 10^{-2}$ (N/m)	증기압 p_v / γ (m)	체적 탄성계수 $K \times 10^7$ (N/m²)
0	9805	999.9	1.792	1.792	7.62	0.06	204
5	9806	1000.0	1.519	1.519	7.54	0.09	206
10	9803	999.7	1.308	1.308	7.48	0.12	211
15	9798	999.1	1.140	1.141	7.41	0.17	214
20	9789	998.2	1.005	1.007	7.36	0.25	220
25	9779	997.1	0.894	0.897	7.26	0.33	222
30	9767	995.7	0.801	0.804	7.18	0.44	223
35	9752	994.1	0.723	0.727	7.10	0.58	224
40	9737	992.2	0.656	0.661	7.01	0.76	227
65	9635	980.6	0.436	0.444	6.58	2.56	226
70	9600	977.8	0.406	0.415	6.50	3.20	225
75	9589	974.9	0.380	0.390	6.40	3.96	223
80	9557	971.8	0.357	0.367	6.30	4.86	221
85	9529	968.6	0.336	0.347	6.20	5.93	217
90	9499	965.3	0.317	0.328	6.12	7.18	216
95	9469	961.9	0.299	0.311	6.02	8.62	211
100	9438	958.4	0.284	0.296	5.94	10.33	207

(2) 표준 기압하에서의 일반 액체의 물리적 성질

액 체	온 도 T (℃)	밀 도 ρ (kg/m³)	비 중 s —	체적 탄성계수 K (kN/m²)	점성계수 $\mu \times 10^{-4}$ (N·s/m²)	표면장력 σ (N/m)	증기압 p_v (kN/m² abs)
벤 젠	20	876.2	0.88	1034250	6.56	0.029	10.0
4염화탄소	20	1587.4	1.59	1103200	9.74	0.026	13.1
원 유	20	855.6	0.86	—	71.8	0.03	—
에틸알코올	20	788.6	0.79	1206625	12.0	0.022	5.86
프레온-12	15.6	1345.2	1.35	—	14.8	—	—
	−34.4	1499.8	—	—	18.3	—	—
가솔린	20	680.3	0.68	—	2.9	—	55.2
글리세린	20	1257.6	1.26	4343850	14939	0.063	0.000014
수 소	−257.2	73.7	—	—	0.21	0.0029	21.4
제트 연료 (JP−4)	15.6	773.1	0.77	—	8.7	0.029	8.96
수 은	15.6	13555	13.57	26201000	15.6	0.51	0.00017
	315.6	12833	12.8	—	9.0	—	47.2
산 소	−195.6	1206.0	—	—	2.78	0.015	21.4
소 듐	315.6	876.2	—	—	3.30	—	—
	537.8	824.62	—	—	2.26	—	—
물	20	998.2	1.00	2068500	10.1	0.073	2.34

(3) 대기압하에서 공기의 물리적 성질

온 도		밀 도	점성계수	동점성계수
T (℃)	T (K)	σ (kg/m³)	μ (N·s/m²)	ν (m²/s)
−50	223	1.582	1.46×10^{-5}	0.921×10^{-5}
−40	233	1.514	1.51×10^{-5}	0.998×10^{-5}
−30	243	1.452	1.56×10^{-5}	1.08×10^{-5}
−20	253	1.394	1.61×10^{-5}	1.16×10^{-5}
−10	263	1.342	1.67×10^{-5}	1.24×10^{-5}
0	273	1.292	1.72×10^{-5}	1.33×10^{-5}
10	283	1.247	1.76×10^{-5}	1.42×10^{-5}
20	293	1.204	1.81×10^{-5}	1.51×10^{-5}
30	303	1.164	1.86×10^{-5}	1.60×10^{-5}
40	313	1.127	1.91×10^{-5}	1.69×10^{-5}
50	323	1.092	1.95×10^{-5}	1.79×10^{-5}
60	333	1.060	2.00×10^{-5}	1.89×10^{-5}
70	343	1.030	2.05×10^{-5}	1.99×10^{-5}
80	353	1.000	2.09×10^{-5}	2.09×10^{-5}
90	363	0.973	2.13×10^{-5}	2.19×10^{-5}
100	373	0.946	2.17×10^{-5}	2.30×10^{-5}
150	423	0.834	2.38×10^{-5}	2.85×10^{-5}
200	473	0.746	2.57×10^{-5}	3.45×10^{-5}
250	523	0.675	2.75×10^{-5}	4.08×10^{-5}
300	573	0.616	2.93×10^{-5}	4.75×10^{-5}

(4) STP 상태에서 일반기체의 성질

기 체	분자식	분자량 M_m	R^+ $\left(\dfrac{J}{kg \cdot K}\right)$	C_p $\left(\dfrac{J}{kg \cdot K}\right)$	C_v $\left(\dfrac{J}{kg \cdot K}\right)$	$k = \dfrac{C_p}{C_v}$ (−)	R^+ $\left(\dfrac{ft \cdot lb}{lbm \cdot R}\right)$	C_p $\left(\dfrac{BTU}{lbm \cdot R}\right)$	C_v $\left(\dfrac{BTU}{lbm \cdot R}\right)$
공 기	−	28.98	286.9	1004	717.4	1.40	53.33	0.2399	0.1713
이산화탄소	CO_2	44.01	188.9	840.4	651.4	1.29	35.11	0.2007	0.1556
일산화탄소	CO	28.01	296.8	1039	742.1	1.40	55.17	0.2481	0.1772
헬 륨	He	4.003	2077	5225	3147	1.66	386.1	1.248	0.7517
수 소	H_2	2.016	4124	14,180	10,060	1.41	766.5	3.388	2.402
메 탄	CH_4	16.04	518.3	2190	1672	1.31	96.32	0.5231	0.3993
질 소	N_2	28.01	296.8	1039	742.0	1.40	55.16	0.2481	0.1772
산 소	O_2	32.00	259.8	909.4	649.6	1.40	48.29	0.2172	0.151
증 기	H_2O	18.02	461.4	~2000	~1540	~1.30	85.78	~0.478	~0.368

* STP = standard temperature and pressure, $T = 15$℃$(59$°F$)$ and $\rho = 101.325$ kPa abs(14.696 psia)

$+ R = R_u / M_m$; $R_u = 8314.3$ J/kg mol·K(1545.3 ft·lb/lbm mol R) ; 1 BTU = 778.2 ft·lb

(5) 가스의 물리적 성질(1 atm, 15℃)

가 스	분자량	기체상수 R (kJ/kg·K)	밀 도 ρ (kg/m³)	점성계수 μ (N·s/m²)	동점성계수 ν (m²/s)	비 열 C_p (kJ/kg·K)	비열비 $\gamma = \dfrac{C_p}{C_v}$
공 기	28.96	0.2870	1.225	1.79×10^{-5}	1.46×10^{-5}	1.006	1.40
산소(O_2)	32.00	0.2598	1.355	1.98×10^{-5}	1.46×10^{-5}	0.920	1.40
질소(N_2)	28.02	0.2968	1.254	1.73×10^{-5}	1.37×10^{-5}	1.041	1.40
수소(H_2)	2.016	4.124	0.0852	0.872×10^{-5}	1.02×10^{-4}	14.27	1.40
헬륨(He)	4.003	2.077	0.169	1.96×10^{-5}	1.16×10^{-4}	5.23	1.66
이산화탄소(CO_2)	44.01	0.1889	0.872	1.44×10^{-5}	0.768×10^{-4}	0.841	1.29
아르곤(Ar)	39.944	0.2081	1.691	2.22×10^{-5}	1.31×10^{-5}	0.522	1.67

2. 압축성 유동을 계산하기 위한 표

(1) 차원 등엔트로피 흐름(완전기체, $k = 1.4$)

M	$\dfrac{T}{T_0}$	$\dfrac{p}{p_0}$	$\dfrac{\rho}{\rho_0}$	$\dfrac{A}{A^*}$	M	$\dfrac{T}{T_0}$	$\dfrac{p}{p_0}$	$\dfrac{\rho}{\rho_0}$	$\dfrac{A}{A^*}$
0.00	1.0000	1.0000	1.0000	∞	0.32	0.9799	0.9315	0.9506	1.922
0.02	0.9999	0.9997	0.9998	28.94	0.34	0.9774	0.9231	0.9445	1.823
0.04	0.9997	0.9989	0.9992	14.48	0.36	0.9747	0.9143	0.9380	1.736
0.06	0.9993	0.9975	0.9982	9.666	0.38	0.9719	0.9052	0.9313	1.659
0.08	0.9987	0.9955	0.9968	7.262	0.40	0.9690	0.8956	0.9243	1.590
0.10	0.9980	0.9930	0.9950	5.822					
0.12	0.9971	0.9900	0.9928	4.864	0.42	0.9659	0.8857	0.9170	1.529
0.14	0.9961	0.9864	0.9903	4.182	0.44	0.9627	0.8755	0.9094	1.474
0.16	0.9949	0.9823	0.9873	3.673	0.46	0.9564	0.8650	0.9016	1.425
0.18	0.9936	0.9777	0.9840	3.278	0.48	0.9560	0.8541	0.8935	1.380
0.20	0.9921	0.9725	0.9803	2.694	0.50	0.9524	0.8430	0.8852	1.340
0.22	0.9904	0.9669	0.9762	2.708	0.52	0.9487	0.8317	0.8766	1.303
0.24	0.9886	0.9607	0.9718	2.496	0.54	0.9449	0.8201	0.8679	1.270
0.26	0.9867	0.9541	0.9670	2.317	0.56	0.9410	0.8082	0.8589	1.240
0.28	0.9846	0.9470	0.9619	2.166	0.58	0.9370	0.7962	0.8498	1.213
0.30	0.9823	0.9395	0.9564	2.035	0.60	0.9328	0.7840	0.8405	1.188

M	$\dfrac{T}{T_0}$	$\dfrac{p}{p_0}$	$\dfrac{\rho}{\rho_0}$	$\dfrac{A}{A^*}$	M	$\dfrac{T}{T_0}$	$\dfrac{p}{p_0}$	$\dfrac{\rho}{\rho_0}$	$\dfrac{A}{A^*}$
0.62	0.9286	0.7716	0.8310	1.66	1.32	0.7416	0.3512	0.4736	1.075
0.64	0.9243	0.7591	0.8213	1.145	1.34	0.7358	0.3417	0.4644	1.084
0.66	0.9199	0.7465	0.8115	1.127	1.36	0.7300	0.3323	0.4553	1.094
0.68	0.9154	0.7338	0.8016	1.110	1.38	0.7242	0.3232	0.4463	1.104
0.70	0.9108	0.7209	0.7916	1.094	1.40	0.7184	0.3142	0.4374	1.115
0.72	0.9061	0.7080	0.7814	1.081	1.42	0.7126	0.3055	0.4287	1.126
0.74	0.9013	0.6951	0.7712	1.068	1.44	0.7069	0.2969	0.4201	1.138
0.76	0.8964	0.6821	0.7609	1.057	1.46	0.7011	0.2886	0.4116	1.150
0.78	0.8915	0.6691	0.7505	1.047	1.48	0.6954	0.2804	0.4032	1.163
0.80	0.8865	0.6560	0.7400	1.038	1.50	0.6897	0.2724	0.3950	1.176
0.82	0.8815	0.6430	0.7295	1.030	1.52	1.6840	0.2646	0.3869	1.190
0.84	0.8763	0.6300	0.7189	1.024	1.54	0.6783	0.2570	0.6789	1.204
0.86	0.8711	0.6170	0.7083	1.018	1.56	0.6726	0.2496	0.3711	1.219
0.88	0.8659	0.6041	0.6977	1.013	1.58	0.6670	0.2423	0.3633	1.234
0.90	0.8606	0.5913	0.6870	1.009	1.60	0.6614	0.2553	03557	1.250
0.92	0.8552	0.5785	0.6764	1.006	1.62	0.6558	0.2284	0.3483	1.267
0.94	0.8498	0.5658	0.6658	1.003	1.64	0.6502	0.2217	0.3409	1.284
0.96	0.8444	0.5532	0.6551	1.001	1.66	0.6447	0.2152	0.3337	1.301
0.98	0.8389	0.5407	0.6445	1.000	1.68	06392	0.2088	0.3266	1.319
1.00	0.8333	0.5283	0.6339	1.000	1.70	0.6337	0.2026	0.3197	1.338
1.02	0.8278	0.5160	0.6234	1.000	1.72	0.6283	0.1966	0.3129	1.357
1.04	0.8222	0.5039	0.6129	1.001	1.74	0.6229	0.1907	0.3062	1.376
1.06	0.8165	0.4919	0.6024	1.003	1.76	0.6175	0.1850	0.2996	1.397
1.08	0.8108	0.4801	0.5920	1.005	1.78	0.6121	0.1794	0.2931	1.418
1.10	0.8052	0.4684	0.5817	1.008	1.80	0.6068	0.1740	0.2868	1.439
1.12	0.7994	0.4568	0.5714	1.011	1.82	0.6015	0.1688	0.2806	1.461
1.14	0.7937	0.4455	0.5612	0.015	1.84	0.5963	0.1637	0.2745	1.484
1.16	0.7880	0.4343	0.5511	1.020	1.86	0.5911	0.1587	0.2686	1.507
1.18	0.7822	0.4232	0.5411	1.025	1.88	0.5859	0.1539	0.2627	1.531
1.20	0.7764	0.4124	0.5311	1.030	1.90	0.5807	0.1492	0.2570	1.555
1.22	0.7706	0.4017	0.5213	1.037	1.92	0.5756	0.1447	0.2514	1.580
1.24	0.7648	0.3912	0.5115	1.043	1.94	0.5705	0.1403	0.2459	1.606
1.26	0.7590	0.3809	0.5019	1.050	1.96	0.5655	0.1360	0.2405	1.633
1.28	0.7532	0.3708	0.4923	1.058	1.98	0.5605	0.1318	0.2352	1.660
1.30	0.7474	0.3609	0.4829	1.066	2.00	0.5556	0.1278	0.2301	1.688

M	$\frac{T}{T_0}$	$\frac{p}{p_0}$	$\frac{\rho}{\rho_0}$	$\frac{A}{A^*}$	M	$\frac{T}{T_0}$	$\frac{p}{p_0}$	$\frac{\rho}{\rho_0}$	$\frac{A}{A^*}$
2.02	0.5506	0.1239	0.2250	1.716	2.72	0.4033	0.04166	0.1033	3.244
2.04	0.5458	0.1201	0.2200	1.745	2.74	0.3998	0.04039	0.1010	3.306
2.06	0.5409	0.1164	0.2152	1.775	2.76	0.3963	0.03917	0.09885	3.370
2.08	0.5361	0.1128	0.2105	1.806	2.78	0.3928	0.03800	0.09671	3.434
2.10	0.5314	0.1094	0.2058	1.837	2.80	0.3894	0.03685	0.09462	3.500
2.12	0.5266	0.1060	0.2013	1.869	2.82	0.3860	0.03574	0.09259	3.567
2.14	0.5219	0.1027	0.1968	1.902	2.84	0.3827	0.03467	0.09059	3.636
2.16	0.5173	0.09956	0.1925	1.935	2.86	0.3794	0.03363	0.08865	3.706
2.18	0.5127	0.09650	0.1882	1.970	2.88	0.3761	0.03262	0.08674	3.777
2.20	0.5081	0.09352	0.1841	2.005	2.90	0.3729	0.03165	0.08489	3.850
2.22	0.5036	0.09064	0.1800	2.041	2.92	0.3697	0.03071	0.08308	3.924
2.24	0.4991	0.08784	0.1760	2.078	2.94	0.3665	0.02980	0.08130	3.999
2.26	0.4947	0.08514	0.1721	2.115	2.96	0.3633	0.02891	0.07957	4.076
2.28	0.4903	0.08252	0.1683	2.154	2.98	0.3602	0.02850	0.07788	4.155
2.30	0.4859	0.07997	0.1646	2.193	3.00	0.3571	0.02722	0.07623	4.235
2.32	0.4816	0.07751	0.1610	2.233	3.10	0.3422	0.02345	0.06852	4.657
2.34	0.4773	0.07513	0.1574	2.274	3.20	0.3281	0.02023	0.06165	5.121
2.36	0.4731	0.07281	0.1539	2.316	3.30	0.3147	0.01748	0.05554	5.629
2.38	0.4689	0.07057	0.1505	2.359	3.40	0.3019	0.01512	0.05009	6.184
2.40	0.4647	0.06840	0.1472	2.403	3.50	0.2899	0.01311	0.04523	6.790
2.42	0.4606	0.06630	0.1440	2.448	3.60	0.2784	0.01138	0.04089	7.450
2.44	0.4565	0.06426	0.1408	2.494	3.70	0.2675	0.009903	0.03702	8.169
2.46	0.4524	0.06229	0.1377	2.540	3.80	0.2572	0.008629	0.03355	8.951
2.48	0.4484	0.06038	0.1347	2.588	3.90	0.2474	0.007532	0.03044	9.799
2.50	0.4444	0.05853	0.1317	2.637	4.00	0.2381	0.006586	0.02766	10.72
2.52	0.4405	0.05674	0.1288	2.687	4.10	0.2293	0.005769	0.02516	11.71
2.54	0.4366	0.05500	0.1260	2.737	4.20	0.2208	0.005062	0.02292	12.79
2.56	0.4328	0.05332	0.1232	2.789	4.30	0.2129	0.004449	0.02090	13.95
2.58	0.4289	0.05169	0.1205	2.842	4.40	0.2053	0.003918	0.01909	15.21
2.60	0.4252	0.05012	0.1179	2.896	4.50	0.1980	0.003455	0.01745	16.56
2.62	0.4214	0.04859	0.1153	2.951	4.60	0.1911	0.003053	0.01597	18.02
2.64	0.4177	0.04711	0.1128	3.007	4.70	0.1846	0.002701	0.01463	19.58
2.66	0.4141	0.04568	0.1103	3.065	4.80	0.1783	0.002394	0.01343	21.26
2.68	0.4104	0.04429	0.1079	3.123	4.90	0.1724	0.002126	0.01233	23.07
2.70	0.4068	0.04295	0.1056	3.183	5.00	0.1667	0.001890	0.01134	25.00

(2) 1차원 수직 충격파 (완전기체, $k=1.4$)

M_1	M_2	$\dfrac{p_{02}}{p_{01}}$	$\dfrac{T_2}{T_1}$	$\dfrac{p_2}{p_1}$	$\dfrac{\rho_2}{\rho_1}$	M_1	M_2	$\dfrac{p_{02}}{p_{01}}$	$\dfrac{T_2}{T_1}$	$\dfrac{p_2}{p_1}$	$\dfrac{\rho_2}{\rho_1}$
1.00	1.000	1.000	1.000	1.000	1.000	1.72	0.6355	0.8474	1.473	3.285	2.230
1.02	0.9805	1.000	1.013	1.047	1.033	1.74	0.6305	0.8389	1.487	3.366	2.263
1.04	0.9620	0.9999	1.026	1.095	1.067	1.76	0.6257	0.8302	1.502	3.447	2.295
1.06	0.9444	0.9998	1.039	1.144	1.101	1.78	0.6210	0.8215	1.517	3.530	2.327
1.08	0.9277	0.9994	1.052	1.194	1.135	1.80	0.6165	0.8127	1.532	3.613	2.359
1.10	0.9118	0.9989	1.065	1.245	1.169						
1.12	0.8966	0.9982	1.078	1.297	1.203	1.82	0.6121	0.8038	1.547	3.698	2.391
1.14	0.8820	0.9973	1.090	1.350	1.238	1.84	0.6078	0.7947	1.562	3.783	2.422
1.16	0.8682	0.9961	1.103	1.403	1.272	1.86	0.6036	0.7857	1.577	3.870	2.454
1.18	0.8549	0.9946	1.115	1.458	1.307	1.88	0.5996	0.7766	1.592	3.957	2.485
1.20	0.8422	0.9928	1.128	1.513	1.342	1.90	0.5956	0.7674	1.608	4.045	2.516
1.22	0.8300	0.9907	1.141	1.570	1.376	1.92	0.5918	0.7581	1.624	4.134	2.546
1.24	0.8183	0.9884	1.153	1.627	1.411	1.94	0.5880	0.7488	1.639	4.224	2.577
1.26	0.8071	0.9857	1.166	1.686	1.446	1.96	0.5844	0.7395	1.655	4.315	2.607
1.28	0.7963	0.9827	1.178	1.745	1.481	1.98	0.5808	0.7302	1.671	4.407	2.637
1.30	0.7860	0.9794	1.191	1.805	1.516	2.00	0.5774	0.7209	1.687	4.500	2.667
1.32	0.7760	0.9757	1.204	1.866	1.551	2.02	0.5740	0.7115	1.704	4.594	2.696
1.34	0.7664	0.9718	1.216	1.928	1.585	2.04	0.5707	0.7022	1.720	4.689	2.725
1.36	0.7572	0.9676	1.229	1.991	1.620	2.06	0.5675	0.6928	1.737	4.784	2.755
1.38	0.7483	0.9630	1.242	2.055	1.655	2.08	0.5643	0.6835	1.754	4.881	2.783
1.40	0.7397	0.9582	1.255	2.120	1.690	2.10	0.5613	0.6742	1.770	4.978	2.812
1.42	0.7314	0.9531	1.268	2.186	1.724	2.12	0.5583	0.6649	1.787	5.077	2.840
1.44	0.7235	0.9477	1.281	2.253	1.759	2.14	0.5554	0.6557	1.805	5.176	2.868
1.46	0.7157	0.9420	1.294	2.320	1.793	2.16	0.5525	0.6464	1.822	5.277	2896
1.48	0.7083	0.9360	1.307	2.389	1.828	2.18	0.5498	0.6373	1.839	5.378	2.924
1.50	0.7011	0.9298	1.320	2.458	1.862	2.20	0.5471	0.6281	1.857	5.480	2.951
1.52	0.6941	0.9233	1.334	2.529	1.896	2.22	0.5444	0.6191	1.875	5.583	2.978
1.54	0.6874	0.9166	1.347	2.600	1.930	2.24	0.5418	0.6100	1.892	5.687	3.005
1.56	0.6809	0.9097	1.361	2.673	1.964	2.26	0.5393	0.6011	1.910	5.792	3.032
1.58	0.6746	0.9026	1.374	2.746	1.998	2.28	0.5368	0.5921	1.929	5.898	3.058
1.60	0.6684	0.8952	1.388	2.820	2.032	2.30	0.5344	0.5833	1.947	6.005	3.085
1.62	0.6625	0.8876	1.402	2.895	2.065	2.32	0.5321	0.5745	1.965	6.113	3.110
1.64	0.6568	0.8799	1.416	2.971	2.099	2.34	0.5297	0.5658	1.984	6.222	3.136
1.66	0.6512	0.8720	1.430	3.048	2.132	2.36	0.5275	0.5572	2.002	6.331	3.162
1.68	0.6458	0.8640	1.444	3.126	2.165	2.38	0.5253	0.5486	2.021	6.442	3.187
1.70	0.6406	0.8557	1.458	3.205	2.198	2.40	0.5231	0.5402	2.040	6.553	3.212

M_1	M_2	$\dfrac{p_{02}}{p_{01}}$	$\dfrac{T_2}{T_1}$	$\dfrac{p_2}{p_1}$	$\dfrac{\rho_2}{\rho_1}$	M_1	M_2	$\dfrac{p_{02}}{p_{01}}$	$\dfrac{T_2}{T_1}$	$\dfrac{p_2}{p_1}$	$\dfrac{\rho_2}{\rho_1}$
2.42	0.5210	0.5318	2.059	6.666	3.237	2.92	0.4801	0.3517	2.586	9.781	3.782
2.44	0.5189	0.5234	2.079	6.779	3.261	2.94	0.4788	0.3457	2.609	9.918	3.801
2.46	0.5169	0.5152	2.098	6.894	3.285	2.96	0.4776	0.3398	2.632	10.06	3.820
2.48	0.5149	0.5071	2.118	7.009	3.310	2.98	0.4764	0.3340	2.656	10.19	3.839
2.50	0.5130	0.4990	2.137	7.125	3.333	3.00	0.4752	0.3283	2.679	10.33	3.857
2.52	0.5111	0.4910	2.157	7.242	3.357	3.10	0.4695	0.3012	2.799	11.05	3.947
2.54	0.5092	0.4832	2.177	7.360	3.380	3.20	0.4644	0.2762	2.922	11.78	4.031
2.56	0.5074	0.4754	2.198	7.479	3.403	3.30	0.4596	0.2533	3.049	12.54	4.112
2.58	0.5056	0.4677	2.218	7.599	3.426	3.40	0.4552	0.2322	3.180	13.32	4.188
2.60	0.5039	0.4601	2.238	7.720	3.449	3.50	0.4512	0.2130	3.315	14.13	4.261
2.62	0.5022	0.4526	2.259	7.842	3.471	3.60	0.4474	0.1953	3.454	14.95	4.330
2.64	0.5005	0.4452	2.280	7.965	3.494	3.70	0.4440	0.1792	3.596	15.81	4.395
2.66	0.4988	0.4379	2.301	8.088	3.516	3.80	0.4407	0.1645	3.743	16.68	4.457
2.68	0.4972	0.4307	2.322	8.213	3.537	3.90	0.4377	0.1519	3.893	17.58	4.516
2.70	0.4956	0.4236	2.343	8.338	3.559	4.00	0.4350	0.1388	4.047	18.50	4.571
2.72	0.4941	0.4166	2.364	8.465	3.580	4.10	0.4324	0.1276	4.205	19.45	4.624
2.74	0.4926	0.4097	2.386	8.592	3.601	4.20	0.4299	0.1173	4.367	20.41	4.675
2.76	0.4911	0.4028	2.407	8.721	3.622	4.30	0.4277	0.1080	4.532	21.42	4.723
2.78	0.4897	0.3961	2.429	8.850	3.643	4.40	0.4255	0.09948	4.702	22.42	4.768
2.80	0.4882	0.3895	2.451	8.980	3.664	4.50	0.4236	0.09170	4.875	23.46	4.812
2.82	0.4868	0.3829	2.473	9.111	3.684	4.60	0.4217	0.08459	5.052	24.52	4.853
2.84	0.4854	0.3765	2.496	9.243	3.704	4.70	0.4199	0.07809	5.233	25.61	4.893
2.86	0.4840	0.3701	2.518	9.376	3.724	4.80	0.4183	0.07214	5.418	26.71	4.930
2.88	0.4827	0.3639	2.540	9.510	3.743	4.90	0.4167	0.06670	5.607	27.85	4.966
2.90	0.4814	0.3577	2.563	9.645	3.763	5.00	0.4152	0.06172	5.800	29.00	5.000

3. 기하학적 성질

(1) 평면의 기하학적 성질

명 칭	모 양	면적 A	도심의 위치 $\overline{y}$ 또는 $\overline{x}$	도심축 $\overline{I}$에 대한 관성 모멘트
원		$A = \dfrac{\pi d^2}{4}$	$\overline{y} = \dfrac{d}{2}$	$\overline{I} = \dfrac{\pi d^4}{64}$

명 칭	모 양	면적 A	도심의 위치 $\overline{y}$ 또는 $\overline{x}$	도심축 $\overline{I}$ 에 대한 관성 모멘트
반원		$A = \dfrac{\pi d^2}{8}$	$\overline{y} = \dfrac{4r}{3\pi}$	$\overline{I} = \left(\dfrac{1}{4} - \dfrac{16}{9}\pi^2\right)$ $\times \dfrac{\pi r^4}{2}$
사각형		$A = ab$	$\overline{y} = \dfrac{a}{2}$	$\overline{I} = \dfrac{ba^3}{12}$
삼각형		$A = \dfrac{ab}{2}$	$\overline{y} = \dfrac{a}{3}$	$\overline{I} = \dfrac{ba^3}{36}$
$\dfrac{1}{4}$ 원		$A = \dfrac{\pi d^2}{16}$	$\overline{x} = \overline{y} = \dfrac{4r}{3\pi}$	$\overline{I} = \left(\dfrac{1}{4} - \dfrac{16}{9\pi^2}\right)$ $\times \dfrac{\pi r^4}{4}$
타원		$A = \pi ab$	$\overline{y} = a$	$\overline{I} = \dfrac{\pi a^3 b}{4}$
반타원		$A = \dfrac{\pi ab}{2}$	$\overline{y} = \dfrac{4a}{3\pi}$	$\overline{I} = \left(\dfrac{1}{4} - \dfrac{16}{9\pi^2}\right)$ $\times \dfrac{\pi ba^3}{2}$
$\dfrac{1}{4}$ 타원		$A = \dfrac{\pi ab}{4}$	$\overline{y} = \dfrac{4a}{3\pi}$ $\overline{x} = \dfrac{4b}{3\pi}$	$\overline{I} = \left(\dfrac{1}{4} - \dfrac{16}{9\pi^2}\right)$ $\times \dfrac{\pi ba^3}{4}$
포물선		$A = \dfrac{2ab}{3}$	$\overline{y} = \dfrac{3a}{5}$ $\overline{x} = \dfrac{3b}{8}$	$\overline{I} = \left(\dfrac{3}{7} - \dfrac{9}{25}\right)$ $\times \dfrac{2ba^3}{3}$

(2) 체적의 기하학적 성질

명 칭	모 양	체적 V	도심 $\bar{y}$
원 통		$V = \dfrac{\pi d^2 a}{4}$	$\bar{y} = \dfrac{a}{2}$
원 추		$V = \dfrac{\pi d^2 a}{12}$	$\bar{y} = \dfrac{a}{4}$
구		$V = \dfrac{\pi d^3}{6}$	$\bar{y} = \dfrac{d}{2}$
반 구		$V = \dfrac{\pi d^3}{12}$	$\bar{y} = \dfrac{3r}{8}$
포물면체		$V = \dfrac{\pi d^2 a}{8}$	$\bar{y} = \dfrac{a}{3}$

찾아보기